Analyse und Entwurf
chemisch-technologischer Verfahren

Analyse und Entwurf chemisch-technologischer Verfahren

von
Prof. Dr. sc. techn. Dr. h. c. Klaus Hartmann
Merseburg

und
Dozent Dr. sc. techn. Klaus Kaplick
Dresden

unter Mitarbeit von
Dozent Dr. sc. techn. Wolfgang Kauschus
Merseburg

Dr.-Ing. Irmfried Hacker
Leuna

Dr.-Ing. Gerd Zeising
Zeitz

Mit 121 Abbildungen und 55 Tabellen

Akademie-Verlag · Berlin 1985

Erschienen im Akademie-Verlag · Berlin, DDR-1086 Berlin, Leipziger Straße 3—4

Lizenznummer: 202 · 100/457/85
Printed in the German Democratic Republic
Gesamtherstellung: VEB Druckhaus „Maxim Gorki“, 7400 Altenburg
Lektor: Fritz Schulz
Umschlaggestaltung: Ingo Scheffler
LSV 3604, 1204
Bestellnummer: 763 402 7 (6853)
04500

Inhalt

1. Anliegen und Zielstellung

Die Vielfalt der in chemisch-technologischen Verfahren hergestellten Produktpalette ist fast unüberschaubar groß, sie umfaßt sowohl anorganische und organische Grundchemikalien, chemische und chemisch-technische Spezialerzeugnisse, Plaste und Chemiefasern als auch Brenn- und Treibstoffe, eine Reihe Metalle, Baumaterialien, Kosmetika, Pharmaka, Lebens- und Genußmittel u. v. a.

Diese Produktpalette ändert sich sehr dynamisch, neue Produkte werden hergestellt, ihre Eigenschaften verbessert. Die zur Produktion eingesetzten Roh- und Hilfsstoffe, Energien, apparativen Ausrüstungen sind bezüglich ihrer Verfügbarkeit und ihrer Kosten stetigen Veränderungen unterworfen. Alles das führt dazu, daß die Produktionsverfahren sehr schnell moralisch veralten. Sie müssen deshalb entsprechend den sich verändernden Bedingungen der ökonomisch-technischen Umwelt ständig neu angepaßt, modernisiert und rationalisiert werden, die neuesten Ergebnisse von Wissenschaft und Technik sind für eine verbesserte Verfahrensgestaltung zu nutzen. Neben der Modernisierung und Intensivierung bestehender Verfahren sind neuartige effektive Verfahren für die Herstellung sowohl traditioneller als auch neuer Produkte zu entwerfen und in die Praxis zu überführen.

An moderne chemisch-technologische Verfahren werden eine Vielzahl von Forderungen gestellt. Die eingesetzten Rohstoffe und Energien sind auf beste Art und Weise auszunutzen, die Ausrüstungen (Apparate, Maschinen, Rohrleitungen, Automatisierungs- und Sicherheitseinrichtungen usw.) sind mit hoher Investökonomie auszuwählen, die Anlage soll eine hohe Zuverlässigkeit besitzen, eine ausreichende Flexibilität aufweisen (d. h. Überlast- bzw. Unterlastfahrweisen im vorgegebenen Maße gestatten), die Umwelt wenig belasten usw.

Die intensive Beschäftigung mit der Untersuchung und dem Entwurf unterschiedlicher Verfahren der Stoffwirtschaft (hierzu gehören viele Industriezweige, wie chemische Industrie, Metallurgie, Baustoff- und Baumaterialienindustrie, Leichtindustrie, Textilindustrie, Nahrungsgüterwirtschaft und Lebensmittelindustrie, Wasserwirtschaft, Energie- und Brennstoffindustrie) hat gezeigt, daß viele der Verfahren mit einer einheitlichen Methodik bearbeitet werden können. Durch die schöpferische Anwendung neuer Erkenntnisse und Methoden der Systemtheorie, der Kybernetik, Mathematik und Rechentechnik, der Naturwissenschaften und technischer Wissenschaften sowie der Ökonomie kann diese einheitliche Methodik zu einem effektiven Werkzeug des Problembearbeiters werden. Viele der entwickelten Methoden zur Modellierung, Simulation, Optimierung und zur Struktursynthese sind sehr effektiv. Eine Vielzahl benötigt jedoch einen sehr großen Informationsumfang und eine leistungsfähige Rechentechnik, die bei Beginn der Problemlösung bzw. bei der Suche nach einem neuen Verfahren bzw. der Verbesserung eines Teilsystems eines bestehenden Verfahrens noch nicht bekannt sind bzw. mit einem vertretbaren Aufwand in der zur Verfügung stehenden Zeit nicht beschafft werden können. Die Entscheidungen über ein neues Verfahren fallen aber oft zu einem Zeitpunkt, nach dem wesentliche Verfahrensänderungen nicht mehr in der Projektierung berücksichtigt werden können. Es muß deshalb zumindest die Struktur des zukünftigen Verfahrens optimal festgelegt sein, die den größten Einfluß auf die Güte des Verfahrens hat. Für die Lösung solcher Aufgaben

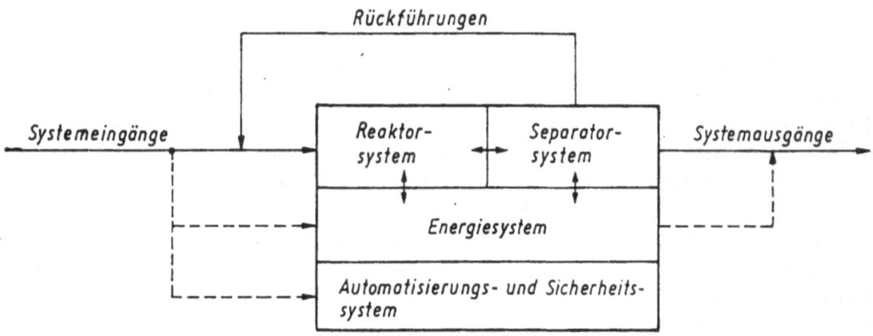

Abb. 1.1. Grundstruktur eines chemisch-technologischen Systems

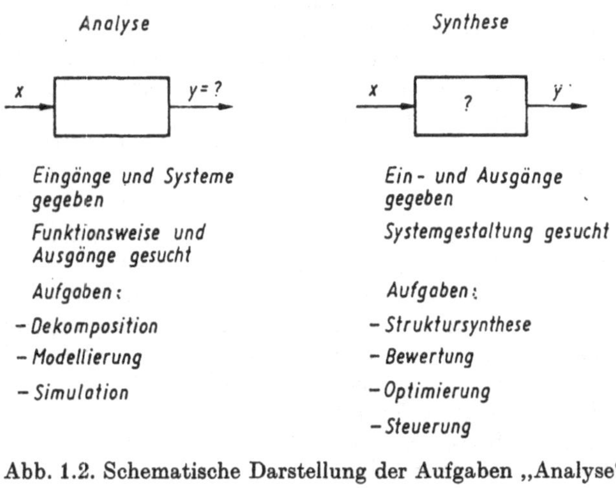

Abb. 1.2. Schematische Darstellung der Aufgaben „Analyse“ und „Synthese“

können mit Vorteil bewährte Heuristiken eingesetzt werden insbesondere in Kombination mit unscharfen Methoden. Dieses, unter dem Begriff „knowledge engineering" bezeichnete Vorgehen, ist eine effektive Kombination des Schöpfertums des Bearbeiters und theoretisch gesicherten Wissens.

Das Buch wendet sich an alle naturwissenschaftlich-technischen aber auch wirtschaftswissenschaftlich ausgebildeten Problembearbeiter sowie Studenten, die mit den unterschiedlichsten Aufgaben der Verfahrensgestaltung sowie dem Betrieb beschäftigt sind.

Schwerpunktmäßig werden Objekte betrachtet, deren Grundstruktur in Abb. 1.1 dargestellt ist. Die Gestaltungsprobleme lassen sich in der Analyse und Synthese unterteilen (Abb. 1.2). Bei der Auswahl der Methoden und der Beispiele wurde Wert auf technische Überschaubarkeit und leichte Nachvollziehbarkeit gelegt.

Das Buch stellt eine Einführung in diese Problematik dar, es gibt einen komprimierten Überblick über wichtige Teilaufgaben und Lösungsmethoden. Für ein tiefergehendes Studium ist die Spezialliteratur, auf die verwiesen wird, zu verwenden.

Die Autoren stellen auch neue Lösungsmethoden vor, die in ihren Forschungskollektiven erarbeitet worden sind. Insbesondere wurden Ergebnisse von *Dr. sc. techn. W. Kauschus*, *Dr.-Ing. I. Hacker*, *Dr.-Ing. R. Anders* und *Dr.-Ing. G. Zeising* verwendet.

2. Einführung — Überblick über die Gesamtproblematik

Kennzeichnend und erschwerend für die Lösung der in der Zielstellung genannten Aufgaben ist insbesondere, daß der Untersuchungsgegenstand durch außerordentliche Komplexität und Kompliziertheit charakterisiert wird. Eine chemisch-technologische, stoffwirtschaftliche Anlage besteht aus einer Vielzahl unterschiedlicher Teile, Apparaten, Maschinen, Rohrleitungen, Armaturen, Betriebs-, Meß-, Regel- und Steuereinrichtungen, Hilfs- und Nebenanlagen, die auf komplizierte Art und Weise miteinander verknüpft sind, sich wechselseitig beeinflussen, einander bedingen. Die zu verarbeitenden Stoffströme können mehrere tausend Tonnen oder nur wenige Kilogramm am Tage betragen (z. B. bei der Rohöldestillation), die Betriebsbedingungen liegen zwischen extremen Temperatur- und Druckbereichen (Hoch- und Tieftemperaturprozesse, Hochdruck- und Vakuumverfahren), die Medien sind oft extrem korrosiv und toxisch bzw. explosiv. Für den Entwurf und die Untersuchung eines solchen scheinbar unüberschaubaren Objektes ist es offensichtlich in erster Linie notwendig, einen Zugang zu finden, der es gestattet, das Unübersichtliche überschaubar zu machen, das scheinbar unentflechtbare Durcheinander zu einem geordneten Nebeneinander bzw. Übereinander zu trennen, das Wichtigste vom weniger Wichtigen des Verfahrens zu bestimmen. Diese Ordnung kann unter Anwendung von Methoden der Systemanalyse durchgeführt werden, die Arbeitsinstrumente der modernsten Technik sind.

Durch die Kombination *allgemeiner systemtheoretischer* Methoden und konkreter technologischer Prinzipien und Grundlagen kann die Einführung der relativ abstrakten Kategorie des Systembegriffs auf stoffwirtschaftliche Objekte zum ordnenden Prinzip und Zugang zur wissenschaftlichen Untersuchung

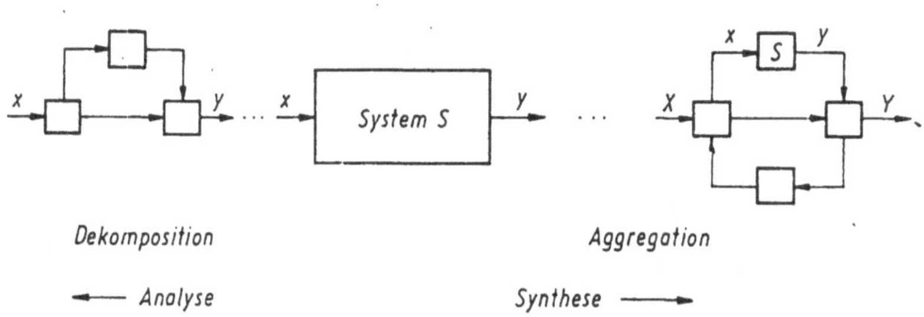

Abb. 2.1. Zum Systembegriff chemisch-technologischer Objekte

gemacht werden. Unter einem System (Abb. 2.1) versteht man eine relativ abgegrenzte Menge von Elementen und der zwischen ihnen bestehenden Kopplungen. Alle nicht vom System erfaßten Elemente werden als *Umgebung* des Systems bezeichnet, das System stellt deshalb eine besondere Einheit mit der Umgebung dar. Jedes System ist ein Element eines übergeordneten Systems. Jedes Element stellt wiederum ein System, jedoch niederer Hierarchiestufe dar. *Elemente* sind Bausteine eines Systems, die in dem betrachteten Zusammenhang als unzerlegbar angesehen werden. Die Gesamtheit der zwischen den Elementen eines Systems bestehenden Kopplungen wird als *Struktur* des Systems bezeichnet. Jedes System wird durch eine spezielle Funktion charakterisiert. Unter der *Funktion* eines verfahrenstechnischen Systems versteht man dessen spezifische Eigenschaft, zielgerichtet die Eingangsgrößen durch Transformationen unterschiedlicher Art in Ausgangsgrößen umzuwandeln. Die *Kompliziertheit* eines Systems wird durch die Anzahl der Elemente charakterisiert. Die *Komplexität* eines Systems wird durch die Anzahl und die Art der Kopplungen zwischen den Elementen sowie durch die Vielfalt unterschiedlicher Elemente bestimmt [1]. Auf stoffwirtschaftliche Systeme angewendet, gestattet der Systembegriff die Einführung des Begriffes *verfahrenstechnisches System* als Mensch-Maschine-System, in dem Stoffwandlungen zum Zwecke der wirtschaftlichen Nutzung durchgeführt werden, wobei die Elemente durch Stoff-, Energie-, Kosten- und Informationsströme miteinander und mit der Umgebung verbunden sind [2]. Zur verallgemeinerten Kategorie *stoffwirtschaftlicher Systeme* zählen auch die *verarbeitungstechnischen Systeme*, in deren Mittelpunkt verarbeitungstechnische Hauptprozesse wie Formen, Trennen, Fügen, Strukturändern u. a. Im Unterschied zum verfahrenstechnischen System ist in diesen Systemen die Veränderung der Form und des Zusammenhaltens des Arbeitsgegenstandes sowie der damit verbundenen Stoffeigenschaften und des Energiezustandes entscheidend [3, 6].

Die konsequente Anwendung des System- und Elementbegriffs auf verfahrens- und verarbeitungstechnische Objekte gestattet die Einführung hierarchischer zueinander geordneter Ebenen, die jeweils wiederum ein System jedoch geringerer — absolut gesehen — aber noch sehr großer Komplexität darstellen.

Zwei grundlegende Begriffe der im weiteren verwendeten Methodik der Systemtechnik sind die Analyse und die Synthese.

Unter der *Analyse* eines Systems versteht man die Untersuchung dessen Struktur und Elemente, deren Beziehung untereinander sowie deren Funktionsweise. Die Analyseergebnisse dienen dazu, für vorgegebene Systemeingänge die unbekannten Systemausgänge zu berechnen.

Unter der *Synthese* eines Systems versteht man die Gestaltung (den Entwurf) eines Komplexes von Elementen und deren Kopplung untereinander, das vorgegebene Eingänge in vorgegebene Ausgänge transformiert, d. h. die Synthese beinhaltet die Gestaltung von Systemen mit gewünschten Eigenschaften, in der Regel die Kombination unterschiedlicher Anforderungen zu einem einheitlichen Ganzen.

Analyse und Synthese sind eng gekoppelte Problembearbeitungsmethoden. Jeder Syntheseoperation sollte eine analytische Operation folgen, die neben der Untersuchung der Funktionsweise auch eine Bewertung beinhaltet, die Grundlage für weitere Syntheseschritte (Evolution) z. B. in Richtung eines optimalen Systems sind.

2.1. Hierarchieebenen chemisch-technologischer Objekte[1]

Hierarchieebene Elementarprozesse/Grundvorgang

Dieses Niveau umfaßt die isoliert und unverfälscht durch Überlagerungseffekte ablaufenden Elementarprozesse wie die chemische Reaktion (unter idealisierten Bedingungen), die einzelnen, isoliert auftretenden Mechanismen des Stoff- und Energietransportes (z. B. Leitung, Diffusion, Konvektion), des Impulstransportes, die thermodynamischen Vorgänge, die Zeit- und Raumpunktbilanzen sowie andere Elementarprozesse. Diese sind in der Regel Untersuchungsgegenstand der Naturwissenschaften. Die aus dem Ablaufen der Elementarprozesse resultierenden physikalisch-chemischen Effekte werden

Tabelle 2.1

Hierarchieebenen verfahrenstechnischer Prozesse und Systeme

	Hierarchieebene	Typisches Beispiel
Verfahrenstechnische Systeme	Stoffverbundsystem	Gesamtheit aller erdölverarbeitenden und petrolchemischen Werke der DDR
	Verfahrenszug/Stoffwirtschaftliches Werk	Kopplung aller Stufen der Erdölverarbeitung und Petrolchemie zu einem speziellen Endprodukt, z. B. Polyethylen
	Verfahren	Erdöldestillation Ammoniaksynthese
	Verfahrensstufe/Prozeßgruppe	Reaktor-Abhitzesystem der Ammoniaksynthese/Rührkesselkaskade
Verfahrenstechnische Prozesse	Prozeßeinheit/Makroprozeß	Destillationskolonne/Reaktor
	Charakteristischer Teilprozeß	Katalysatorschicht/Boden einer Destillationskolonne
	Volumenelement/Mikroprozeß	Katalysatorkorn/Tropfen/Gasblase
	Elementarprozeß/Grundvorgang	Chemische Reaktion/Konduktion/Konvektion von Stoff und Energie

[1] Für verarbeitungstechnische Objekte gilt eine ähnliche Hierarchiestruktur. Ausführlicher s. [3].

oft als *Wirkprinzipien* bezeichnet. Die optimale Gestaltung der Bedingungen für das effektivste Ablaufen dieser Wirkprinzipien beeinflußt nachhaltig die übergeordneten Hierarchieebenen.

Hierarchieebene der Volumenelemente/Mikroprozeß

Erweitert man die räumlichen Grenzen des zu untersuchenden chemisch-technologischen Objektes auf sehr kleine, jedoch endliche Abmessungen, kommt man zum Niveau der Volumenelemente (auch Elementarvolumina genannt). Diese Volumenelemente können natürliche Grenzen besitzen, z. B. in Form eines Tropfens, eines Katalysatorkorns, einer Gasblase u. a. oder gedanklich aus einem größerem Volumen abgetrennt worden sein. In den Volumenelementen wirken die physikalisch-chemischen Prozeßabläufe meist bereits kombiniert ab, z. B. Stoff- und Wärmetransport gekoppelt; innerhalb des Volumenelementes können Gradienten unterschiedlicher intensiver Prozeßgrößen auftreten (Temperatur, Konzentration usw.).

Hierarchieebene Teilprozeß

Aggregiert man gleiche oder unterschiedliche, jedoch vom Prozeßablauf her zusammenhängende Volumenelemente (z. B. auch Volumenelemente unterschiedlicher Phasen) zu einem, meist durch geometrisch genau festgelegte Grenzen charakterisierten Untersuchungsgegenstand, so ergibt sich das Niveau Teilprozeß z. B. in Form eines einzelnen Bodens einer Bodenkolonne, eines endlichen Abschnitts einer Füllkörperkolonne oder einer Schüttschicht eines Festbettreaktors oder eines Rohrreaktors usw. Auf diesem Niveau sind neben dem kombinierten Wirken unterschiedlicher Mechanismen die Transportvorgänge an den Grenzen des Teilprozesses von großer Bedeutung.

Hierarchieebene Prozeßeinheit/Makroprozeß (Prozeßgruppe)

Die Aggregation gleicher oder unterschiedlicher, prozeßtechnisch jedoch gekoppelter Teilprozesse führt zur chemisch-technologischen Prozeßeinheit. Die Grenzen dieser Hierarchieebene fallen meist mit denen der apparativen Hülle, d. h. dem Apparat, in dem der Prozeß stattfindet, zusammen. Das durch die Aggregation mehrerer Böden einer Kolonne oder mehrerer Stufen eines Kompressors usw. entstehende System wird auch als Prozeßgruppe bezeichnet.

Eine Prozeßeinheit wird demnach durch eine spezielle Funktion im stoffwirtschaftlichen Verfahren charakterisiert. Sie besitzt eine nach außen durch den Apparat vorgegebene Hülle, sie besteht unter Umständen aus unterschiedlichen Teilprozessen (z. B. Heiz- oder Kühlschlangen oder Heiz- oder Kühlmantel und eigentlichem Reaktionsraum in einem Rührkesselreaktor). Durch diese, die Prozeßeinheit charakterisierenden Bedingungen, ergibt sich ein sehr komplexes Wirken der physikalisch-chemischen Prozeßabläufe.

Hierarchieebene Verfahrensstufe/Prozeßgruppe

Die Aggregation von Prozeßeinheiten zur Erfüllung einer bestimmten verfahrenstechnischen Teilaufgabe wird als Verfahrensstufe bezeichnet. Die Aggregation identischer und zusammengehöriger Prozeßeinheiten wird auch als Prozeßgruppe bezeichnet.

Hierarchieebene Verfahren

Die Kopplung von Verfahrensstufen ergibt das Verfahren, das durch die Erzeugung eines Verkaufsproduktes charakterisiert wird.

Hierarchieebene Verfahrenszug/Stoffwirtschaftliche Werke

Mehrere Verfahren können zu einem Verfahrenszug gekoppelt werden. Ein Verfahrenszug ist charakterisiert durch die Verarbeitung eines komplexen Einsatzproduktes bzw. durch die Weiterveredlung im System erzeugter Produkte.

In einem Chemiebetrieb sind meist mehrere Verfahrenszüge vereinigt bzw. er wird durch einen Verfahrenszug charakterisiert.

Hierarchieebene Stoffverbundsystem

Hierarchieebenen höherer Aggregation wie Verbundsysteme sind z. B. die Gesamtheit der chemischen Betriebe bzw. die gesamte Stoffwirtschaft eines Bezirkes/Landes usw.

2.2. Strategie von Systemuntersuchungen

Die Dekomposition (Zerlegung) und Aggregation (Zusammenfassung) von stoffwirtschaftlichen Prozessen, d. h. die Hierarchiestruktur selbst hat nicht nur formale Bedeutung, sondern ist entscheidend für das methodische Konzept der Untersuchung der zur Diskussion stehenden Objekte. Sie gestatten es, die fast unüberschaubare Vielfalt unterschiedlicher Objekte in eine relativ geringe Anzahl gleicher oder ähnlicher Elemente zu zerlegen, die erstens einfacher zu untersuchen sind, da evtl. störende Überlagerungen anderer Effekte eliminiert werden können, zweitens die Untersuchung dieser Elemente mit speziellen (auch vom Standpunkt der experimentellen Untersuchung) Methoden durchgeführt werden kann und drittens die Kombination von Einzeluntersuchungsergebnissen unter Verwendung geeigneter Verfahren nicht nur zu den bereits bekannten Prozessen, sondern auch zu effektiven Neuentwicklungen führen kann. Außerdem gestattet diese Strategie die arbeitsteilige Untersuchung der Prozesse, sie führt zu einer Reduzierung des Zeit- und Mittelaufwandes für die Prozeßuntersuchung und -gestaltung selbst. Sie liefert auch Hinweise, wie die Informationen, die bei der Untersuchung an Elementen des Systems ermittelt worden sind, auf höheren Ebenen verdichtet werden können (Abb. 2.2). Die Ermittlung der Struktur des konkreten Objektes erfordert außer den allgemeinen Kenntnissen der Systemtheorie tiefgehende Kenntnisse der konkreten Prozesse. Trotz der oben beschriebenen allgemeinen Systemanalyse stoffwirtschaftlicher Objekte, ist die Klärung der Aufgabe, welche von der Vielzahl der ablaufenden Prozesse auf den jeweiligen Ebenen (Systemen) bestimmend, d. h. dominierend sind — Hauptkettenglieder darstellen — und

Tabelle 2.2
Möglichkeiten der Informationsverdichtung bei der Aggregation

bezüglich der Zeit	bezüglich des Raumes	bezüglich der Ströme
— Quasistationarität — Gleichgewicht — Irreversibilität	— Vernachlässigung von Koordinaten — Vernachlässigung von Gradienten des Raumes — Verwendung effektiver Transportkoeffizienten — Vernachlässigung von Phasen (Quasihomogenität) — Idealisierung von Abläufen bzw. deren Kombination	— Mittelung von Stromeigenschaften — Verwendung von Verteilungsfunktion/Mittelwerten bei dispersen Systemen — Zusammenfassung von Strömen

damit im Mittelpunkt stehen und alles andere beeinflussen, noch nicht erfolgt. Zur Lösung dieser Aufgabe ist eine hierarchische Ordnung in die qualitativ unterschiedlichen Prozesse chemische Umsetzungen, Stofftrennungen, Heizen/Kühlen, Komprimieren/Entspannen und Transport u. a. zu bringen.

Das primäre Ziel in einer stoffwirtschaftlichen Anlage ist die Herstellung einer bestimmten Menge eines Zielproduktes mit vorgegebener Qualität und weiteren vorgeschriebenen Eigenschaften. Bei einem allgemeinen Verfahren, das alle o. g. funktionellen Gruppen enthält, werden die notwendigen Strukturen der Zielprodukte durch chemische Umsetzungen in Reaktoren unterschiedlichen Typs hergestellt. Zur Durchführung der chemischen Reaktionen müssen ganz bestimmte — durch die Thermodynamik und chemische Kinetik festgelegte — Bedingungen bezüglich Temperatur, Druck, Katalysator usw. eingehalten werden, damit die chemischen Umsetzungen in der gewünschten Richtung optimal ablaufen können. Damit sind die Bedingungen am Ein- und Ausgang des Teilsystems (Stoffwandlung) festgelegt. Vorzugeben sind jedoch auch — zumindest in gewissen Bereichen — die Eigenschaften der eingesetzten Rohstoffe und der gewünschten Zielprodukte, so daß dadurch für die Operationen der Rohstoffvorbereitung und der Reaktionsgemischnachbereitung, ebenfalls die Ein- und Ausgangsbedingungen gegeben sind.

Die Reaktionsproduktnachbereitung besteht neben der Abkühlung sehr häufig in der Isolierung der gewünschten Zielprodukte, d. h. in der Abtrennung von Nebenprodukten und nichtumgesetzten Reaktionspartnern, in der Erreichung der festgelegten Qualität und stellt ein Stofftrennproblem dar. Für die Realisierung der Stofftrennung müssen in der Regel ebenfalls — wie für die chemischen Reaktionen — durch thermodynamische Beziehungen wohldefinierte Betriebsbedingungen (z. B. Druck, Temperatur) geschaffen werden, wobei die stoffliche Zusammensetzung vor und nach der Trennung, und die Qualitätsanforderungen an die Zielprodukte festgelegt werden. Eine analoge Funktion hat die Vorbereitung der Rohstoffe auf die Reaktion: Vorbereitung der Rohstoffe vom Systemeingang auf den erforderlichen Zustand zur Durchführung der chemischen Reaktion z. B. Aufheizen, Reinigen, Komprimieren, Zerkleinern, Mischen usw.

2.3. Synthese- und Analyseaufgaben

Aus dieser Darstellung wird eine bestimmte Hierarchie innerhalb der unterschiedlichen stoffwirtschaftlichen Operationen deutlich, die folgende Entscheidungs- und Aufgabenebenen umfaßt [4, 5]:

— Auswahl der günstigsten Rohstoffe,
— Wahl der Reaktionswege und -Bedingungen für die Durchführung chemischer Umsetzungen,
— Auswahl eines geeigneten Reaktorsystems,
— Auswahl geeigneter Trennsysteme,
— Auswahl weiterer relevanter Teilsysteme (z. B. für Komprimierung, Expansion, Transport usw.),
— Auswahl zweckmäßiger Wärmeübertragungssysteme,
— Festlegung von qualitativen Maßnahmen zur Erhöhung der Zuverlässigkeit des Systems.

Im Ergebnis der Lösungen dieser Teilaufgaben entsteht eine geeignete Grobstruktur des zu entwerfenden Systems. Um von vornherein auf einige Schwierigkeiten bei der Realisierung des Entwurfsprozesses aufmerksam zu machen, soll gezeigt werden, wieviel unterschiedliche Strukturvarianten, die alle funktionserfüllend sind, entstehen können, wenn man nur fünf Varianten auf jeder Ebene (jedes Teilsystems) zuläßt. Bei 7 Ebenen auf denen jeweils fünf Varianten möglich sein sollen (wie später zu sehen ist, ist jedoch die Anzahl der möglichen Varianten je Ebene um Größenordnungen höher), die alle miteinander kombiniert werden können, existieren bereits $5^7 = 78125$ unterschiedliche Strukturen. Dabei ist zu berücksichtigen, daß stark vereinfachende Annahmen getroffen wurden. Daraus wird die Kompliziertheit des Entwurfsproblems deutlich und auch offensichtlich, daß die üblichen Variantenrechnungen bei Entwurfsproblemen für einen optimalen Strukturentwurf nicht

— oder nur beschränkt — in Frage kommen. In Abb. 2.2 ist schematisch ein solcher Zielbaum vereinfacht dargestellt.

Im Gegensatz zur Zergliederung eines Systems in seine Elemente (Dekomposition) wird die Bildung eines Systems aus den erforderlichen Bausteinen als Synthese bezeichnet (Abb. 2.1, s. S. 10). Zur Präzisierung des Syntheseproblems wird die eben beschriebene Aufgabe als *Struktursynthese* bezeichnet, d. h. als Aufgabe zur Festlegung der notwendigen Systemelemente und deren zweckmäßigste Kopplung zur Gestaltung eines Systems, das bestimmte Anforderungen erfüllt.

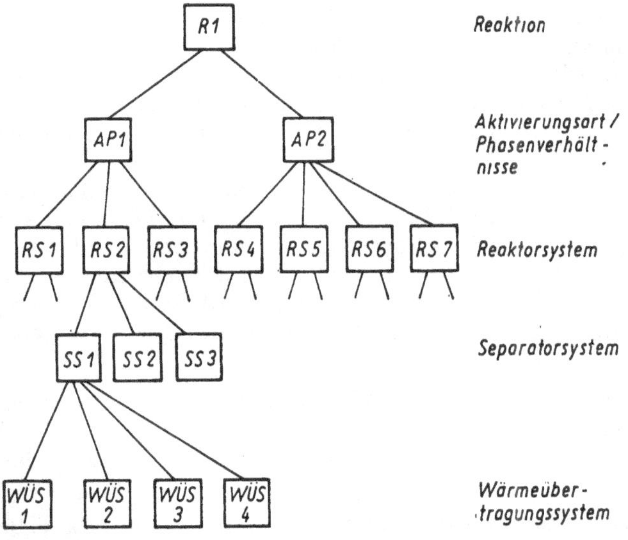

Abb. 2.2. Zielbaum beim Systementwurf (Schema)

Da in der Regel nicht irgendein funktionserfüllendes System erwünscht ist, sondern ein System mit optimalen, d. h. bestmöglichen Eigenschaften, muß zwischen Analyse/Bewertung und Synthese eine Entwicklungs- (Evolutions-) phase eingelegt werden, die eine Optimierung des Systems hat.

Der Entwurfsprozeß ist jedoch nicht rückkopplungsfrei, er beinhaltet mehrmalig zu durchlaufende Schritte — Synthese — Analyse/Bewertung — Optimierung, wobei auf Grund der Hierarchieanordnung der Einflußvariablen wiederum mehrere Ebenen zu durchlaufen sind — die Strukturierung, die Dimensionierung der Elemente und die Festlegung der technologischen Bedingungen. Damit ist das Entwurfsproblem global umrissen, offen ist jedoch noch, wie auf günstigste Art und Weise die zweckmäßigsten funktionserfüllenden Strukturen der Teilsysteme und des gesamten Systems entworfen werden. Einige dieser Methoden sollen im vorliegenden Buch beschrieben werden.

Bevor einige dieser Methoden beschrieben und an Hand von Beispielen erläutert werden, soll noch auf das Analyseproblem ausführlicher eingegangen werden [6—9].

Am Anfang dieses Kapitels wurde der Begriff *Systemanalyse* als formale Dekomposition eines Prozesses in seine Bestandteile sowie deren Untersuchung — unter Berücksichtigung der verschiedenen Hierarchieebenen — definiert. Eine mit diesem Begriffsinhalt praktisch identische Aufgabe ist unter der Bezeichnung *Prozeßanalyse* bekannt. Darunter wird die wissenschaftlich-technisch-ökonomische Untersuchung eines stoffwirtschaftlichen Objektes mit dem Ziel, Engpässe, Verbesserungen und Erweiterungen aufzuzeigen und Maßnahmen zu deren Realisierung abzuleiten, verstanden.

Die wissenschaftliche Gestaltung eines chemisch-technologischen Objektes besteht — wie gezeigt wurde — aus den Phasen Synthese-Analyse-Bewertung-Entwicklung, wobei die Systemanalyse sich nicht in der formalen Dekomposition des Objektes erschöpft, sondern ebenfalls ein komplizierter kreativer Prozeß ist.

Sowohl für die System- als auch die Prozeßanalyse chemisch-technologischer Objekte ist oft die Anwendung spezieller materieller Modelle in Form von Versuchsanlagen zur Untersuchung von Teilprozessen des zu untersuchenden oder zu entwerfenden Objektes von entscheidender Bedeutung und immanenter Bestandteil der Untersuchungsmethodik. Im weiteren wird deshalb allgemein von Analyse gesprochen. Folgende globale Schritte können dazu angegeben werden:

1. Ermittlung „schwacher" Kopplungen (Wechselwirkungen) zwischen den einzelnen Teilen des Systems und damit stark zusammenhängender Teilsysteme, die eine zweckmäßige Dekomposition gestatten und die Hierarchiestruktur aufklären.
2. Ermittlung der wesentlichsten Elemente und Prozesse auf der jeweiligen Hierarchieebene und im System.
3. Ermittlung signifikanter, d. h. für den Prozeßablauf wesentlicher Einflußgrößen und des funktionellen bzw. korrelativen Zusammenhanges dieser mit den Prozeßparametern.
4. Postulierung und Prüfung von Hypothesen über Prozeßabläufe, die noch ungeklärt sind (Modellbildung).
5. Ermittlung von Parametern (Stoffwerte, kinetische Daten u. a.), die zur quantitativen Beschreibung der Prozeßabläufe notwendig sind.

Für die Lösung der Aufgaben 3 bis 5 sind erforderlich:

6. Planung, Durchführung sowie Auswertung von Versuchen zur Ermittlung signifikanter Einflußgrößen, Prüfung von Hypothesen und Bestimmung von Modellparametern.
7. Ermittlung der funktionellen Zusammenhänge zwischen den Elementen einer Hierarchieebene und den Informations- und Funktionsbeziehungen zwischen den Hierarchieebenen.

8. Aufklärung spezieller Eigenschaften der Teilsysteme (Funktionsabläufe), durch deren Untersuchung und Nachbildung an Hand von materiellen Modellen (Versuchsdurchführung) oder ideellen Modellen (mathematische Modelle) durch Simulation auf EDVA.
9. Aufklärung von Reserven und Verbesserungsmöglichkeiten in den Elementen bzw. in deren Zusammenwirken.
10. Ermittlung der wesentlichsten Eigenschaften des Gesamtsystems.

Eng mit diesen Analysenaufgaben ist die Bewertung des Objektes verbunden. Dabei ist unter *Bewertung* eine quantitative Wertzuordnung spezieller interessierender Eigenschaften der unterschiedlichen Ausführungsformen und Verhaltensweisen des chemisch-technologischen Objektes zu verstehen. Die Skala

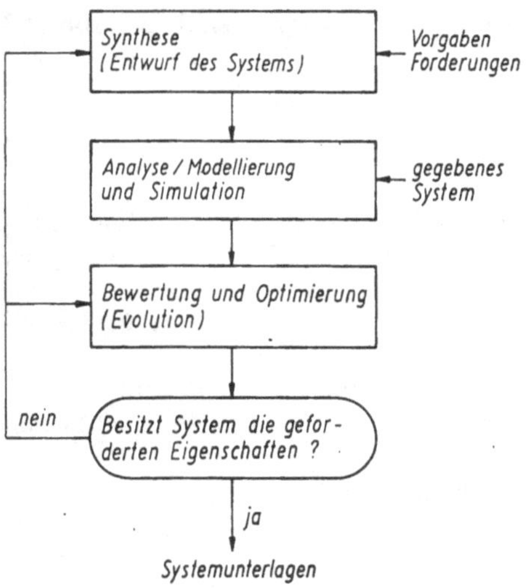

Abb. 2.3. Hauptschritte der Systemgestaltung und -analyse

dieser Wertzuordnung kann sehr grob sein, z. B. nur zwei Klassen umfassen, eine Klasse, die geeignete und eine andere Klasse, die ungeeignete Ausführungsvarianten umfaßt (sogenannte Klassifizierungsmethoden). Die Skalierung der Systemeigenschaften kann auch feiner gestaltet werden, z. B. über Rangzahlen, in dem jede Variante nach einer vorgegebenen Skala z. B. von 1 bis 5 bzw. 1 bis 20 bewertet wird (Skalierungsmethoden).

Besonders geeignet sind genau quantifizierbare Eigenschaften verfahrenstechnischer Objekte, wie z. B. Ausbeute, Umsatz, Selektivität, energetische bzw. exergetische Wirkungsgrade, Lebensdauer der Anlage, Kosten, Rentabilitätsraten u. a. Diese Aufzählung ausgewählter Eigenschaften zeigt, daß die Bewertung eines chemisch-technologischen Objektes in der Regel ein Problem der mehrdimensionalen Bewertung ist, und eine der Aufgaben der Analyse besteht unter anderem darin, zu ermitteln, ob dieses mehrdimensionale Bewertungsproblem auf Grund spezieller Eigenschaften bzw. der gestellten Anforderungen an das System auf ein eindimensionales Bewertungsproblem reduziert werden kann und ob andere wichtige Eigenschaften z. B. als Nebenbedingungen berücksichtigt werden müssen bzw. ob tatsächlich als Bewertungsgröße eine Kombination unterschiedlicher Eigenschaften verwendet werden muß, d. h. ein Polyoptimierungsproblem vorliegt.

Die *Evolution*, d. h. die Verbesserung der Systemeigenschaften in der gewünschten Richtung, d. h. der Art, daß die entscheidenden Bewertungsgrößen, Zielgrößen genannt, extremal erfüllt werden, z. B. maximale Ausbeute, minimale Kosten usw., ist Gegenstand der *Optimierung* und wird im vorliegenden Zusammenhang nur für spezielle Aufgaben des Strukturentwurfes, d. h. Ermittlung möglichst günstiger Strukturen des zu entwerfenden Objektes behandelt.

Die Hauptschritte der Systemgestaltung und -analyse sind in Abb. 2.3 zusammengefaßt.

Literatur

[1] Autorenkollektiv: „*Analyse und Steuerung von Prozessen der Stoffwirtschaft*", Akademie-Verlag Berlin und VEB Deutscher Verlag für Grundstoffindustrie Leipzig, 1971

[2] Autorenkollektiv: „*Systemverfahrenstechnik I*", VEB Deutscher Verlag für Grundstoffindustrie, Leipzig, 1976

[3] Hartmann, K., Weiss, W.: Wiss. Z. TH Leuna-Merseburg **24** (1982), 313

[4] Hartmann, K.: Dissertation B, Technische Hochschule „Carl Schorlemmer" Leuna-Merseburg, 1974

[5] Hartmann, K., Gruhn, G.: Chem. Techn. **29** (1977), 251

[6] Autorenkollektiv: „*Prozeßverfahrenstechnik*", VEB Deutscher Verlag für Grundstoffindustrie, Leipzig, 1979

[7] Autorenkollektiv: „*Komplexe Prozeßanalyse*", VEB Deutscher Verlag für Grundstoffindustrie, Leipzig, 1982

[8] Kafarow, W. W., Perow, W. L., Meschalkin, W. P.: „*Prinzipien der mathematischen Modellierung chemisch-technologischer Systeme*" (russ.), Verlag Chimija, Moskau, 1974

[9] Kafarow, W. W., Dorochow, I. N.: „*Systemanalyse von Prozessen der chemischen Technologie*" (russ.), 3 Bände, Verlag Nauka, Moskau, 1976—1982

3. Analyse und Modellierung stoffwirtschaftlicher Verfahren

3.1. Ziel und Methoden der Analyse und Modellierung

Stoffwirtschaftliche Verfahren bestehen im Sinne eines Systems aus unterschiedlichen, miteinander gekoppelten Prozessen einschließlich ihrer apparativen Hülle. Die Analyse eines Objektes hat ganz allgemein das Ziel, die wesentlichen Seiten des Objektes unter dem Aspekt einer konkreten Aufgabe aufzufinden und zu beschreiben. Dieses Ziel bestimmt die Beschreibungsform.

Die wichtigste Grundlage für die Berechnung und Optimierung stoffwirtschaftlicher Verfahren ist die mathematische Beschreibung der wesentlichen Eigenschaften der Elemente und der Struktur des Systems. Das Ziel der Analyse und Modellierung in diesem Zusammenhang ist die Erarbeitung dieser mathematischen Beschreibung, also eines Modells, insbesondere eines entsprechenden mathematischen Modells für ein stoffwirtschaftliches Verfahren.

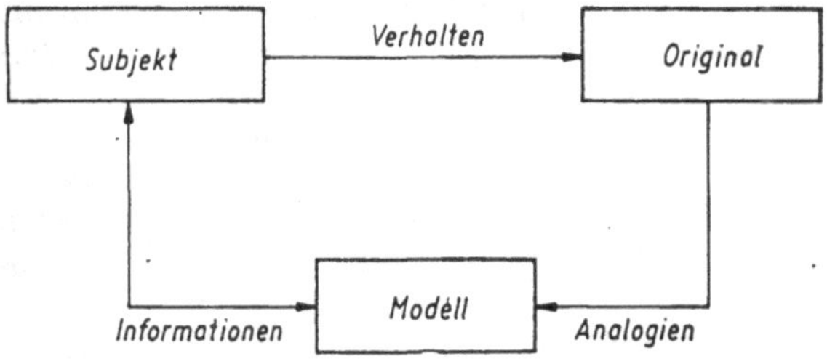

Abb. 3.1. Modell als dreistellige Relation

Hierbei versteht man unter Analyse (oder Prozeßanalyse) die Anwendung wissenschaftlicher Methoden zur Erkennung und Definition von Problemen und zur Entwicklung von Verfahren zu ihrer Lösung. Demzufolge enthält eine Analyse die mathematische Spezifikation des Problems für eine gegebene physikalische Situation, die detaillierte Analyse mit dem Ziel der mathematischen Modellierung sowie die Synthese und Darstellung der Resultate.

Ein Modell ist ein Objekt, das auf der Grundlage einer Struktur- oder Funktionsanalogie zu einem entsprechenden Original von einem Subjekt eingesetzt und genutzt wird, um eine bestimmte Aufgabe lösen zu können. Ein Modell ist also stets mit dem Original und dem Nutzer bzw. der Aufgabe des Modells in Verbindung zu sehen (Abb. 3.1). Diese dreistellige Relation drückt sich auch in folgender Definition eines mathematischen Modells aus. Ein mathematisches Modell ist eine mathematische Darstellung der für die Aufgabe wesentlichen

Seiten eines Objektes, in einem begrenzten Bereich, mit einer hinreichenden Genauigkeit und in einer für die Anwendung geeigneten Form.

Die Analyse eines stoffwirtschaftlichen Verfahrens umfaßt die Untersuchung und mathematische Beschreibung der in den Elementen ablaufenden Prozesse (Abschn. 3.2.) sowie der Struktur des aus diesen Elementen bestehenden Systems (Abschn. 3.3.). Beide Teile der Beschreibung ergeben das mathematische Modell.

Als Voraussetzungen für die Modellierung sind folgende Faktoren zu nennen:

- Beobachtbarkeit und möglichst aktive Beeinflußbarkeit,
- geeignete Verfahren der Meß- und Analysentechnik sowie zur Erfassung und Speicherung der Informationen,
- ausreichender Variationsbereich der Variablen,
- hinreichende Kenntnisse über die Grundprozesse,
- geeignete mathematische Verfahren und Hilfsmittel.

Die Notwendigkeit dieser Voraussetzungen wird sich an verschiedenen Stellen des Abschn. 3. widerspiegeln.

Die allgemeine Aussage, daß der Erkenntnisprozeß stets praktische und theoretische Tätigkeiten sowie die dialektische Einheit von Analyse und Synthese enthält, gilt auch konkret für die Modellierung. Trotz der steten Einheit von Theorie und Experiment im Erkenntnisprozeß wird bei der Erarbeitung eines mathematischen Modells je nach Erfüllung der Voraussetzungen, den Möglichkeiten der Bearbeitung und den Anforderungen an das Modell der Schwerpunkt der Arbeiten mehr auf dem analytischen Gebiet (Abschn. 3.2.2.) oder auf dem experimentellen Gebiet (Abschn. 3.2.3.) liegen.

Die Modellierung stoffwirtschaftlicher Verfahren ist ein komplizierter Problembearbeitungsprozeß, der in vielen Schritten und auf mehreren Ebenen abläuft. Die Bearbeitung führt vom realen Objekt bis zur Nutzung des Programms über die großen Etappen, die Abb. 3.2 zeigt. Die jeweilige Stufeneinteilung hängt von dem Objekt, der Aufgabenstellung und den Bearbeitungsumständen ab. In jeder Stufe ist die erkenntnistheoretische Einheit von Analyse und Synthese enthalten. Auf jeder Stufe unterscheiden sich die Zerlegungsregeln, die Sprachelemente, die Darstellungsform und die Aussagekraft. Abbildung 3.3 zeigt eine mögliche Stufeneinteilung. Mit dem Vordringen

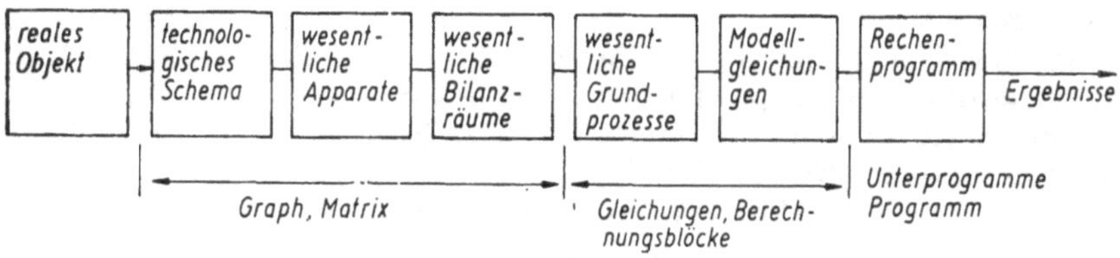

Abb. 3.2. Abstraktionsstufen der Modellierung

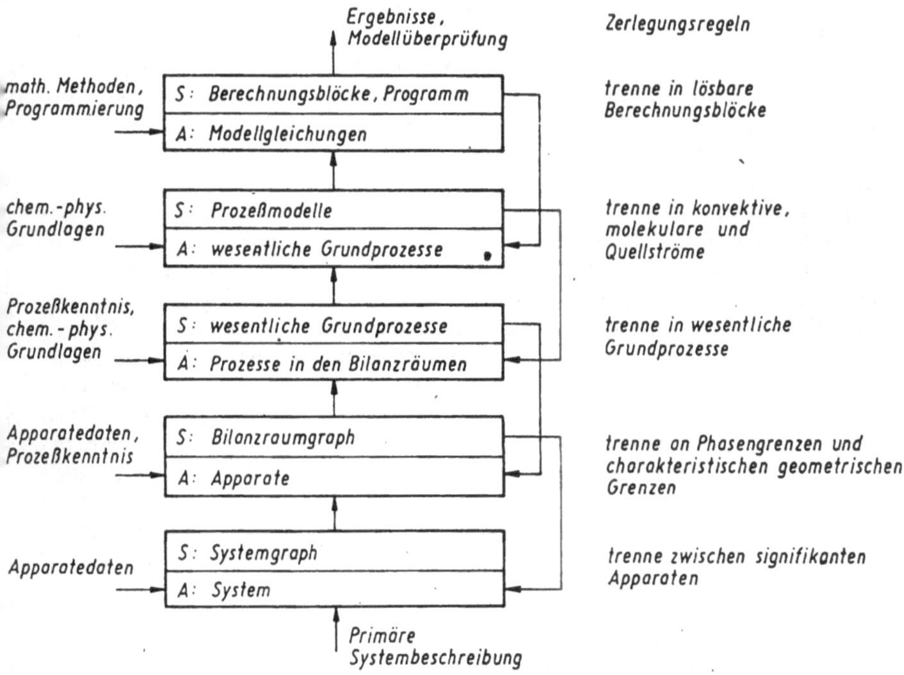

Abb. 3.3. Zerlegungsregeln und Sprachelemente einer möglichen Stufeneinteilung

von Stufe zu Stufe wird ein immer tiefer gehendes Verständnis der ablaufenden Prozesse und ein immer höheres Niveau der Beschreibung erreicht.

Zwischen einem Original und seinem Modell bestehen grundsätzlich Analogien, und zwar in den für die Aufgabe wesentlichen Seiten, aber es besteht grundsätzlich keine Identität, sonst würde u. a. die Nutzung des Modells statt des Originals keine Vorteile bringen. Aus diesem Grunde und wegen der Eigenschaften stoffwirtschaftlicher Systeme muß bei ihrer Modellierung stets abstrahiert werden. So erfordert zum Beispiel die Tatsache, daß stoffwirtschaftliche Verfahren grundsätzlich in offenen Systemen, d. h. mit Verbindungen zur Umwelt ablaufen, die Anwendung der isolierenden Abstraktion, um von den theoretisch unendlich vielen Verbindungen auf endlich viele, möglichst determinierte Ein- und Ausgangsgrößen zu kommen. Die reale Komplexität und Kompliziertheit stoffwirtschaftlicher Verfahren zwingt zur Anwendung der vereinfachenden Abstraktion, um durch die Auswahl der wesentlichen Elemente und Variablen ein abstraktes Objekt zu schaffen, das ein geeigneter Ausgangspunkt für die mathematische Beschreibung sein kann. Die idealisierende Abstraktion geht über die vereinfachende Abstraktion hinaus. Sie schafft ideale Objekte mit Eigenschaften, die die realen Objekte nicht oder nur angenähert haben. Bekannte Beispiele sind der Massenpunkt, die punktförmige Lichtquelle, der freie Fall in der Physik, die eindimensionale Fadenströmung, die reibungsfreie Strömung, rein tangentiale, radiale oder axiale Flüssigkeitsbewegung in der Nähe eines Rührers sowie die Annahme bestimmter Reaktionsmechanismen in stoffwirtschaftlichen Prozessen, Abb. 3.4. Nur durch die idealisierende Abstraktion ist es möglich, komplizierte Vorgänge mathematisch zu beschreiben.

Stoffwirtschaftliche Verfahren sind grundsätzlich zeitvariant. Wenn der Einfluß auch in einigen Fällen relativ klein ist, so ist er doch durch Abnutzungen und Ablagerungen grundsätzlich gegeben. Deswegen muß man zunächst grundsätzlich von der stabilisierenden Abstraktion Gebrauch machen, um von der grundsätzlichen Zeitvarianz abzusehen. Darüber hinaus können aber so große Zeiteinflüsse vorhanden sein (z. B. durch Veränderung der Katalysatoraktivität), daß diese im Modell zu berücksichtigen sind oder ein entsprechender Nachführungsalgorithmus für die Modellparameter notwendig wird. Stoffwirtschaftliche Prozesse sind grundsätzlich stochastisch, die den Prozeß beschreibenden Größen sind zeitabhängige Zufallsvariable. Demzufolge können Modell und Original nur im Rahmen einer zeitabhängigen Wahrscheinlichkeitsverteilung übereinstimmen. Wenn diese Eigenschaft im Modell berücksichtigt werden muß, so sind die Methoden zur Beschreibung stochastischer

Objekt	*Annahmen*
Rührkessel 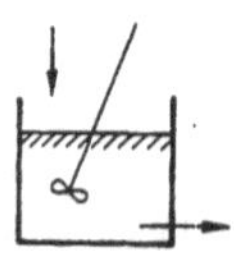	*für idealen Rührkessel* - *ideal durchmischt, d.h. keine Gradienten* - *keine Totzeit* - *Ausgangszustand entspricht Kesselinhalt*
Strömungsrohr 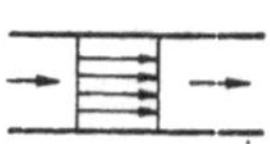	*für ideale Pfropfenströmung:* - *keine Vermischung in Strömungsrichtung* - *gleichmäßige Verteilung senkrecht zur Strömung* - *gleiche Verweilzeit für alle Teilchen*
Diffusionsprozeß 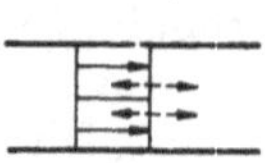	*für eindimensionales Modell:* - *Veränderung der Konzentration ist stetige Funktion der Länge* - *Zustand im Querschnitt konstant* - *Volumengeschwindigkeit und Längsvermischungskoeffizient über Länge und Radius konstant*
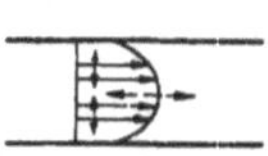	*für zweidimensionales Modell:* - *wie eindimensional* - *zusätzlich radiale Vermischung*

Abb. 3.4. Beispiele für die idealisierende Abstraktion

Signale und Prozesse (z. B. die Spektralanalyse) anzuwenden, die in diesem Buch jedoch nicht behandelt werden. Wegen mathematischer und rechentechnischer Probleme werden diese Methoden gegenwärtig noch nicht auf Objekte von der Kompliziertheit und Komplexität großer stoffwirtschaftlicher Verfahren angewandt. Das nichtlineare und dynamische Verhalten dieser Objekte erfordert nochmals die vereinfachende Abstraktion oder führt zu komplizierten Gleichungssystemen. Tabelle 3.1 faßt diese Aussagen zusammen.

Tabelle 3.1

Eigenschaften stoffwirtschaftlicher Prozesse und notwendige Abstraktionen

Eigenschaften des verfahrenstechn. Objektes	Art der Abstraktion	Konsequenzen für das Modell
Objekt bzw. Klasse v. Objekten	generalisierend	konkretes Modell bzw. Typenmodell
Umwelt, offenes System	isolierend	endlich viele, definierte Ein- und Ausgangsgrößen
heterogenes System	vereinfachend	Auswahl wesentlicher Elemente, abstraktes Objekt
komplizierte Prozesse	vereinfachend und idealisierend	ideales Objekt, Analyse und Synthese
stochastisch	stabilisierend	statistischer Charakter der Parameter
zeitvariant	stabilisierend	evt. Nachführung
nichtlinear dynamisch	wenn zulässig: vereinfachend	sonst: komplizierte Gleichungssysteme

Die Gesamtheit der Abstraktionen hat folgende Konsequenzen:

a) Die im Modell enthaltenen Parameter, Beiwerte, Konstanten müssen aus Messungen am Objekt mit Hilfe mathematisch-statistischer Methoden bestimmt werden (Abschn. 3.4.1.).

b) Die Zulässigkeit der getroffenen Annahmen muß durch einen Vergleich zwischen Original (d. h. dem realen stoffwirtschaftlichen Prozeß) und seinem Modell überprüft werden (Abschn. 3.4.2.).

c) Aus der Überprüfung kann sich die Notwendigkeit der Modellüberarbeitung ergeben. Das heißt, die Modellierung ist i. a. ein zyklischer Vorgang.

d) Ein mathematisches Modell eines Objektes ist nur bedingt auf ein anderes Objekt übertragbar, auch wenn dieses ähnlich ist.

Ein mathematisches Modell muß in einer für die Anwendung geeigneten Form vorliegen. Da jeder stoffwirtschaftliche Prozeß in Raum und Zeit abläuft, ergibt die mathematische Beschreibung im allgemeinen partielle Differentialgleichungen mit den drei Raumkoordinaten und der Zeit als unabhängige Variable, über die bei der Lösung zu integrieren ist. Partielle Differentialgleichungen in vier Variablen, die meist auch noch höherer Ordnung sind, sind — wenn überhaupt — nur über sehr aufwendige Verfahren lösbar. Abstrahiert man von zwei Raumkoordinaten, so liegen immer noch partielle Differentialgleichungen in einer Koordinate und der Zeit vor. Sieht man von der Verteilung der Zustandsgrößen im Raum völlig ab, betrachtet man also die Bilanzräume als gut durchmischt bzw. die Zustandsgrößen als konzentriert, so erhält man für dynamische Beschreibungen gewöhnliche Differential-

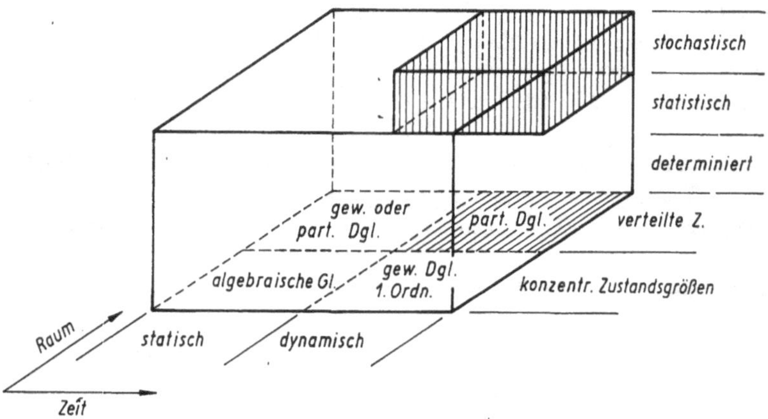

Abb. 3.5. Art der Gleichungen in Abhängigkeit von den Eigenschaften, die im Modell berücksichtigt werden

gleichungen und für statische Betrachtungsweisen algebraische Gleichungen für das mathematische Modell, Abb. 3.5. Die bei der Lösung der Modellgleichungssysteme auftretenden mathematischen und rechentechnischen Schwierigkeiten (Rechenzeit, Speicherplatz) sind die Ursache für die meist erforderlichen Modellvereinfachungen (Abschn. 3.5.).

Die mathematische Modellierung technischer Prozesse, Apparate oder Verfahren ist ein komplizierter, aufwendiger Problembearbeitungsprozeß. Deswegen ist es sinnvoll, methodische Erfahrungen zu sammeln und in Form heuristischer Ablaufpläne zusammenzufassen, um die Effektivität bei der Lösung nachfolgender Aufgaben zu erhöhen. In der Literatur ist das Vorgehen bei der mathematischen Modellierung stoffwirtschaftlicher oder verfahrenstechnischer Objekte mehrfach beschrieben ([1—10]). Abbildung 3.6 zeigt in einem groben Ablaufplan die wesentlichen Etappen, die im Abschnitt 3. im einzelnen noch behandelt werden. Sie können zum Teil durch umfangreiche Unterprogramme untersetzt werden, auch dafür zeigt die Literatur Beispiele.

Die Präzisierung der Aufgabenstellung muß das System von der Umgebung abgrenzen und die wesentlichen Relationen zusammenstellen. Einsatzzweck, notwendiger Gültigkeitsbereich und notwendiger Genauigkeitsbereich des Modells, die Bearbeitungsmöglichkeiten (Zeit, Kapazität, Erkenntnisstand,

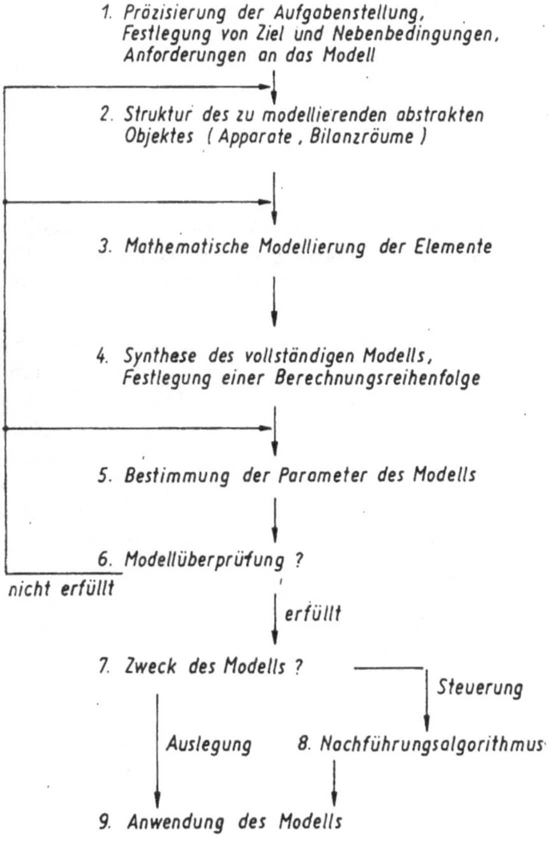

Abb. 3.6. Ablaufplan der mathematischen Modellierung

experimentelle, meß- und rechentechnische Hilfsmittel) sowie die Definition von Zielgröße und Nebenbedingungen für die Anwendung des Modells zur Optimierung (optimale Auslegung oder/und optimale Steuerung eines Verfahrens) sind weitere Komponenten dieses Schrittes.

Im 4. Schritt werden die Ergebnisse des 2. und 3. Schrittes zum vollständigen Modell zusammengesetzt, für das gleichzeitig ein Lösungsverfahren ausgearbeitet werden muß. Der 5. Schritt enthält die experimentell-statistischen Arbeiten der Planung, Durchführung und Auswertung von Versuchen zur Bestimmung der Modellparameter.

Wenn die Modellüberprüfung die vorgegebenen Bedingungen nicht erfüllt, so ist z. B. zum Schritt 5 zurückzukehren, wenn das Datenmaterial nicht zur Bestimmung der Parameter geeignet ist. Bei falschen Tendenzen des Modells oder unzureichender Genauigkeit des Modells ist zum Schritt 3 zurückzugehen. Ist das Modell für die Anwendungen zu kompliziert, so ist im Sinne der Modellvereinfachung wieder mit 2. oder 3. zu beginnen.

3.2. Prozeßmodelle

3.2.1. Grundlagen

Mathematische Modelle stoffwirtschaftlicher Prozesse werden als funktioneller Zusammenhang zwischen abhängigen und unabhängigen Variablen dargestellt, in allgemeiner Form ist das $y = f(b, x)$. Dabei enthalten die abhängigen Variablen y die Ausgangs- und die (inneren) Zustandsgrößen. Die Ausgangsgrößen können auch als Zustandsgrößen im letzten Volumenabschnitt betrachtet werden. Die unabhängigen Variablen, teils auch als Eingangsgrößen bezeichnet, enthalten die Stellgrößen und die Störgrößen. Die Stellgrößen können kontinuierlich oder stufenweise verstellt werden, sie werden grundsätzlich gemessen. Bei den Störgrößen, die sich mehr oder weniger stark willkürlich verändern, gibt es gemessene und ungemessene (Abb. 3.7). Die Parameter b in der allgemeinen Form des Modells sind numerische Werte, Konstanten oder Koeffizienten der Gleichungen. Die konkrete Variableneinteilung jeder Modellierung hängt vom Objekt und der Aufgabenstellung ab. Sie ist, wie das Beispiel in Abb. 3.8 zeigt, für das gleiche Objekt unterschiedlich, je nachdem ob das Modell dem Entwurf einer Anlage oder der Steuerung dienen soll. Neben dem funktionellen Zusammenhang der Elementemodelle gehört die mathematische

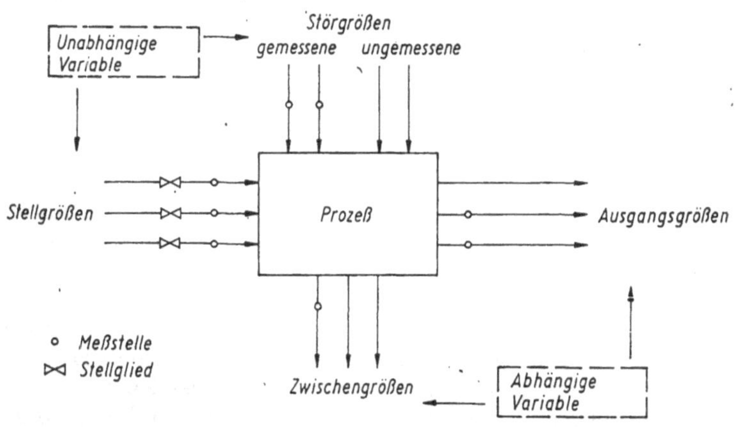

Abb. 3.7. Einteilung der Variablen

Darstellung der Systemstruktur (Abschn. 3.3.) zum mathematischen Modell eines stoffwirtschaftlichen Verfahrens.

Der funktionelle Zusammenhang kann schwerpunktmäßig theoretisch oder empirisch aufgestellt werden. Das führt zur Unterscheidung der analytischen und der experimentellen Modellbildung.

Aufgabe	*konstante*	*variable*
	Größen	
Entwurf einer Rohrleitung		
für Flüssigkeiten	$\dot{m}$	w, D
für Gase mit Druck p	$\dot{m}$	w, D, p
Steuerung einer Rohrleitung	D	$\dot{m}, w$

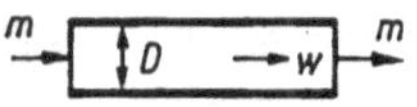

Abb. 3.8. Beispiel für die Einteilung der Variablen

Das Bilanz- oder Erhaltungsprinzip für die Größen Gesamtmasse, Komponentenmasse, Energie und Impuls ist eine wesentliche Grundlage der Modellbildung, ohne daß in jedem Modell grundsätzlich alle diese Größen enthalten sein müssen. So können z. B. die Energiebilanz bei den meisten isothermen Vorgängen, die Impulsbilanz bei inkompressiblen, langsam strömenden Medien vernachlässigt werden. Die Bezeichnung Erhaltungsgröße ist wegen der möglichen Umwandlung von Masse in Energie nicht exakt aber teilweise üblich. Das Bilanzprinzip lautet in allgemeiner Formulierung:

Zeitliche Änderung der gespeicherten Menge einer Bilanzgröße im abgegrenzten Raum	
= Eingangsstrom der Bilanzgröße	(3.1)
− Ausgangsstrom der Bilanzgröße	
+ Quellstrom der Bilanzgröße	

Da die Ein- und Ausgangsströme in konvektive, molekulare und Übergangsströme, die den Widerstand einer Bilanzgebietsgrenze zu überwinden haben, aufgeteilt werden können, gibt es auch andere Darstellungsformen für diesen allgemeinen Zusammenhang. Der Quellstrom ist, wenn die Erhaltungsgröße im Bilanzraum teilweise verbraucht wird (z. B. Wärmeverbrauch bei endothermer Reaktion), negativ. Im Fall von Quelle und Senke ist der resultierende

Strom mit dem richtigen Vorzeichen einzusetzen. Im Fall einer Energiebilanz ist z. B. auch die vom System zu leistende mechanische Arbeit zu berücksichtigen.

Als Bilanzräume können bei der Modellierung stoffwirtschaftlicher Prozesse Volumina in mehreren Ebenen der in der Einleitung genannten Hierarchie betrachtet werden, z. B. vom Elementarvolumen bis zur apparativen Hülle einer Prozeßeinheit. In Tab. 3.2 sind mögliche Schichten zur chemisch-physikalischen Beschreibung von stoffwirtschaftlichen Prozessen dargestellt, Abb. 3.9 zeigt einige Beispiele dazu. So kann z. B. bei der Modellierung eines Gasabsorbers von der Beschreibung der Vorgänge in einer einzelnen Gasblase und ihrer unmittelbaren Flüssigkeitsumgebung ausgegangen werden. Der Aufbau eines mathematischen Modells aus der Beschreibung aller Vorgänge in

Tabelle 3.2
Schichten der chemisch-physikalischen Beschreibung (nach [4])

Schicht der chem.-phys. Beschreibung	Nutzung durch den Ingenieur	Anwendungen	typische Parameter für die Analyse
molekular und atomar	fundamentaler Hintergrund	behandelt diskrete Erscheinungen, Quantenmechanik, statistische Mechanik, kinetische Theorie	Verteilungsfunktionen, Stoßintegrale
mikroskopisch	nur für Spezialfälle	laminare Transportphänomene, statistische Theorie der Turbulenz	phänomenologische Koeffizienten, Koeffizienten für Diffusion, Viskosität
multiple Gradienten (mehrere Raumkoordinaten	nur für Spezialfälle	laminare und turbulente Transportphäonomene, Transport in porösen Medien	‚effektive' Transportkoeffizienten
maximaler Gradient (eine Raumkoordinate)	für kontinuierliche Fliesprozesse mit ‚Pfropfenströmung'	laminare und turbulente Transportphänomene, Rohrreaktoren, Festbettprozesse	Transportkoeffizienten zwischen den Phasen, kinetische Konstanten
makroskopisch	vielfältig	Verfahrenstechnik, Stoffwirtschaft, ‚Grundoperationen', klassische Kinetik und Thermodynamik	Transportkoeffizienten zwischen den Phasen, makroskopische kinetische Konstanten, Reibungskoeffizienten

dem sich bewegenden Blasenschwarm und der Flüssigkeit wird zu einem kaum noch beherrschbaren Gleichungssystem führen, vor allem dann, wenn dieser Gasabsorber nur ein Element eines größeren stoffwirtschaftlichen Verfahrens ist. Außerdem sind die für die Bestimmung der Modellparameter notwendigen Messungen kaum realisierbar. Geht man zu einer Abstraktionsform über, bei der man sich Flüssigkeit und Gas durch eine durchlässige Wand getrennt denkt

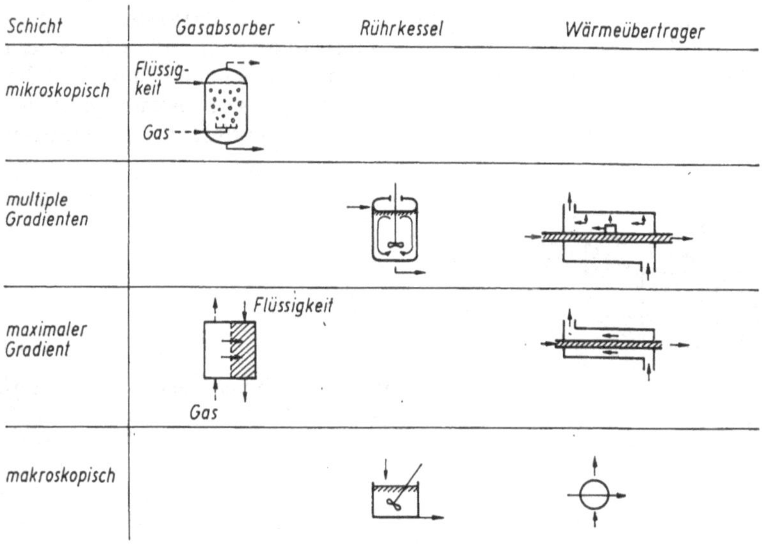

Abb. 3.9. Beispiele zu den Schichten der chemisch-physikalischen Beschreibung

und nur noch die Veränderungen über einer Raumkoordinate betrachtet, so werden die Gleichungen erheblich einfacher. Noch einfacher werden sie bei der makroskopischen Betrachtungsweise. Unter Beachtung aller dafür maßgebenden Faktoren (experimentelle und meßtechnische Möglichkeiten, Verfahren zur Parameterbestimmung) kann kein grundsätzlicher Zusammenhang zwischen der Genauigkeit des Modells und dem Niveau der Beschreibung angegeben werden. Es ist keinesfalls gesichert, daß mit tieferem Eindringen in die chemisch-physikalischen Vorgänge die Übereinstimmung von Original und Modell im Sinne der kleinsten Fehlerquadratsumme besser wird. Häufig stimmen jedoch die Tendenzen theoretisch besser begründeter Modelle außerhalb des experimentell untersuchten und zur Parameterbestimmung benutzten Bereiches besser mit der Realität überein.

Bei der Modellierung stoffwirtschaftlicher Prozesse und Verfahren hängt die Wahl der Schicht der Beschreibung vom Objekt, der Aufgabenstellung und den Bearbeitungsumständen ab. Der Naturwissenschaftler wird bestrebt sein, die Eigenschaften der Materie (wie z. B. Wärmeleitung, Diffusion, Viskosität) auf eine kleine Anzahl elementarer Konzepte zurückzuführen und deswegen zunächst eine molekulare, höchstens eine mikroskopische Betrachtung anzustellen. Für technische Aufgabenstellungen des Ingenieurs sind diese Konzepte meist zu elementar wegen des bei der Anwendung der Modelle auftretenden mathematischen Aufwandes. Die mathematischen Modelle stoffwirtschaftlicher Verfahren können nur in Spezialfällen mikroskopisch sein, sie berücksichtigen meist nur den maximalen Gradienten in einer Raumkoordinate oder werden makroskopisch, also als gut durchmischte Systeme dargestellt.

Der wesentliche Unterschied zwischen der molekularen und allen folgenden Betrachtungsweisen ist der Übergang von der Betrachtung individueller Teilchen, von denen jedes bestimmte Gesetze befolgt, zur Betrachtung des Systems als ein Kontinuum. Dadurch ist es möglich, Differentialgleichungen

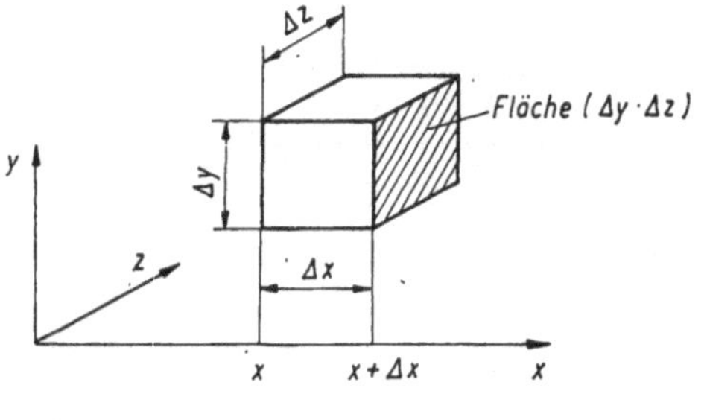

Abb. 3.10. Volumenelement in kartesischen Koordinaten

für die Bilanzen aufzustellen. Da sich aus der mikroskopischen Betrachtungsweise alle folgenden Darstellungsformen durch entsprechende Annahmen und Vereinfachungen ergeben, wird für diese Schicht der Beschreibung die Massenbilanz für eine Komponente in isothermer, laminarer Strömung in kartesischen Koordinaten gezeigt.

Es wird die Veränderung der Erhaltungsgröße Masse der Komponente A im Volumenelement $V = \Delta x \cdot \Delta y \cdot \Delta z$ (Abb. 3.10) im Zeitraum zwischen t und $t + \Delta t$ betrachtet.

Die gespeicherte Menge der Erhaltungsgröße ist

$$[\varrho_A \cdot \Delta x \cdot \Delta y \cdot \Delta z]_{t+\Delta t} - [\varrho_A \cdot \Delta x \cdot \Delta y \cdot \Delta z]_t$$

Für den Transport durch konvektive Ströme in den drei Koordinatenrichtungen gilt:

	Eingang		Ausgang
x:	$[w_x \cdot \varrho_A(\Delta y \cdot \Delta z) \cdot \Delta t]_x$	$-$	$[w_x \cdot \varrho_A(\Delta y \cdot \Delta z) \cdot \Delta t]_{x+\Delta x}$
y:	$[w_y \cdot \varrho_A(\Delta x \cdot \Delta z) \cdot \Delta t]_y$	$-$	$[w_y \cdot \varrho_A(\Delta x \cdot \Delta z) \cdot \Delta t]_{y+\Delta y}$
z:	$[w_z \cdot \varrho_A(\Delta x \cdot \Delta y) \cdot \Delta t]_z$	$-$	$[w_z \cdot \varrho_A(\Delta x \cdot \Delta y) \cdot \Delta t]_{z+\Delta z}$

Der Transport durch molekulare Diffusion wird beschrieben durch die Massenströme j in der Dimension Masse/Fläche · Zeit:

	Eingang		Ausgang
x:	$[j_x^A(\Delta y \cdot \Delta z) \cdot \Delta t]_x$	$-$	$[j_x^A(\Delta y \cdot \Delta z) \cdot \Delta t]_{x+\Delta x}$
y:	$[j_y^A(\Delta x \cdot \Delta z) \cdot \Delta t]_y$	$-$	$[j_y^A(\Delta x \cdot \Delta z) \cdot \Delta t]_{y+\Delta y}$
z:	$[j_z^A(\Delta x \cdot \Delta y) \cdot \Delta t]_z$	$-$	$[j_z^A(\Delta x \cdot \Delta y) \cdot \Delta t]_{z+\Delta z}$

Der Quellstrom ergibt sich mit Hilfe der Reaktionsgeschwindigkeit r_A zu

$$r_A \cdot \Delta x \cdot \Delta y \cdot \Delta z \cdot \Delta t$$

Werden diese Komponenten dem Erhaltungssatz entsprechend zusammengestellt, so ergibt sich nach Division durch $\Delta x \cdot \Delta y \cdot \Delta z \cdot \Delta z \cdot \Delta t$:

$$\begin{aligned} \frac{[\varrho_A]_{t+\Delta t} - [\varrho_A]_t}{\Delta t} = &- \frac{[w_x \cdot \varrho_A]_{x+\Delta x} - [w_x \cdot \varrho_A]_x}{\Delta x} - \frac{[w_y \cdot \varrho_A]_{y+\Delta y} - [w_y \cdot \varrho_A]_y}{\Delta y} \\ &- \frac{[w_z \cdot \varrho_A]_{z+\Delta z} - [w_z \cdot \varrho_A]_z}{\Delta z} - \frac{[j_x^A]_{x+\Delta x} - [j_x^A]_x}{\Delta x} \\ &- \frac{[j_y^A]_{y+\Delta y} - [j_y^A]_y}{\Delta y} - \frac{[j_z^A]_{z+\Delta z} - [j_z^A]_z}{\Delta z} + r_A \end{aligned} \tag{3.2}$$

Wird der Grenzübergang $\Delta x, \Delta y, \Delta z, \Delta t \to 0$ vollzogen, so gilt entsprechend der Definition der partiellen Ableitungen

$$\frac{\partial f(x, y, z, t)}{\partial x} = \lim_{\Delta x \to 0} \frac{f(x + \Delta x, y, z, t) - f(x, y, z, t)}{\Delta x} \tag{3.3}$$

für (3.2)

$$\underbrace{\frac{\partial \varrho_A}{\partial t}}_{\text{Akkumulation}} = \underbrace{- \frac{\partial(\varrho_A \cdot w_x)}{\partial x} - \frac{\partial(\varrho_A \cdot w_y)}{\partial y} - \frac{\partial(\varrho_A \cdot w_z)}{\partial z}}_{\text{Transport durch konvektive Ströme}} \underbrace{- \frac{\partial j_x^A}{\partial x} - \frac{\partial j_y^A}{\partial y} - \frac{\partial j_z^A}{\partial z}}_{\text{Transport durch Diffusion (molekulare Ströme)}} + \underbrace{r_A}_{\text{Erzeugung (oder Verbrauch)}} \tag{3.4}$$

Entsprechende Gleichungen lassen sich für die Gesamtmassenbilanz, die Energiebilanz und die Impulsbilanzen in den drei Koordinatenrichtungen ableiten.

Die Ermittlung der konkreten Ausdrücke für die einzelnen Ströme ist ein Gegenstand der analytischen Modellbildung. Der Erhaltungssatz muß aber auch durch mehr oder weniger empirisch abgeleitete Modelle erfüllt sein.

3.2.2. Analytische Modellbildung

Der analytische Weg der Modellierung eines Prozesses ist durch folgende Vorgehensweise charakterisiert:

1. Der konkrete Prozeß wird in seine wesentlichen Bestandteile, d. h. in seine Grundprozesse zerlegt.
2. Die abstrakten Beschreibungen der Grundprozesse sind zu beschaffen.
3. Das mathematische Modell des konkreten Prozesses wird aus den Beschreibungen der Grundprozesse unter Anwendung der Erhaltungssätze entwickelt.

Um diesen Weg beschreiten zu können, müssen folgende Voraussetzungen erfüllt sein:

1. Die Prozeßkenntnis muß es erlauben, die wesentlichen Grundprozesse identifizieren zu können.
2. Die abstrakten Beschreibungen der Grundprozesse müssen vorliegen.
3. Die Überprüfung der Signifikanz des mathematischen Modells muß gewährleistet sein.

Demzufolge gilt: Das analytische Modell eines stoffwirtschaftlichen Prozesses ist dessen mathematische Beschreibung, die durch Zerlegung des Prozesses in Grundprozesse und nachfolgende Synthese der abstrakten Beschreibungen durch Anwendung des Erhaltungssatzes gewonnen wurde.

Das analytische Modell basiert auf der Prozeßkenntnis, wird diese erweitert oder korrigiert, muß das analytische Modell unter Umständen dem neuen Stand der Kenntnisse angepaßt werden.

Die analytische Modellstruktur enthält im allgemeinen freie Parameter, die durch experimentelle Daten belegt werden müssen. Eine Zustandsfolge des realen Prozesses kann im allgemeinen nicht direkt am analytischen Modell nachgebildet werden, sondern dafür sind die Umformung des Modells und ein Lösungsverfahren erforderlich.

Ein stoffwirtschaftlicher Prozeß kann als eine komplizierte Überlagerung simultan verlaufender Transport- und Umwandlungsprozesse aufgefaßt werden. Auch für diesen Prozeß gilt unter den genannten Voraussetzungen ein allgemeines Transportmodell, wie es in allgemeiner Form durch (3.1) oder für die Massenbilanz einer Komponente durch (3.4) dargestellt ist. Dieses allgemeine Transportmodell hat jedoch auf Grund seiner Kompliziertheit nur theoretische Bedeutung. Für die praktische Nutzung sind die konkrete Belegung der einzelnen Stromkomponenten und eine Reihe von Vereinfachungen nötig, die zu lösbaren Modellstrukturen führen. Durch entsprechende Annahmen und Vereinfachungen kann das Modell der mikroskopischen Betrachtungsweise schrittweise in die makroskopische Darstellungsform überführt werden, und aus dem allgemeinen Transportmodell ergeben sich dadurch in der Verfahrenstechnik und Stoffwirtschaft bekannte Gesetze.

Setzt man für die molekularen Ströme

$$j_i^A = -D \frac{\partial c_A}{\partial x_i} \tag{3.5}$$

und bezieht man ϱ_A und r_A auf die Molmasse M_A

$$c_A = \frac{\varrho_A}{M_A}$$

$$R_A = \frac{r_A}{M_A},$$

so wird unter Anwendung der Produktenregel

$$\frac{\partial(v \cdot u)}{\partial x} = v \frac{\partial u}{\partial x} + u \frac{\partial v}{\partial x}$$

und der Annahme konstanter Dichte, d. h. $\frac{\partial v}{\partial x} = 0$ aus (3.4) die Beziehung (3.6) in Tab. 3.3. Auf ähnlichem Wege läßt sich die Energiebilanz (3.7) ableiten. In [4] ist eine umfassende Zusammenstellung aller Bilanzen (Komponenten-, Gesamtmasse-, Impuls-, Energiebilanz) in kartesischen und zylindrischen Koordinaten gegeben.

Geht man von der mikroskopischen Betrachtungsweise zur Darstellungsform der multiplen Gradienten über, so muß man gewisse makroskopische Bereiche des Mediums, die sogenannten Turbulenzballen, berücksichtigen. Das heißt, daß von den Momentanwerten der Prozeßvariablen auf Mittelwerte,

Tabelle 3.3

Bilanzgleichungen für die mikroskopische Darstellung in rechtwinkligen Koordinaten

Massenbilanz für die Komponente A

$$\underbrace{\frac{\partial c_A}{\partial t}}_{\substack{\text{Akkumu-}\\\text{lation}}} = \underbrace{-w_x \frac{\partial c_A}{\partial x} - w_y \frac{\partial c_A}{\partial y} - w_z \frac{\partial c_A}{\partial z}}_{\substack{\text{Transport durch}\\\text{Pfropfenströmung}}} + \underbrace{D_A \left(\frac{\partial^2 c_A}{\partial x^2} + \frac{\partial^2 c_A}{\partial y^2} + \frac{\partial^2 c_A}{\partial z^2}\right)}_{\substack{\text{Transport durch}\\\text{Massen-Diffusion}}} + \underbrace{R_A}_{\substack{\text{Erzeu-}\\\text{gung}}} \tag{3.6}$$

Energiebilanz

$$\underbrace{\varrho \cdot c_p \frac{\partial T}{\partial t}}_{\substack{\text{Akkumu-}\\\text{lation}}} = \underbrace{-\varrho \cdot c_p \left(w_x \frac{\partial T}{\partial x} + w_y \frac{\partial T}{\partial y} + w_z \frac{\partial T}{\partial z}\right)}_{\substack{\text{Transport durch}\\\text{Pfropfenströmung}}} + \underbrace{k \left(\frac{\partial^2 T}{\partial x^2} + \frac{\partial^2 T}{\partial y^2} + \frac{\partial^2 T}{\partial z^2}\right)}_{\substack{\text{Transport durch}\\\text{thermische Diffusion}}} + \underbrace{Q}_{\substack{\text{Erzeu-}\\\text{gung}}} \tag{3.7}$$

die durch Integration der Momentanwerte über ein Zeitintervall berechnet werden, überzugehen ist. Dieses Zeitintervall muß groß gegenüber der turbulenten Schwankungsdauer aber klein gegenüber den Zeitkonstanten des Prozesses sein. Die Prozeßvariablen werden in den Bilanzgleichungen nach folgender allgemeiner Beziehung substituiert:

$$z = \bar{z} + \Delta z \tag{3.8}$$

z — Prozeßvariable
$\bar{z}$ — zeitlicher Mittelwert der Prozeßvariablen im Zeitintervall t
Δz — momentane Abweichung vom zeitlichen Mittelwert

Der zeitliche Mittelwert ist definiert als:

$$\bar{z} = \frac{1}{\Delta t} \int_t^{t+\Delta t} z \, dt \tag{3.9}$$

Aus dieser Definition folgt sofort:

$$\int_t^{t+\Delta t} \Delta z \, dt = 0 \tag{3.10}$$

und

$$\frac{1}{\Delta t} \int_t^{t+\Delta t} \Delta z_1 \cdot \Delta z_2 \, dt = \overline{\Delta z_1 \, \Delta z_2} \neq 0 \tag{3.11}$$

Als Beispiel wird die Mittelungsoperation für Massenbilanz der Komponente A (3.6) ausgeführt, zur Vereinfachung der Darstellung jedoch nur für eine Koordinatenrichtung. Für die mikroskopische Darstellung gilt dann:

$$\frac{\partial c_A}{\partial t} = -\frac{\partial (c_A w_x)}{\partial x} + D \frac{\partial^2 c_A}{\partial x^2} + R_A \tag{3.12}$$

Mit $c_R = \bar{c}_A + \Delta c_A$ und $w_x = \bar{w}_x + \Delta w_x$ folgt

$$\frac{1}{\Delta t} \int_t^{t+\Delta t} \frac{\partial}{\partial t} (\bar{c}_A + \Delta c_A) \, dt = -\frac{1}{\Delta t} \int_t^{t+\Delta t} \frac{\partial}{\partial x} [(\bar{c}_A + \Delta c_A)(\bar{w}_x + \Delta w_x)] \, dt$$
$$+ \frac{1}{\Delta t} \int_t^{t+\Delta t} D \frac{\partial^2}{\partial x^2} (\bar{c}_A + \Delta c_A) \, dt + \frac{1}{\Delta t} \int_t^{t+\Delta t} R_A dt \tag{3.13}$$

Hieraus ergibt sich unter Anwendung von (3.10) und (3.11)

$$\frac{\partial \bar{c}_A}{\partial t} = -\frac{\partial (\bar{c}_A \bar{w}_x)}{\partial x} - \frac{\partial}{\partial x} (\overline{\Delta c_A \, \Delta w_x}) + D \frac{\partial^2 \bar{c}_A}{\partial x^2} + \overline{R_A} \tag{3.14}$$

Vergleicht man (3.14) mit (3.12), so erkennt man, daß die einzelnen Terme wieder auftreten, nur statt der Augenblickswerte der Prozeßgrößen stehen die Mittelwerte, und zusätzlich tritt der Term $\partial(\overline{\Delta c_A \cdot \Delta w_x})/\partial x$ auf. Dieser Term beschreibt die durch die Turbulenz erzeugte Vermischung. Da die ungeordnete Bewegung der Turbulenzballen gewisse Ähnlichkeit mit den molekularen Transportvorgängen hat, kann man den Vermischungsstrom beschreiben durch

$$\overline{\partial c_A \cdot \Delta w_x} = -\tilde{D}\,\frac{\partial c_A}{\partial x} \tag{3.15}$$

und es ist

$$\frac{\partial \bar{c}_A}{\partial t} = -\frac{\partial(\bar{c}_A \bar{w}_x)}{\partial x} + D\,\frac{\partial^2 \bar{c}_A}{\partial x^2} + \frac{\partial}{\partial x}\left(\tilde{D}\,\frac{\partial \bar{c}_A}{\partial x}\right) + \bar{R}_A \tag{3.16}$$

Im allgemeinen ist der molekulare Transport gegenüber der turbulenten Vermischung zu vernachlässigen. Damit ist die in Tab. 3.4 dargestellte Komponentenbilanz (3.17) erklärt, in der zeitliche Mittelwerte der Prozeßgrößen stehen,

Tabelle 3.4
Bilanzgleichungen für die Multiple-Gradienten-Darstellung

Massenbilanz für Komponente A

$$\underbrace{\frac{\partial c_A}{\partial t}}_{\text{Akkumulation}} = \underbrace{-\frac{\partial}{\partial x}(w_x c_A) - \frac{\partial}{\partial y}(w_y c_A) - \frac{\partial}{\partial z}(w_z c_A)}_{\text{Transport durch Pfropfenströmung}}$$

$$+ \underbrace{\frac{\partial}{\partial x}\left(\varrho \tilde{D}_{A,x}\,\frac{\partial c_{A/\varrho}}{\partial x}\right) + \frac{\partial}{\partial y}\left(\varrho \tilde{D}_{A,y}\,\frac{\partial c_{A/\varrho}}{\partial y}\right) + \frac{\partial}{\partial z}\left(\varrho \tilde{D}_{A,z}\,\frac{\partial c_{A/\varrho}}{\partial z}\right)}_{\text{Transport durch Dispersion}} + \underbrace{R_A}_{\text{Erzeugung}} \tag{3.17}$$

Energiebilanz

$$\underbrace{\varrho \cdot c_p\,\frac{\partial T}{\partial t}}_{\text{Akkumulation}} = \underbrace{-\varrho \cdot c_p\left(w_x\,\frac{\partial T}{\partial x} + w_y\,\frac{\partial T}{\partial y} + w_z\,\frac{\partial T}{\partial z}\right)}_{\text{Transport durch Pfropfenströmung}}$$

$$+ \underbrace{\frac{\partial}{\partial x}\left(\tilde{k}_x\,\frac{\partial T}{\partial x}\right) + \frac{\partial}{\partial y}\left(\tilde{k}_y\,\frac{\partial T}{\partial y}\right) + \frac{\partial}{\partial z}\left(\tilde{k}_z\,\frac{\partial T}{\partial z}\right)}_{\text{Transport durch Dispersion}} + \underbrace{Q}_{\text{Erzeugung}} \tag{3.18}$$

auch wenn von jetzt an das Zeichen dafür (—) nicht mehr geschrieben wird. Entsprechendes gilt für die Energiebilanz (3.18).

Geht man zur nächsten Schicht der Beschreibung über, betrachtet man also nur den maximalen Gradienten, so nimmt man meist eine konstante, mittlere Strömungsgeschwindigkeit und einen konstanten Diffusionskoeffizienten über die Länge an. Außerdem vernachlässigt man die molare Diffusion. Damit folgt aus (3.16)

$$\frac{\partial \bar{c}_A}{\partial t} = -w_x \frac{\partial \bar{c}_A}{\partial x} + D \frac{\partial^2 \bar{c}_A}{\partial x^2} + R_A \tag{3.19}$$

Da das System nun schon in zwei Richtungen als gut durchmischt, d. h. ohne Gradienten in diesen Richtungen angesehen wird, müssen Übergangsströme in der Bilanz zugelassen werden. Dafür stehen in den Gln. (3.20) und (3.21) der Tab. 3.5 die Terme $\dot{m}_A$ und $\dot{E}$. Als anschauliches Beispiel kann der

Tabelle 3.5

Bilanzgleichungen für die Maximal-Gradienten-Darstellung

Massenbilanz für die Komponente A

$$\underbrace{\frac{\partial c_A}{\partial t}}_{\substack{\text{Akkumu-}\\ \text{lation}}} = \underbrace{-\frac{\partial (w_x \cdot c_A)}{\partial x}}_{\substack{\text{Transport durch}\\ \text{Pfropfenströmung}}} + \underbrace{R_A}_{\substack{\text{Erzeu-}\\ \text{gung}}} + \underbrace{\dot{m}_A}_{\substack{\text{Transport durch}\\ \text{die Oberfläche}}} \tag{3.20}$$

Energiebilanz

$$\underbrace{\varrho \cdot c_p \frac{\partial T}{\partial t}}_{\substack{\text{Akkumu-}\\ \text{lation}}} = \underbrace{-\varrho \cdot c_p \cdot w_x \frac{\partial T}{\partial x}}_{\substack{\text{Transport durch}\\ \text{Pfropfenströmung}}} + \underbrace{Q}_{\substack{\text{Erzeu-}\\ \text{gung}}} + \underbrace{\dot{E}}_{\substack{\text{Transport durch}\\ \text{die Oberfläche}}} \tag{3.21}$$

Wärmeverlust durch die Wand eines in Längsrichtung durchströmten Rohres dienen. Bei dieser Beschreibungsform sind die Prozeßgrößen nicht als punktförmige zeitliche Mittelwerte, sondern auch noch als Durchschnittswerte über dem Querschnitt anzusehen. Sie sind Funktionen von nur einer Koordinatenrichtung.

Bei der makroskopischen Betrachtungsweise wird das System als vollständig durchmischt angesehen, d. h., es wird auch der maximale Gradient nicht mehr berücksichtigt. Dabei wird unter vollständiger Vermischung der Zustand verstanden, der sich durch folgende, miteinander gekoppelte Grenzübergänge ergibt:

$$\frac{\partial c_A}{\partial x} \to 0; \quad \tilde{D} \to \infty \tag{3.22}$$

Die Konzentrationsgradienten werden also durch eine unendlich große Intensität der turbulenten Vermischung abgebaut. Die Prozeßvariablen werden damit unabhängig vom Ort, diese Prozesse heißen „Prozesse mit konzentrierten Zustandsgrößen". Für die Ableitung ihrer mathematischen Beschreibung muß (3.19) über das ganze Systemvolumen integriert werden:

$$\int_V \frac{\partial c_A}{\partial t} dV = -\int_V w \frac{\partial c_A}{\partial x} dV + \int_V \tilde{D} \frac{\partial^2 c_A}{\partial x^2} dV + \int_V R_A \, dV \qquad (3.23)$$

Für die weiteren Betrachtungen werden folgende Annahmen getroffen:

— Die über die Systemgrenzen ein- und austretenden Ströme sind konvektive Ströme. Der molekulare Transport und der Einfluß der turbulenten Vermischung unmittelbar an der Systemgrenze seien im Verhältnis zum konvektiven Transport zu vernachlässigen.
— Die konvektiven Ströme treten über definierte Flächen ein und aus, die klein im Verhältnis zur Systemoberfläche sind. Die Prozeßvariablen sind über diese Flächen konstant.

Die Integrale der Gl. (3.23) lassen sich mit Hilfe des Gaussschen Integralsatzes wie folgt umformen:

$$\int_V \frac{\partial c_A}{\partial t} \cdot dV = V \frac{\partial c_A}{\partial t} \qquad (3.24)$$

$$-\int_V w \frac{\partial c_A}{\partial x} dV = \int_S w c_A \, dS = S_E w_E \cdot c_{A,E} - S_A w_A c_{A,A} \qquad (3.25)$$

$$\int_V \tilde{D} \frac{\partial {c_A}^2}{\partial x^2} dV = \int_S \tilde{D} \frac{\partial c_A}{\partial x} dS \approx 0 \qquad (3.26)$$

$$\int_V R_A \, dV = V \cdot R_A \qquad (3.27)$$

Die Fläche S ist die das Systemvolumen begrenzende Oberfläche, S_E und S_A sind die Teilflächen, über die die konvektiven Ströme ein- und austreten. Findet ein Stoffübergang über S statt, so ist das Integral (3.26) durch die Beziehung für den Stoffübergang

Übergangsstrom = Übergangszahl · Fläche · Triebkraft

$$\dot{m}_A = \beta \cdot S_{ü} \cdot \Delta c_A \qquad (3.28)$$

zu setzen.

Nimmt man an, daß das Volumen V zeitlich konstant ist und somit $S_E \cdot v_E = S_A \cdot v_A = v$ ist, und daß die Konzentration am Ausgang gleich der im

Volumen V, also $c_{A,A} = c_A$ ist, so ergibt sich mit (3.24) bis (3.28) aus (3.23)

$$V \frac{dc_A}{dt} = \dot{v}(c_{A,E} - c_A) + V\dot{m}_A + V \cdot R_A \tag{3.29}$$

Ist $V \neq$ const, so gilt (3.29a) aus Tab. 3.6.

Tabelle 3.6

Bilanzgleichungen für die makroskopische Darstellung

Massenbilanz für die Komponente A

$$\underbrace{\frac{dm_A}{dt}}_{\text{Akkumulation}} = \underbrace{\dot{V}_E \cdot c_{A,E} - \dot{V}_A \cdot c_{A,A}}_{\text{ein- und austretende Ströme}} + \underbrace{\dot{m}_A}_{\text{Übergangsstrom}} + \underbrace{V \cdot R_A}_{\text{Erzeugung}} \tag{3.29a}$$

Energiebilanz

$$\underbrace{\frac{dE}{dt}}_{\text{Akkumulation}} = \underbrace{+ \Delta \left[\left(\underset{\text{innere}}{H_I} + \underset{\text{kinetische}}{\frac{1}{2} \frac{\langle v^3 \rangle}{\langle v \rangle}} + \underset{\text{potent. Energie}}{H_p}\right) (\varrho \langle v \rangle A)\right.}_{\text{ein- und austretende Ströme}} + \underbrace{Q_{ü}}_{\text{Übergangsstrom}} + \underbrace{Q}_{\text{Erzeugung}} - \underbrace{W}_{\text{mechanische Arbeit}} \tag{3.30}$$

Die allgemeine Beziehung für die Energiebilanz (3.30) gut durchmischter Systeme in Tab. 3.6 berücksichtigt die innere, die kinetische und die potentielle Energie. Das Symbol Δ steht für die Differenz Eingangs- minus Ausgangszustand, das Symbol $\langle v \rangle$ für den zeitlich geglätteten Wert der mittleren Geschwindigkeit über der Fläche S, das ist z. B. für ein Rohr

$$\langle v^n \rangle = \frac{\int_0^{2\pi} \int_0^R v^n r \, dr \, d\theta}{\int_0^{2\pi} \int_0^R r \, dr \, d\theta} .$$

Aus den damit zur Verfügung stehenden Beziehungen lassen sich die bekannten Verweilzeit-Typenmodelle ableiten, wie sie in Abb. 3.11 zusammengefaßt sind. In der Abbildung sind gleichzeitig die Antwortfunktionen dieser idealisierten Typenmodelle auf eine Sprungmarkierung und auf eine Stoßmarkierung angegeben.

In der Praxis ist nicht immer eine hinreichende Übereinstimmung zwischen den realen Objekten und diesen stark idealisierten Typenmodellen zu erreichen.

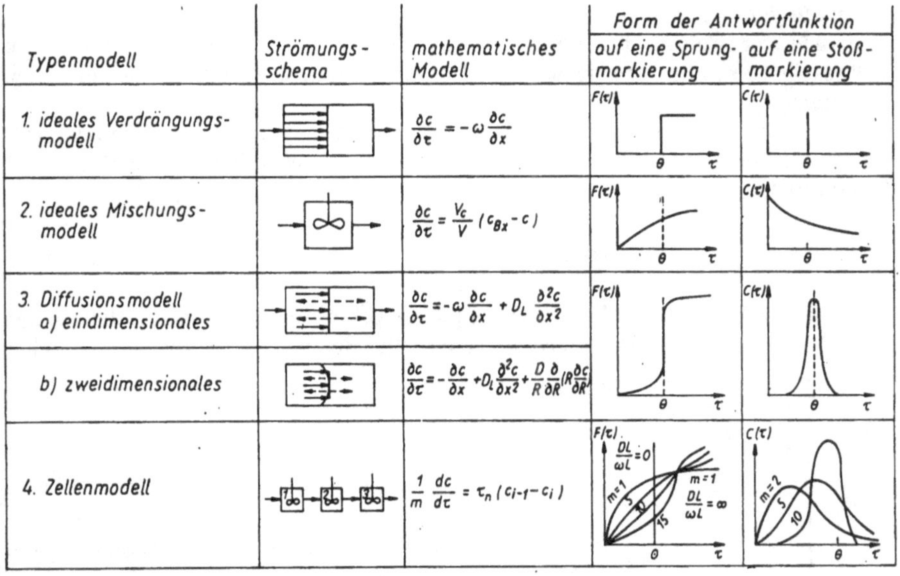

Abb. 3.11. Verweilzeit-Typenmodelle

Dann können jedoch häufig kombinierte oder hybride Modelle aus den Elementen

- ideale Pfropfenströmung (Modell für den maximalen Gradienten),
- ideale Durchmischung (makroskopisches Modell),
- einparametrige Verteilung (Modell mit multiplen Gradienten) und
- Toträume

aufgebaut werden. Eine mögliche Zusammenschaltung dieser einzelnen Elemente zum Modell eines realen Rührkessels zeigt Abb. 3.12.

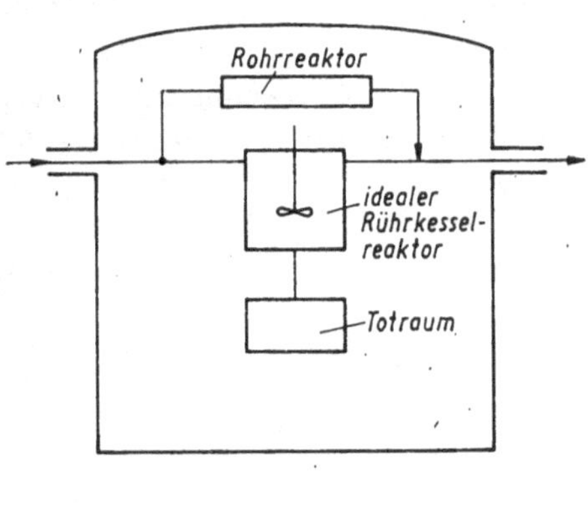

Abb. 3.12. Hybrides Modell für einen realen Rührkessel

Im folgenden werden die allgemeinen Bilanzgleichungen auf konkrete Beispiele angewandt, dabei wird von einfachen Objekten zu komplizierteren fortgeschritten. Gleichzeitig werden die erforderlichen Kopplungsbeziehungen mit angegeben.

Für einen Behälter, in dem eine Flüssigkeit mit dem Massenstrom $\dot{m}_1$ eintritt, und aus dem diese Flüssigkeit mit dem Massenstrom $\dot{m}_2$ austritt, gilt die Massenbilanz

$$\frac{dm}{dt} = \dot{m}_1 - \dot{m}_2 \tag{3.31}$$

Wird der Behälter weder beheizt noch gekühlt, so ist die Masse die einzige zu betrachtende Erhaltungsgröße. Wenn die gleiche Flüssigkeit mit gleicher

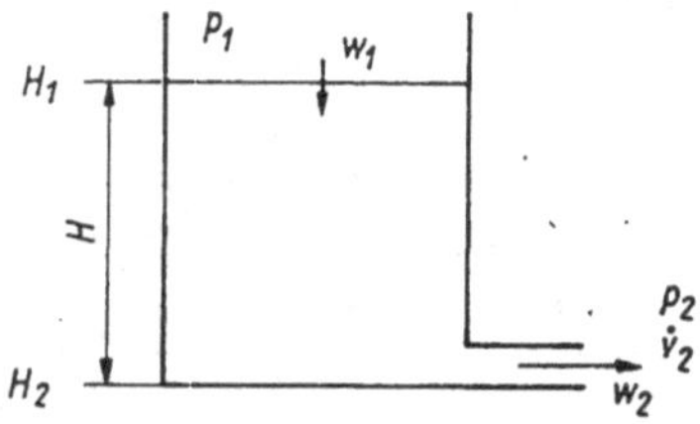

Abb. 3.13. Ausströmen einer Flüssigkeit aus einem Behälter

Temperatur ein- und austritt, dann ist die Dichte konstant, und man kann statt mit der Massenbilanz auch die Beziehung für das Volumen V mit den Volumenströmen $\dot{v}$ schreiben

$$\frac{dV}{dt} = \dot{v}_1 - \dot{v}_2 \tag{3.32}$$

Ist $\dot{v}_2$ die gesuchte Ausgangsgröße des Modells, so muß $\dot{v}_2$ aus $\dot{v}_2 = w_2 \cdot A_R$ (w_2 = Austrittsgeschwindigkeit, A_R = Rohrquerschnittsfläche) ermittelt werden. Mit den Bezeichnungen aus Abb. 3.13 gilt nach BERNOULLI:

$$\frac{\varrho}{2} w_2^2 + p_2 + \varrho \cdot g \cdot H_2 = \frac{\varrho}{2} w_1^2 + p_1 + \varrho \cdot g \cdot H_1 \tag{3.33}$$

Nimmt man auf Grund der stark unterschiedlichen Querschnittsflächen von Behälter und Rohr an, daß $w_2^2 \gg w_1^2$ und demzufolge $w_1^2 = 0$, so ist mit $H = H_1 - H_2$

$$w_2 = \sqrt{\frac{2}{\varrho} (p_1 - p_2 + g \cdot \varrho H)} \tag{3.34}$$

Mit $p_1 = p_2$ folgt die Beziehung für den idealisierten Ausflußvorgang

$$w_2 = \sqrt{2g \cdot H} \quad \text{und} \quad \dot{v}_2 = w_2 \cdot A_R = A_R \sqrt{2g \cdot H}$$

Zur Berücksichtigung des realen Strömungswiderstandes wird eine Ventilkonstante h_v eingeführt, in der man zweckmäßigerweise gleich A_R mit erfaßt, dann gilt für $p_1 = p_2$

$$\dot{v}_2 = h_v \sqrt{H} \tag{3.35}$$

und allgemein

$$\dot{v}_2 = h_v \sqrt{p_1 + \varrho \cdot g \cdot H - p_2} \tag{3.36}$$

Da $\varrho \cdot g \cdot H$ der Druck der Flüssigkeitssäule ist, ist der am Boden wirkende Druck $p_{ges} = p_1 + \varrho \cdot g \cdot H$. Ist der Querschnitt des Behälters über der Höhe konstant, so ergibt sich mit $H = V/A$ das in Abb. 3.14a dargestellte Modell. Verändert sich der Querschnitt mit der Höhe, so ist

$$\frac{dV}{dt} = \frac{dV}{dH} \cdot \frac{dH}{dt}$$

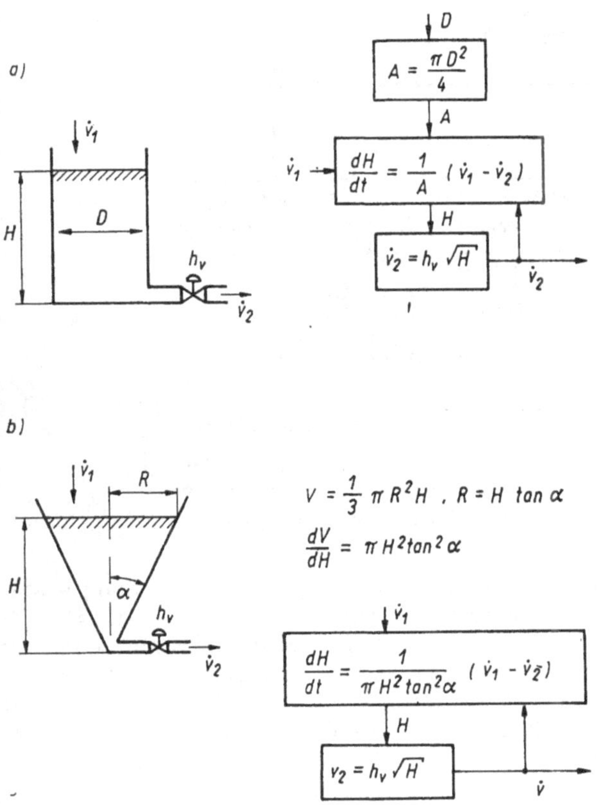

Abb. 3.14. Durchflußbehälter
a) mit konstantem und
b) mit veränderlichem Querschnitt

zu setzen, und es ergibt sich z. B. das in Abb. 3.14b gezeigte Modell. Im weiteren werden Behälter mit konstantem Querschnitt betrachtet. Für die Modelle wird die Blockdarstellung der Gleichungen wie z. B. auch in [11] benutzt, die gute Anschaulichkeit und Erweiterungsmöglichkeiten bieten.

Sind in dem Eingangsstrom dieses Kessels die beiden Komponenten A und B gelöst und läuft im Kessel die Reaktion

$$A + B \underset{k_R}{\overset{k_F}{\rightleftarrows}} C + D$$

ab, so sind die Komponentenbilanzen für A, B, C und D und die Gleichung für R als Quelle bzw. Senke mit in das Modell aufzunehmen. Vernachlässigt man die Wärmetönung der Reaktion, so ergibt sich das in Abb. 3.15 dargestellte Modell.

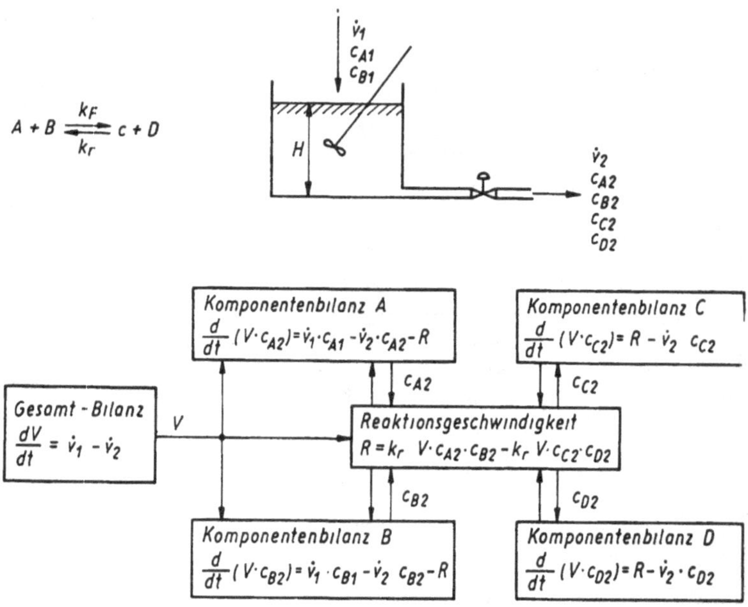

Abb. 3.15. Ideal durchmischter Rührkesselreaktor ohne Wärmetönung

Nun soll der Durchflußbehälter (zur Vereinfachung der Darstellung wieder ohne Reaktion) mit einem Heizmantel umgeben werden, Abb. 3.16. Ein Dampfdruckregler (PC) sorgt für konstanten Druck des Sattdampfes und damit für konstante Dampftemperatur T_D. Nimmt man an, daß diese Temperatur gleichzeitig die für den übertragenen Wärmestrom q maßgebende Wandtemperatur ist, so ergibt sich das in Abb. 3.16 dargestellte Modell, das eine Massen- bzw. Volumenbilanz und eine Wärmebilanz enthält. Für die ideale Durchmischung wird angenommen, daß die Temperatur im Kessel gleich der Austrittstempe-

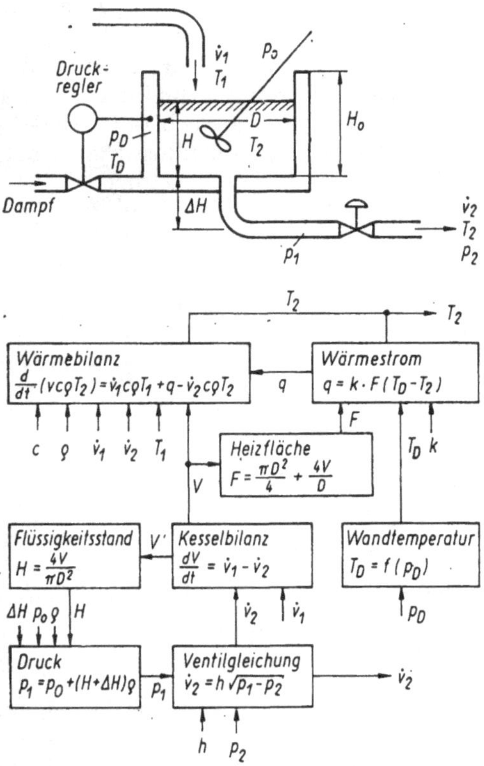

Abb. 3.16. Dampfbeheizter Rührkessel

ratur T_2 ist. Für die Berechnung von T_2 muß die linke Seite der Wärmebilanz nach der Produktregel differenziert werden, für sie ergibt sich damit

$$\frac{d}{dt}\left(V \cdot \varrho \cdot c_p T_2\right) = \varrho \cdot c_p \left(V \frac{dT_2}{dt} + T_2 \frac{dV}{dt}\right)$$

$$= \varrho \cdot c_p \left[V \frac{dT_2}{dt} + T_2 \left(\dot{v}_1 - h_v \sqrt{H}\right)\right]$$

Der letzte dieser Ausdrücke ist gleich der rechten Seite der Wärmebilanz zu setzen, damit folgen die Beziehungen

$$\frac{dT_2}{dt} = \frac{1}{H \cdot A}\left[\dot{v}_1(T_1 - T_2) + \frac{k}{\varrho \cdot c_p}(A + \pi \cdot D \cdot H)(T_D - T_2)\right]$$

und

$$\frac{dH}{dt} = \frac{1}{A}\left(\dot{v}_1 - h_v \sqrt{H}\right)$$

für die Berechnung der Temperatur und des Füllstandes im Kessel. Über die Höhe H kann auch der Austrittsstrom $\dot{v}_2 = h_v \sqrt{H}$ bestimmt werden.

Wird kein offener, sondern ein geschlossener Kessel durchströmt, Abb. 3.17, so wird der Eingangsstrom, der bisher als unabhängige Variable betrachtet wurde, abhängig von p_1 und p_2. Nimmt man an, daß für das im Behälter eingeschlossene Gas mit der Masse m das ideale Gasgesetz gilt und der Vorgang isotherm ist, so ergibt sich das in Abb. 3.17 dargestellte Modell. Dabei sind V_B das Behältervolumen, V_G das vom Gas und V das von der Flüssigkeit eingenommene Volumen.

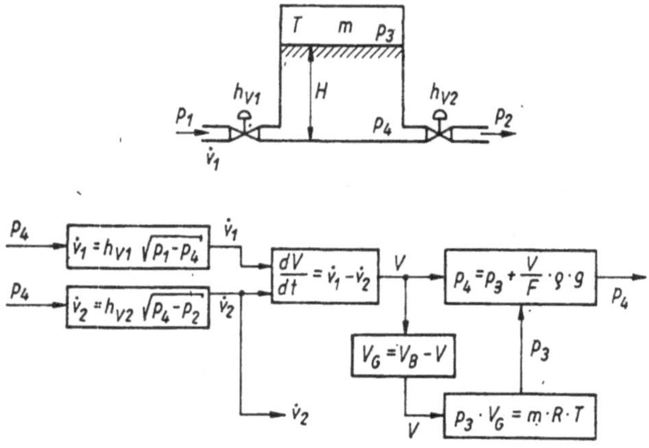

Abb. 3.17. Geschlossener Kessel

Die bisher betrachteten Modelle können relativ leicht zu einem Modell für eine Reaktion mit Wärmezufuhr bzw. Kühlung im geschlossenen Kessel zusammengesetzt werden. Allen bisherigen Modellen ist gemeinsam, daß das System als gut durchmischt, also als ein System mit konzentrierten Zustandsgrößen angesehen wurde. Alle Modelle sind der Schicht der makroskopischen Beschreibung zuzuordnen.

Die nächsthöhere Schicht der Beschreibung läßt die Voraussetzung der idealen Durchmischung fallen und den maximalen Gradienten, d. h. den Gradienten in einer Richtung, zu. Die dafür gültigen Gleichungen der Komponentenmassenbilanz und der Energiebilanz sind in Tab. 3.5 (S. 38) angegeben. Als erstes Beispiel dafür wird die Absorption eines Gases in einer Flüssigkeit betrachtet, Abb. 3.18. Für das zu modellierende ideale Objekt wird in diesem Fall angenommen, daß Gas und Flüssigkeit den Apparat als zwei getrennte Phasen mit gasdurchlässiger Phasengrenzfläche im Gegenstrom passieren. Dabei werden folgende Annahmen getroffen:

a) Es wird nur die Veränderung der Konzentration in Längsrichtung (x-Richtung) des Apparates betrachtet (d. h. $\partial c/\partial y = \partial c/\partial z = 0$ im multiplen Gradienten-Modell).

b) Die Dispersion wird gegenüber der Pfropfenströmung vernachlässigt (d. h. ideale Pfropfenströmung).

c) Der Vorgang sei isotherm (d. h. keine Wärmebilanz erforderlich).
d) Es findet keine Reaktion statt (d. h. $R_A = 0$).
e) Die Geschwindigkeit ist konstant, $w_x = \text{const}$.

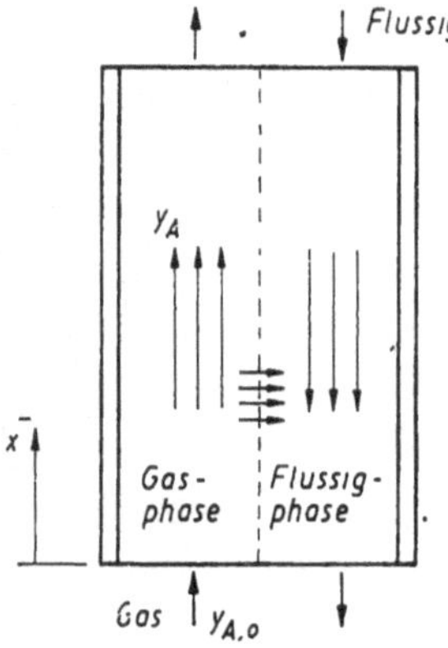

Abb. 3.18. Gas-Absorber

Mit diesen Annahmen folgt aus (3.20) für die Komponentenbilanz

$$\frac{\partial c_A}{\partial t} = -w_x \frac{\partial c_A}{\partial x} + \dot{m}_A$$

Für den stationären Zustand ist $\partial c_A/\partial t = 0$ und es folgt

für die Gasphase $$w_{x,g} \frac{dc_{A,g}}{dx} = \dot{m}_{A,g}$$

für die Flüssigphase $$w_{x,f} \frac{dc_{A,f}}{dx} = \dot{m}_{A,f}$$

Für das Gegenstromprinzip ist die Richtung des Gasstromes der des Flüssigkeitsstromes entgegengesetzt. Außerdem gilt:

$$\dot{m}_{A,g} = -\dot{m}_{A,f}$$

Drückt man den Übergangsstrom durch

$$\dot{m}_{A,g} = -k_{A,g} \cdot a(c_{A,g} - c^*_{A,g})$$

$k_{A,g}$ – Übergangskoeffizient
a – Interphasen-Übergangsfläche/Volumeneinheit
$c^*_{A,g}$ – Gleichgewichtskonzentration

aus, so ist die differentielle Stoffbilanz für die Gasphase

$$w_{x,g} \frac{dc_{A,g}}{dx} = -k_{A,g} \cdot a(c_{A,g} - c^*_{A,q})$$

Mit

$$y_A = \frac{c_{A,g}}{c_A} \qquad \text{Molfraktion von } A \text{ in der Gasphase}$$

$$\dot{m}_g = w_{x,g} \cdot \varrho_g \qquad \text{Massengeschwindigkeit des Gases}$$

kommt man zu der in der verfahrenstechnischen Literatur üblichen Darstellung

$$\frac{\dot{m}_g}{\varrho_g} \frac{dy_A}{dx} = -k_{A,g} \cdot a(y_A - y_A{}^*)$$

$$dx = -\frac{\dot{m}_g}{\varrho_g \cdot k_{A,g} \cdot a} \cdot \frac{dy_A}{(y_A - y_A{}^*)}$$

$$x = \frac{\dot{m}_g}{\varrho_g \cdot k_{A,g} \cdot a} \int\limits_{y_A}^{y_{A,0}} \frac{dy_A}{y_A - y_A{}^*} = H_ü \cdot N_ü$$

$H_ü$ — Höhe einer Übertragungseinheit
$N_ü$ — Anzahl der Übertragungseinheiten

Als nächstes Beispiel eines Objektes, dessen Zustandsgrößen in einer Koordinatenrichtung verteilt sind, wird ein Doppelrohr-Wärmeübertrager mit Gegenstromprinzip betrachtet, Abb. 3.19. Die Energiebilanz eines derartigen Systems ist in Tab. 3.5 gegeben als

$$\varrho \cdot c_p \left(\frac{\partial T}{\partial t} + w_x \frac{\partial T}{\partial t} \right) = S_R + \dot{E}$$

Es soll die Wärmeübertragung zwischen zwei Flüssigkeiten betrachtet werden. Das Heizmedium durchströmt das innere Rohr mit dem Durchmesser D. Das aufzuheizende Medium durchströmt den Mantel. Es findet keine Reaktion in den Flüssigkeiten statt (d. h. $S_R = 0$), die Wärmeverluste nach außen werden vernachlässigt. Da eine partielle Differentialgleichung in zwei Variablen Schwierigkeiten bei der Lösung mit sich bringen kann, soll zunächst der stationäre Zustand, d. h. $\partial T/\partial t = 0$, betrachtet werden. Damit ist

$$w_x \cdot \varrho \cdot c_p \frac{dT}{dx} = \dot{E}$$

Wendet man diese allgemeine Beziehung konkret auf die durch ein Volumenelement der Länge Δx fließenden Massenströme $\dot{m}_M$ und $\dot{m}_R$ der Mantel- und Rohrseite an und ersetzt man $\dot{E}$ durch die für den Wärmestrom q übliche Beziehung, so ergibt sich das in Abb. 3.19 dargestellte Modell für den stationären Zustand. Zu diesem Modell wäre man auch durch folgende Betrachtung gekommen. Für hinreichend kleine Elemente Δx ergibt sich die Ausgangstempe-

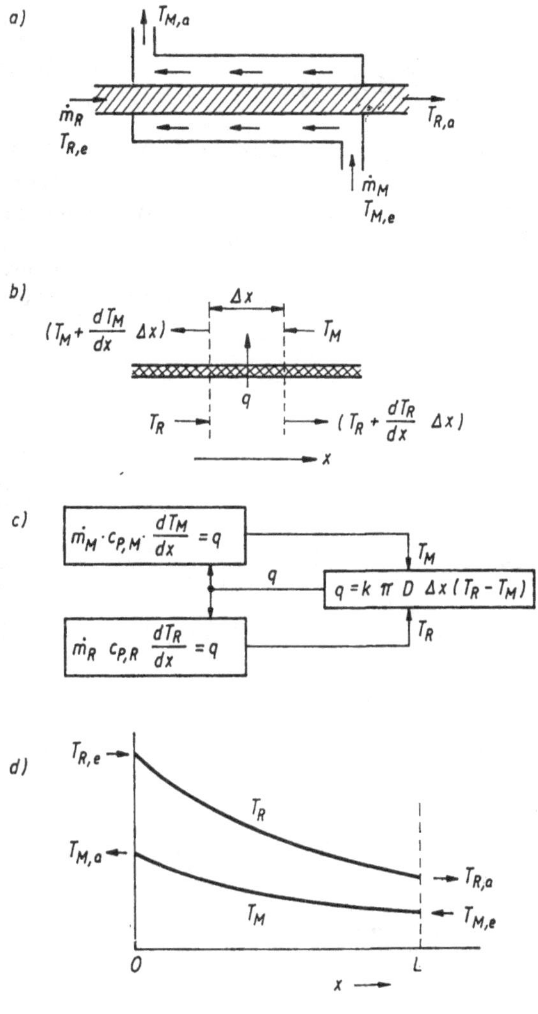

Abb. 3.19. Doppelrohr-Wärmeübertrager mit Gegenstromprinzip

ratur bei gegebener Eingangstemperatur T als $T + \frac{dT}{dx} \cdot \Delta x$ (Abb. 3.19c). Da für den stationären Zustand die zeitliche Veränderung des Wärmeinhalts der Elemente gleich Null ist, ergeben sich die Bilanzen durch die Betrachtung Eingang = Ausgang. Damit gilt für die Wärmebilanz auf der Mantelseite

$$\dot{m}_M c_{p,M} T_M + q = \dot{m}_M \cdot c_{p,M} \left(T_M + \frac{dT_M}{dx}\,\Delta x \right)$$

und die Wärmebilanz auf der Rohrseite

$$\dot{m}_R c_{p,R} T_R = \dot{m}_R c_{p,R} \left(T_R + \frac{dT_R}{dx} \Delta x \right) - q$$

Diese beiden Gleichungen ergeben ebenfalls das Modell von Abb. 3.19c, jedoch ist es vor allem bei komplizierten Vorgängen einfacher, die allgemeinen Bilanzgleichungen der Tab. 3.3 bis 3.6 durch die jeweils zutreffenden Annahmen zu konkretisieren und zu vereinfachen, als stets alle Bilanzen neu abzuleiten.

Die Gl. (3.21) aus Tab. 3.5 kann auch Ausgangspunkt für ein Modell des instationären Zustandes des Wärmeübertragers sein, Abb. 3.20. Für die Dar-

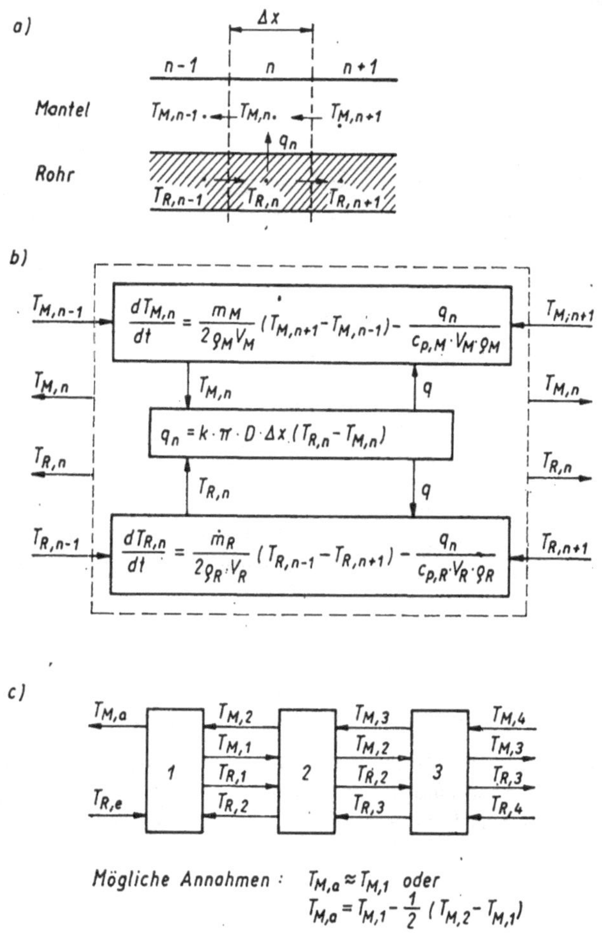

Abb. 3.20. Dynamisches Modell für den Doppelrohr-Wärmeübertrager

stellung des Temperaturverlaufes in Abhängigkeit von der Zeit läßt sich diese Gleichung darstellen als

$$\frac{\partial T}{\partial t} = \frac{1}{\varrho \cdot c_p} \left[\varrho \cdot c_p \cdot w_x \left(-\frac{\partial T}{\partial t} \right) + \dot{E} \right]$$

Mit $\varrho \cdot w_x = \dot{m}/A$, $A = V/\Delta x$ und $\dot{E} = q/V$ ergibt sich

$$\frac{dT}{dt} = \frac{\dot{m}}{\varrho \cdot V} (-\Delta T) + \frac{q}{V \cdot \varrho \cdot c_p}$$

wenn man gleichzeitig $\frac{\partial T}{\partial x} = \frac{\Delta T}{\Delta x}$ einsetzt, um die partielle Differentialgleichung in eine gewöhnliche zu überführen. Dabei ist V das Volumen eines betrachteten Elementes der Länge Δx und Querschnittsfläche A (s. Abb. 3.20a). Als Näherung für den Temperaturverlauf kann angenommen werden, daß die Temperaturen an den Trennflächen der Elemente dem arithmetischen Mittel der Temperaturen der Zentren der benachbarten Elemente entsprechen. So ist z. B. die Temperatur des in die Mantelsektion n eintretenden Stromes

$$\frac{1}{2} (T_{M,n} + T_{M,n+1}).$$

Damit ergeben sich die Temperaturdifferenzen

$$\Delta T_M = \frac{1}{2} [\overbrace{(T_{M,n} + T_{M,n-1})}^{\text{Ausgang}} - \overbrace{(T_{M,n} + T_{M,n+1})}^{\text{Eingang}}]$$

$$-\Delta T_M = \frac{1}{2} (T_{M,n+1} - T_{M,n-1})$$

$$-\Delta T_R = \frac{1}{2} (T_{R,n-1} - T_{R,n+1})$$

Hieraus folgt für das Element n das in Abb. 3.20b dargestellte mathematische Modell. Mit Hilfe dieses Modells für einen Abschnitt kann der gesamte Temperaturverlauf für einen Rohrwärmeübertrager entsprechend dem Informationsflußgraphen (Abb. 3.20c) berechnet werden. Für die Austrittstemperatur der in Strömungsrichtung letzten Sektion kann je nach gewünschter Genauigkeit angenommen werden

$$T_{M,a} \approx T_{M,1}$$

oder

$$T_{M,a} \approx T_{M,1} - \frac{1}{2} (T_{M,2} - T_{M,1}).$$

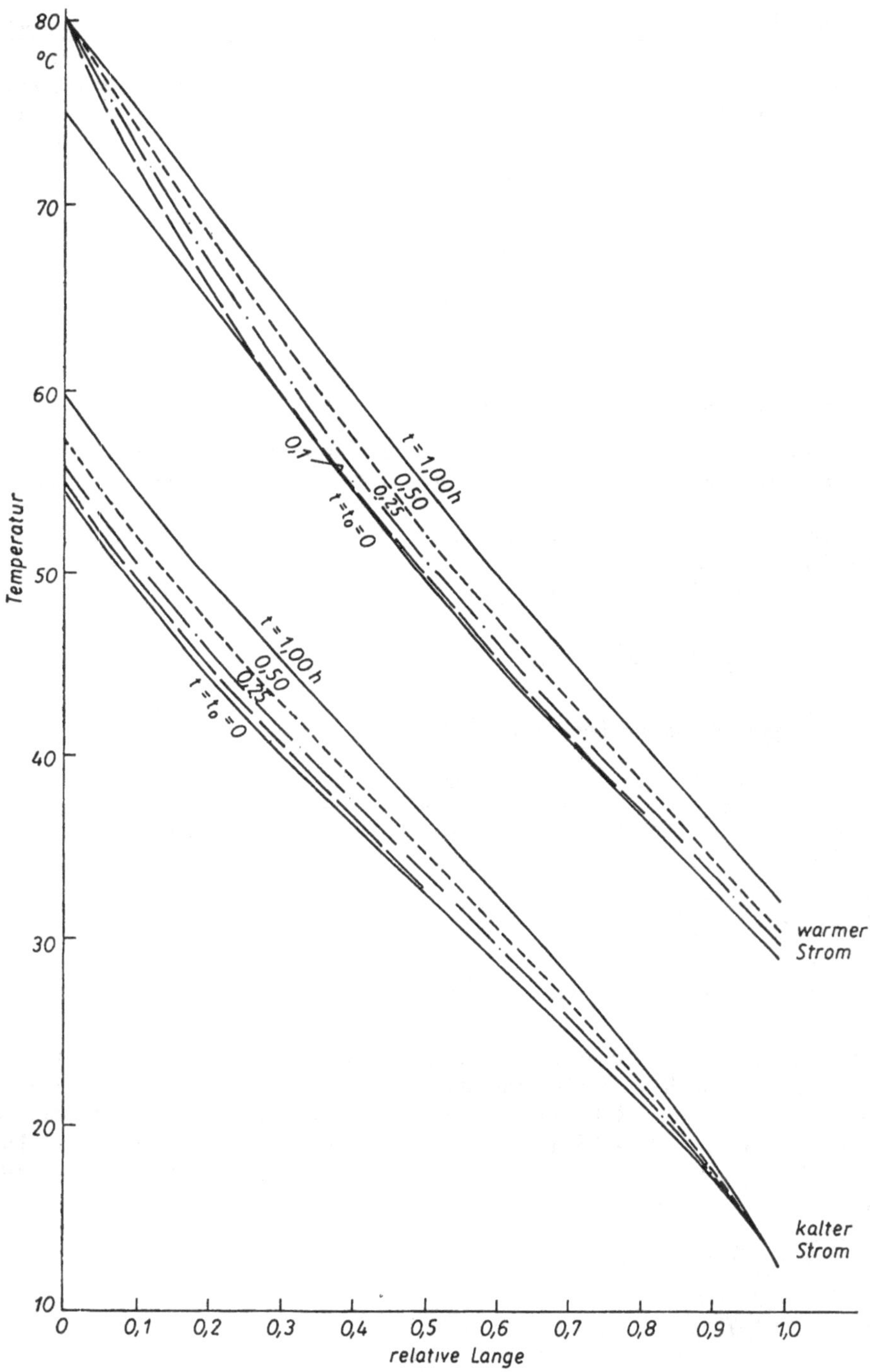

Abb. 3.21. Übertragungsverhalten eines Doppelrohr-Wärmeübertrager

Abbidung 3.21 zeigt das dynamische Verhalten eines Wärmeübertragers von 3,00 m Länge mit einer Einteilung in zehn Abschnitte von $\Delta x = 0{,}3$ m. Das stationäre Temperaturprofil wurde bei $t = t_0$ dadurch gestört, daß $T_{R,e}$ von 75 °C auf 80 °C erhöht wurde. Nach einer Stunde ist der neue stationäre Zustand erreicht.

Dieses Stufenprinzip, das hier in der Anwendung ein und desselben Modells auf gedanklich getrennte Abschnitte eines Systems mit verteilten Zustandsgrößen bestand, kann auch bei apparativ getrennten Elementen genutzt werden. Typische Beispiele dafür sind Rührkesselkaskaden und Destillationskolonnen mit Böden. Abbildung 3.22 zeigt einen Informationsflußgraphen für eine N-stufige Destillationskolonne. Der Berechnung des Verhaltens der Kolonne liegt mit Ausnahme der Rechnung für den Sumpf, den Einlaufboden und den Kondensator immer wieder das Modell eines Bodens zugrunde, wie es in der Literatur mehrfach für die Zweistoff- und die Mehrstoffdestillation zu finden ist. Das Modell ist ein kompliziertes Differentialgleichungssystem,

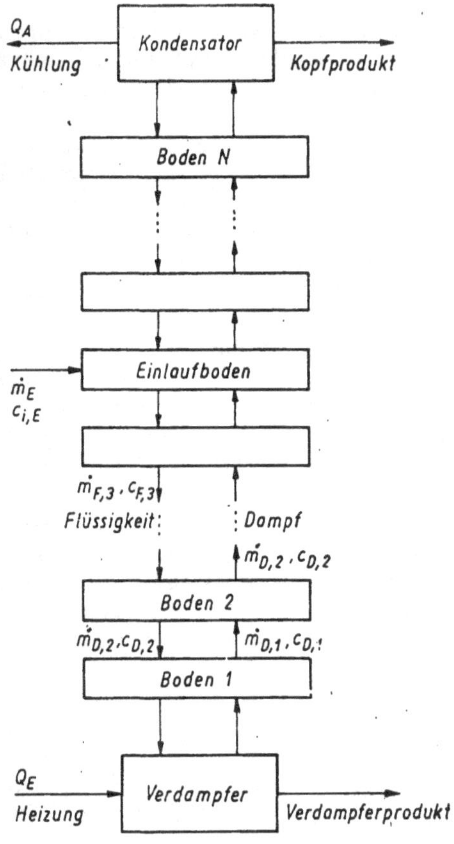

Abb. 3.22. Informationsflußgraph für eine N-stufige Destillationskolonne

seine Anwendung in diesem Informationsfluß erfordert großen Berechnungsaufwand.

Nach der Ableitung der allgemeinen Bilanzgleichungen für die unterschiedlichen Schichten der Betrachtung und den Beispielen für konkrete Modelle werden einige Aussagen zu den Anwendungen der Schichten und den Übergängen von einer Schicht zur anderen zusammengefaßt und die Konsequenzen für die Randbedingungen dargestellt. Hierbei sei nochmals auf Tab. 3.2 verwiesen.

Die molekulare Beschreibung geht von der Tatsache aus, daß jedes System, auch jedes Stoffsystem in einem Elementarprozeß, aus individuellen Teilchen besteht, von denen jedes bestimmte Gesetze befolgt. Auf dieser Grundlage können z. B. in der Quantenmechanik alle Eigenschaften und Antworten eines Systems theoretisch berechnet werden. Diese Schicht führt aber zu unvertretbaren bzw. unlösbaren mathematischen Problemen für Ingenieuraufgaben. Sie wurde deswegen nicht weiter betrachtet. Im Unterschied hierzu gehen alle folgenden Schichten von der Betrachtung individueller Teilchen zur Betrachtung des Stoffsystems als ein Kontinuum über.

Die Gleichungen dieser Schichten sind Beziehungen zwischen den abhängigen und den unabhängigen Variablen. Für ihre Anwendung muß der Ingenieur die Werte der unabhängigen Variablen kennen, also messen oder aus anderen Messungen berechnen können.

In der mikroskopischen Betrachtungsweise (Tab. 3.3) stehen z. B. die Geschwindigkeiten w_x, w_y und w_z, für die bei der Betrachtung eines bestimmten Volumenelementes die konkreten Werte einzusetzen sind, die an einem bestimmten Ort des Systems zu einer bestimmten Zeit vorhanden sind. Gleiches gilt z. B. für Konzentrationen und Temperaturen. Aus diesem Grunde hat diese Schicht der Beschreibung für Ingenieuraufgaben nur eingeschränkte Bedeutung. Sie wird — wie in Tab. 3.2 angegeben — z. B. zur Beschreibung laminarer Transportphäonomene in Grundlagenuntersuchungen benutzt.

Beim Übergang zur Schicht der multiplen Gradienten geht man von den Momentanwerten der Prozeßvariablen auf zeitliche Mittelwerte über, und eine wesentliche Konsequenz daraus ist, daß man von molaren Koeffizienten zu den effektiven Koeffizienten (z. B. von dem molaren Diffusionskoeffizienten zum effektiven) übergeht. Diese Koeffizienten sind eindeutig empirisch, sie hängen vom Strömungszustand und damit vom Ort ab und müssen für jeden Typ des Objektes experimentell bestimmt werden. Diese Form der Beschreibung muß angewandt werden, wenn einerseits die Voraussetzungen für die mikroskopische Beschreibung nicht erfüllbar sind und andererseits die Gradienten der Zustandsgrößen so groß sind, daß mehr als eine Koordinatenrichtung berücksichtigt werden muß.

In der nächsten Schicht wird nur noch der maximale Gradient berücksichtigt, d. h., die Veränderung der Prozeßgrößen wird nur noch in einer Raumkoordinate betrachtet. Diese Größen werden als Mittelwerte über dem Querschnitt angesehen. Durch diesen Schichtübergang werden die Modellgleichungen und ihre Lösung einfacher, allerdings zu Lasten der detaillierteren Informationen, die die Modelle der vorhergehenden Schichten liefern könnten, wenn ihre Voraussetzungen erfüllbar sind.

Dadurch, daß die makroskopische Betrachtung alle inneren Details des betrachteten Systems ignoriert, wird eine noch größere Vereinfachung der mathematischen Beschreibung erreicht. Wenn das System als gut durchmischt angesehen wird, so ist die Folge, daß das mathematische Modell keine räumlichen Gradienten und dementsprechend keine Ableitungen der Prozeßgrößen nach dem Ort enthält. Es verbleiben für dynamische Betrachtungen gewöhnliche Differentialgleichungen mit der Zeit als unabhängige Variable. Abstrahiert man dann auch noch von den zeitlichen Veränderungen, so ergeben sich algebraische Gleichungen.

Für die Anwendung der Modelle müssen die in ihnen enthaltenen Differentialgleichungen über Raum und Zeit integriert werden, d. h. ihre allgemeine Gültigkeit ist durch entsprechende Rand- und bzw. oder Anfangsbedingungen auf ein bestimmtes Volumen und einen bestimmten Zeitpunkt zu konkretisieren. Die Ableitung dieser Bedingungen muß unmittelbarer Bestandteil der Modellbildung sein. Die Anzahl dieser Bedingungen muß für jede Differentialgleichung der Ordnung dieser Gleichung entsprechen. Für alle Schichten, die das Medium als ein Kontinuum betrachten, lassen sich die in Tab. 3.7 zusammengefaßten Randbedingungen aufstellen. Dabei wird angenommen, daß die Bilanzraumgrenze an der Stelle $x = x_0$ liegt und die beiden Seiten dieser Grenze durch $+x_0$ und $-x_0$ dargestellt werden.

Der Unterschied zu den Beschreibungsformen der multiplen und des maxi-

Tabelle 3.7

Randbedingungen

Massen-Bilanzen

1. Die Konzentration an einer Grenze ist angegeben; $c = c_0$,
2. Der Massenstrom an einer Grenze ist stetig, $[\dot{m}]_{x^+} = [\dot{m}]_{x^-}$, die Konzentration an beiden Seiten einer Grenze steht in funktionellem Zusammenhang, $[c_i]_{x^+} = f[c_i]_{x^-}$
3. Der empirisch bestimmte Massenstrom an einer Grenze ist gegeben durch, $[\dot{m}]_{x=0} = k'(c - c^*)$
4. Die Reaktionsgeschwindigkeit an einer Grenzfläche ist gegeben durch $[N_A]_{x=0} = R_A$

Energie-Bilanzen

1. Die Temperatur an einer Grenze ist gegeben, $T = T_0$,
2. Der Energiestrom an einer Grenze ist stetig, $[q]_{x^+} = [q]_{x^-}$, die Temperatur ist an beiden Seiten einer Grenze gleich $[T]_{x^+} = [T]_{x^-}$
3. Der empirisch bestimmte Energiestrom an einer Grenze ist gegeben durch $[q]_{x=0} = k(T - T^*)$
4. Der Wärmestrom an einer Grenze ist angegeben $q = q_0$.

malen Gradienten soll in Zusammenhang mit den Randbedingungen noch am Beispiel der Rohrströmung betrachtet werden. In einem Rohr strömt eine Flüssigkeit, die wärmer ist als die Umgebung des Rohres, Abb. 3.23. Wird als reale Geschwindigkeitsprofil, also auch der Gradient in radialer Richtung

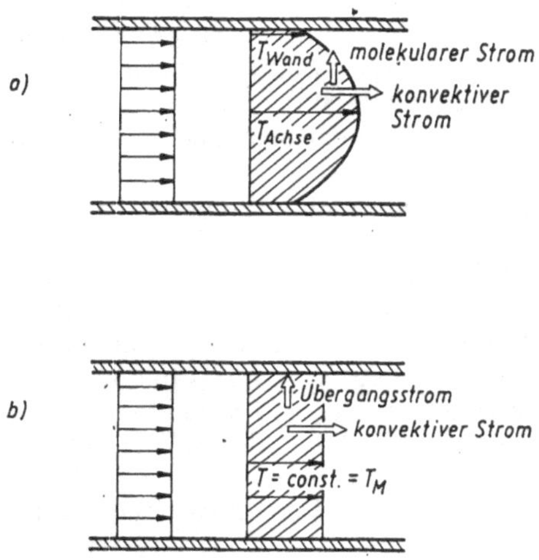

Abb. 3.23. Wärmeübergang in einem Rohr

a) unter Annahme eines radialen Temperaturprofils
b) unter Annahme gleicher Temperatur über den Radius

betrachtet, so ergibt sich die Wärmebilanz für die Volumeneinheit in zylindrischen Koordinaten als

$$\varrho c_p \left(\frac{\partial T}{\partial t} + w_r \frac{\partial T}{\partial t} + \frac{w_\varphi}{r} \frac{\partial T}{\partial \varphi} + w_x \frac{\partial T}{\partial x}\right) = \frac{1}{r} \frac{\partial}{\partial r} \left(\bar{k}_R \cdot r \frac{\partial T}{\partial r}\right) + \frac{1}{r^2} \frac{\partial}{\partial \varphi} \left(\bar{k}_\varphi \frac{\partial T}{\partial \varphi}\right) + \frac{\partial}{\partial x} \left(\bar{k}_x \frac{\partial T}{\partial x}\right).$$

Es werden folgende Vereinfachungen eingeführt:

a) Die Geschwindigkeit sei konstant über dem Querschnitt, $w_r = w_\varphi = 0$.
b) Der Vorgang sei stationär, $\partial T/\partial t = 0$.
c) Die Stoffwerte sind unabhängig von der Temperatur und dem Ort.
d) Die Temperaturverteilung ist symmetrisch über der Achse ($\partial T/\partial \varphi = \partial^2 T/\partial \varphi^2 = 0$).
e) Der axiale Energietransport durch Diffusion wird gegenüber der Pfropfenströmung vernachlässigt ($\partial^2 T/\partial x^2 = 0$).

Damit wird

$$w_x \cdot \varrho \cdot c_p \frac{\partial T}{\partial x} = \bar{k}_R \left(\frac{\partial^2 T}{\partial r^2} + \frac{1}{r} \frac{\partial T}{\partial r}\right)$$

Zur Lösung dieser Gleichung sind folgende Randbedingungen aufzustellen:

$x = 0$ und $r \geqq 0 : T = T_0$ (Eintrittstemperatur)

$x > 0$ und $r = R : T = T_w$ (Wandtemperatur)

$x > 0$ und $r = 0 : T$ ist endlich, $\partial T/\partial r = 0$

Hierbei ist die Wandtemperatur Randbedingung. Diese Darstellung in x und r berücksichtigt das radiale Temperaturprofil. Durch beides ist die Bestimmung der an die Wand übergehenden Wärmemenge möglich. Betrachtet man nur noch den Gradienten in axialer Richtung, so wird die detaillierte Betrachtung mit dieser Randbedingung hinfällig. Es muß dafür, wie schon in Tab. 3.5 dargestellt, ein entsprechender Übergangsstrom in die Bilanz aufgenommen werden. Damit gelangt man zu der Lösung, die schon in Abb. 3.19 gezeigt ist. Die einzige Randbedingung lautet: $x = 0 : T = T_0$.

3.2.3. Experimentelle Modellbildung

Die analytische Modellbildung erfordert hinreichende Prozeßkenntnisse, sie ist für stoffwirtschaftliche Verfahren meist relativ aufwendig, und sie führt im Fall dynamischer Modelle oder bzw. und verteilten Zustandsgrößen grundsätzlich zu Differentialgleichungen. Das bedeutet meist neben dem hohen Aufwand für die Ausarbeitung nochmals einen relativ hohen Rechenaufwand bei der Nutzung der Modelle.

Die experimentelle Modellbildung ist der zweite Lösungsweg, um zu einem mathematischen Modell zu gelangen. Sie beruht auf der Auswertung experimenteller Daten, die unmittelbar am existierenden und zu beschreibenden Objekt, also z. B. nicht an einer stellvertretenden Laboranlage, gewonnen werden. Die Auswertung dieser experimentellen Daten erfolgt mit Methoden der Wahrscheinlichkeitsrechnung und der mathematischen Statistik. Das Vorgehen bei der experimentellen Modellierung ist von der Art der Datengewinnung, der Bedeutung der Dynamik des Objektes und von der Art der Modellfunktion abhängig. Man unterscheidet die aktive und die passive Datengewinnung. Die passive Datengewinnung enthält die zielgerichtete, bewußte Beobachtung des Objektes und die Messung seiner Variablen. Das aktive Verfahren enthält darüber hinaus die zielgerichtete, planmäßige Veränderung aller oder einiger Stellgrößen des Objektes. Die Betrachtungen können auf stationäre Zustände eingeschränkt sein oder auch die Übergangszustände erfassen. Die Modellfunktion kann linear oder nichtlinear in Hinblick auf die im Modell enthaltenen Parameter sein; in derart linearen Modellen können die Eingangsgrößen des Objektes in beliebiger nichtlinearer Form vorhanden sein. Dieser Abschnitt ist auf lineare statische Modelle eingeschränkt. Für ihre Erarbeitung kann die Regressionsanalyse genutzt werden. Die experimentellen dynamischen Modelle und ihre Aufstellung sind in [6—15] ausführlich dargestellt.

Gegeben sei ein stoffwirtschaftliches Objekt, z. B. ein verfahrenstechnischer Apparat mit den Eingangsgrößen x_i $(i = 1 \ldots n)$ und den Ausgangsgrößen

y_l ($l = 1 : .. L$). Es liegen N Meßwertesätze für alle Ein- und Ausgangsgrößen vor, die für die Eingangsgrößen in der

$$\text{Planmatrix} \quad \mathbf{X} = (x_i^j) = \begin{pmatrix} x_1^1 & x_1^2 \cdots x_n^1 \\ x_1^2 & \vdots \\ \vdots & \vdots \\ x_1^N \cdots\cdots & x_n^N \end{pmatrix} \tag{3.37}$$

und für die Ausgangsgrößen in einer entsprechenden Antwortmatrix Y zusammengefaßt werden. Das allgemeine Modell

$$y(x, b) = \sum_{k=0}^{p} b_k \cdot f_k(x), \tag{3.38}$$

das im weiteren zur Vereinfachung der Indizierung für eine Ausgangsgröße betrachtet wird (für L Ausgangsgrößen ergeben sich L entsprechende Gleichungen), kann beliebige Funktionen $f_k(x)$ enthalten, z. B. $f_1(x) = x_1$, $f_r(x) = x_1^2$, $f_s(x) = x_1 - x_2$, $f_t(x) = e^{x_3} - x_4 \cdot \sin x_5$. Meist wird $f_0(x) = 1$ gesetzt, damit ein konstanter Term b_0 enthalten ist. Für die Genauigkeit und den Gültigkeitsbereich des Modells ist es günstig, bei der Aufstellung der Funktion die Prozeßkenntnisse so weit wie möglich zu nutzen. Für das allgemeine Modell wird die Funktionswertmatrix

$$\mathbf{F} = \begin{pmatrix} f_0(x^1) & f_1(x^1) & \cdots f_p(x^1) \\ \vdots & & \\ f_0(x^N) & f_1(x^N) & \cdots f_p(x^N) \end{pmatrix} \tag{3.39}$$

Die Matrix $\mathbf{M} = \mathbf{F}^T \cdot \mathbf{F}$ heißt Informationsmatrix. Die Matrix $\mathbf{C} = \mathbf{M}^{-1} = (\mathbf{F}^T\mathbf{F})^{-1}$ heißt Präzisionsmatrix.

Die Regressionsanalyse benutzt als Kriterium für die Bestimmung der Parameter b die Summe der Fehlerquadrate zwischen Meßwert $\tilde{y}$ und Rechenwert $\hat{y}$ aller N Wertesätze und fordert

$$\sum_{j=1}^{N} (\tilde{y}^j - \hat{y}^j)^2 = \sum_{j=1}^{N} \left(\tilde{y}^j - \sum_{k=0}^{p} b_k f_k(x^j)\right)^2 \stackrel{!}{=} \text{Min.} \tag{3.40}$$

Die Schätzwerte der Modellparameter $\hat{b}$ ergeben sich aus

$$\hat{b} = \mathbf{C} \cdot \mathbf{F}^T \cdot \tilde{Y} = (\mathbf{F}^T \cdot \mathbf{F})^{-1} \cdot \mathbf{F}^T\tilde{Y} \tag{3.41}$$

mit dem Vektor $\tilde{Y} = (\tilde{y}^1, \tilde{y}^2, \ldots, \tilde{y}^N)$. Daher gilt $\sigma_j^2 = c_{jj}\sigma^2$ mit c_{jj} als dem j-ten Element auf der Hauptdiagonalen der Präzisionsmatrix und cov $(\hat{b}) = C \cdot \sigma^2$. Die Schätzwerte $\hat{y}$ sind durch die empirische Regressionsgleichung

$$\hat{y} = \hat{b}^T f(x) \tag{3.42}$$

gegeben. Für die Streuung von $\hat{y}$ gilt

$$\sigma_y^2 = E\{(\hat{y} - \bar{y})^2\} = f^T(x)\,\mathbf{C}f(x)\,\sigma^2 \tag{3.43}$$

Werden v Versuche je Versuchspunkt durchgeführt, so ergibt sich die Restquadratsumme S_R aus der Experimentalfehlerquadratsumme S_E und der Defektquadratsumme S_D als

$$S_R = S_E + S_D$$

mit

$$S_E = \sum_{j=1}^{N} \sum_{\mu=1}^{v} (\tilde{y}^{\mu_j} - \bar{y}^j)^2 \tag{3.44}$$

$$S_D = \sum_{j=1}^{N} v(\hat{y}^j - \bar{y}^j)^2 \tag{3.45}$$

Der Schätzwert der Versuchsstreuung wird dann ermittelt aus

$$s^2 = \frac{S_E}{v \cdot \varphi_2} \tag{3.46}$$

mit dem Freiheitsgrad $\varphi_2 = N(v - 1)$. Damit wird der F-Test für die Beurteilung der Adäquatheit des Modells

$$F = \frac{S_D/\varphi_1}{S_E/\varphi_2} \quad \text{mit} \quad \varphi_1 = N - p - 1 \tag{3.47}$$

Liegt nur ein Versuch je Versuchspunkt vor, so muß der Schätzwert für die Versuchsstreuung bekannt sein oder aus Zusatzversuchen ermittelt werden. Für ein adäquates Modell kann der Schätzwert der Versuchsstreuung in diesem Fall ermittelt werden aus

$$s^2 = \frac{S_R}{\varphi_1} = \frac{1}{N - p - 1} \sum_{j=1}^{N} (\hat{y}^j - \tilde{y}^j)^2 \tag{3.48}$$

Weitere Kriterien für die Beurteilung der Regressionsergebnisse sind die Bestimmtheitsmaße B und B^* sowie der Prüfwert t_i. Das Bestimmtheitsmaß B beschreibt die Straffheit des Zusammenhangs zwischen y und $x_1 \dots x_n$ in der Stichprobe von N Wertesätzen. Das korrigierte Bestimmtheitsmaß B^* schätzt die Güte dieses Zusammenhangs in der Grundgesamtheit, also für den Fall, daß unendlich viele Versuche gemacht werden, ab. Der Prüfwert t_i kennzeichnet die statistische Sicherheit des b_i innerhalb des Ansatzes auf der Grundlage des t-Testes. Die Regressionsanalyse und ihre Auswertung ist in der Literatur vielfach beschrieben (z. B. [6, 16—18]). Für ihre Durchführung liegen Rechenprogramme vor, die wegen des hohen Rechenaufwandes und der für die Genauigkeit erforderlichen Stellenzahl der Zahlen unbedingt genutzt werden sollten. Rechenaufwand und „Genauigkeit" hängen aber auch stark von den

Eigenschaften des Versuchsplanes ab, die im folgenden kurz betrachtet werden sollen.

Orthogonalität: Der Plan **X** heißt orthogonal, wenn die Informationsmatrix eine Diagonalmatrix ist

$$\mathbf{M} = \mathbf{F}^T\mathbf{F} = \begin{bmatrix} \sum_{j=1}^{N} f_0^2(x^j) & 0 & \cdots & 0 \\ 0 & \ddots & & \vdots \\ \vdots & & \sum_{j=1}^{N} f_k^2(x^j) & \vdots \\ \vdots & & \ddots & 0 \\ 0 & \cdots & & \sum_{j=1}^{N} f_p^2(x^j) \end{bmatrix} \tag{3.49}$$

Dadurch ist die Koeffizientenbestimmung besonders einfach.

Drehbarkeit: Der Plan **X** heißt drehbar, wenn die Streuung der berechneten Zielgröße $y(x)$ nur vom Abstand r des Punktes vom Zentrum x^0 des Planes abhängt.

$$x_i^0 = \frac{1}{N} \sum_{j=1}^{N} x_i^j \tag{3.50}$$

$$r = \sqrt{(x_1 - x_1^0)^2 + (x_2 - x_2^0)^2 + \cdots (x_n - x_n^0)^2} \tag{3.51}$$

Bedingung für die Drehbarkeit aus (3.43):

$$f^T(x)\,(\mathbf{F}^T\mathbf{F})^{-1}\,f(x) = \text{const} \qquad \text{für } r = \text{const} \tag{3.52}$$

Die Drehbarkeit sichert, daß das Ergebnis unabhängig von der Lage der Funktion y relativ zu den Koordinatenachsen x_i ist. Die Drehbarkeit eines Planes ist — wie alle anderen Eigenschaften — immer auf ein konkretes Modell bezogen.

D-Optimalität: Die D-Optimalität wird erreicht durch die Minimierung der Determinante der **C**-Matrix. Damit wird auch das Streuungsellipsoid der Koeffizientenschätzungen zu einem Minimum.

A-Optimalität: Die A-Optimalität minimiert die Spur der Matrix **C**, d. h., die Summe der Diagonalelemente der Matrix **C** soll minimal sein. Dadurch wird die kleinste mittlere Streuung der Schätzkoeffizienten erreicht.

G-Optimalität: Der maximale Wert der Varianzfunktion

$$D^2\tilde{y}(x) = f^T(x)\,(\mathbf{F}^T G y^{-1}\,\mathbf{F})^{-1}\,f(x)$$

wird im Versuchsbereich minimiert. Dadurch wird die maximale Genauigkeit für die Schätzung der Zielgröße erreicht.

Die Eigenschaften und die Optimierungskriterien der Versuchspläne wurden kurz betrachtet, um zu verdeutlichen, daß bei der experimentellen Modellberechnung die richtige Wahl des Versuchsplanes wesentlichen Einfluß auf das zu erreichende Ergebnis hat.

Im folgenden werden einige grundlegende Arten der Versuchspläne betrachtet.

Vollständige Faktorenpläne

Will man den linearen Effekt einer Eingangsgröße (einer Einflußgröße, eines Faktors) untersuchen, so muß man mindestens über zwei Meßwerte verfügen, also zwei Versuche durchführen; z. B. die Punkte 1 und 2 in Abb. 3.24. Damit kann man das Modell

$$y = b_0 + b_1 x_1$$

belegen. Betrachtet man einen weiteren Faktor, die Größe x_2, so ist mindestens ein weiterer Versuch, z. B. der Punkt 3, erforderlich, um ihren Effekt

a)

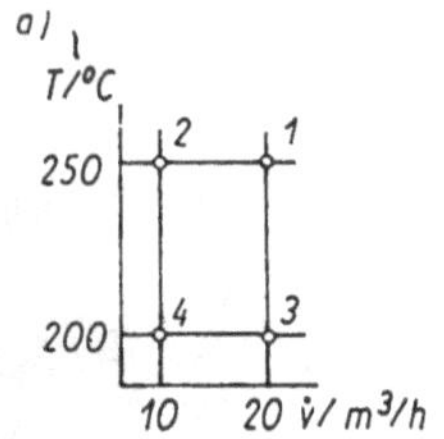

Versuch	x_1	x_2	$\dot{V}$ m^3/h	T °C	Y
1	+	+	20	250	
2	-	+	10	250	
3	+	-	20	200	
4	-	-	10	200	

Planmatrix D

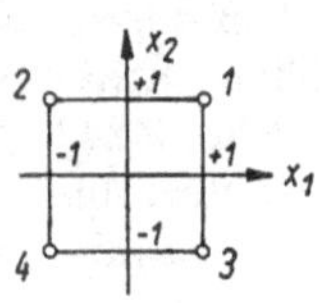

b)

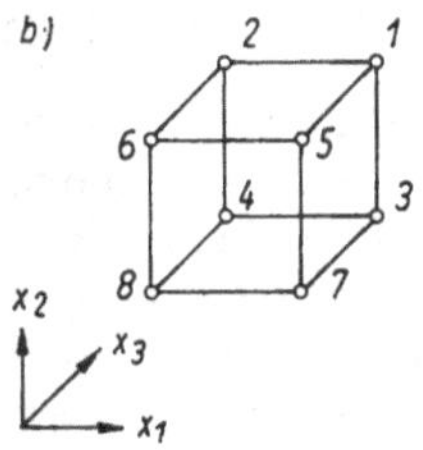

$$D = \begin{pmatrix} + & + & + \\ - & + & + \\ + & - & + \\ - & - & + \\ + & + & - \\ - & + & - \\ + & - & - \\ - & - & - \end{pmatrix}$$

c)

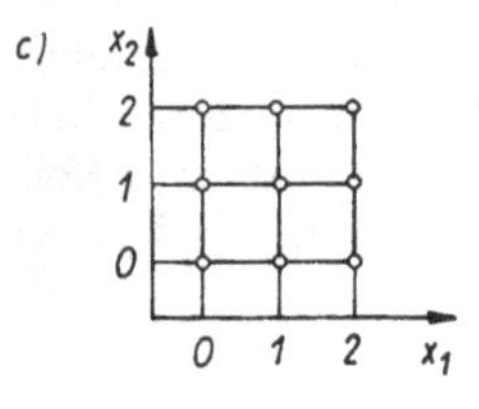

$$D = \begin{pmatrix} 2 & 2 \\ 1 & 2 \\ 0 & 2 \\ 2 & 1 \\ 1 & 1 \\ 0 & 1 \\ 2 & 0 \\ 1 & 0 \\ 0 & 0 \end{pmatrix}$$

Abb. 3.24. Vollständige Faktorenpläne
a) dimensionsbehaftete und normierte Darstellung eines 2^2-Planes
b) 2^3-Plan
c) 3^2-Plan

zu messen. Damit kann man zwar die Parameter des Modells

$$y = b_0 + b_1x_1 + b_2x_2$$

bestimmen, aber dadurch ist noch nicht geklärt, ob die beiden Geraden für y bei $T = 200\,°C$ und $250\,°C$ über v parallel verlaufen, d. h. ob der Effekt von x_1 unabhängig oder abhängig von dem Niveau von x_2 ist. Das kann erst durch den Versuch 4 geklärt werden, mit dessen Hilfe dann das Modell

$$y = b_0 + b_1x_1 + b_2x_2 + b_3x_1 \cdot x_2 \tag{3.53}$$

belegt werden kann, das neben den Haupteffekten b_1 und b_2 auch den Koeffizienten b_3 für die Wechselwirkung von x_1 und x_2 enthält. Damit ist der einfachste vollständige Faktorenplan (2 Faktoren auf 2 Niveaus) aufgestellt, der in Abb. 3.24a normiert, d. h. mit den Niveaus ± 1 für die Variablen, dargestellt ist. Schon allein aus der Anschauung ist erkennbar, daß aus den y-Werten der Versuche 1 und 2 gilt

$$b_1 = \frac{y^{(1)} - y^{(2)}}{\Delta x}$$

Für normierte Pläne dieser Art ist $\Delta x = 2$ (Intervall von -1 bis $+1$) und es gilt

$$b_i = \frac{1}{N} \sum_{j=1}^{N} \operatorname{sign} x_i^j \cdot y^j \tag{3.54}$$

mit N als Anzahl der Versuche. Die Koeffizientenberechnung ist in diesem Fall so einfach, weil der Plan orthogonal ist. Für drei Einflußgrößen enthält ein vollständiger Faktorenplan auf zwei Niveaus acht Versuche, Abb. 3.24b. Er entsteht aus dem nächstniedrigeren Plan, also aus dem für zwei Variable, der je einmal bei dem Niveau $+1$ und -1 für x_3 durchgeführt wird. Damit wäre das Modell

$$y = b_0 + b_1x_1 + b_2x_2 + b_3x_3 + b_4x_1 \cdot x_2 + b_5x_1 \cdot x_3 + b_6x_2 \cdot x_3 + b_7x_1 \cdot x_2x_3 \tag{3.55}$$

zu belegen. Man erkennt, daß die mögliche Zahl der Glieder des Polynoms stark mit n ansteigt. Allgemein gilt die Tab. 3.8. Ist die Zahl der zu bestimmenden Parameter gleich der Anzahl der Versuche, also $N = p + 1$, so ist keine statistische Sicherheit für die Parameter gegeben. Dann sind entweder weitere Versuche durchzuführen oder einige bzw. alle Punkte des vorgesehenen Planes mehr als einmal durchzuführen. Alle Pläne auf nur zwei Niveaus erlauben maximal die Bestimmung linearer Effekte und Wechselwirkungen. Dabei ist keine Sicherheit vorhanden, daß die Effekte in der Wirklichkeit linear sind. Dafür ist mindestens ein weiterer Versuchspunkt im Zentrum erforderlich. Man kann aber auch insgesamt die Anzahl der Niveaus erhöhen. Abbildung 3.24c zeigt einen vollständigen Faktorenplan für zwei Einflußgrößen auf drei Niveaus. Allgemein gilt für die Anzahl der Versuche

$$N = (\text{Anzahl der Niveaus})^n.$$

Damit werden für reale stoffwirtschaftliche Apparate oder Verfahren sehr schnell so hohe Werte für N erforderlich, daß vollständige Faktorenpläne nur selten eingesetzt werden können.

Tabelle 3.8

Anzahl der Haupteffekte und Wechselwirkungen in Abhängigkeit von der Anzahl der Einflußgrößen

n	$N = 2^n$	Anzahl der linearen Effekte	Anzahl der Wechselwirkungen der Ordnung								
			1.	2.	3.	4.	5.	6.	7.	8.	9.
2	4	2	1								
3	8	3	3	1							
4	16	4	6	4	1						
5	32	5	10	10	5	1					
6	64	6	15	20	15	6	1				
7	128	7	21	35	35	21	7	1			
8	256	8	28	56	70	56	28	8	1		
9	512	9	36	84	126	126	84	36	9	1	
10	1024	10	45	120	210	252	210	120	45	10	1

Teilfaktorenpläne

Verzichtet man auf einen Teil der Informationen, die vollständige Faktorenpläne bieten, so kommt man mit weniger Versuchen aus. Aus den vier Versuchen eines 2^2-Planes können die vier Koeffizienten $(b_0 \cdots b_3)$ des Modells (3.53) berechnet werden. Dabei wird b_3 entsprechend der Vorzeichenspalte $x_1 \cdot x_2$ berechnet aus

$$b_3 = \frac{1}{4}\,(y^{(1)} - y^{(2)} - y^{(3)} + y^{(4)})\,.$$

Ist im Modell das Glied $x_1 \cdot x_2$ nicht vorhanden oder verzichtet man auf die Bestimmung dieses Effektes, dann kann man diese von x_1 und x_2 unterschiedliche Vorzeichenspalte nutzen, um den Effekt einer dritten Einflußgröße zu bestimmen. Der Faktor x_3 wäre dann im ersten und vierten Versuch auf sein oberes Niveau, im zweiten und dritten Versuch auf sein unteres Niveau einzustellen. Damit wurde aus dem 2^2-Plan unter Nutzung der Beziehung $x_3 = x_1 \cdot x_2$ (gemeint sind bei dieser in der Versuchsplanung üblichen Schreibweise die entsprechenden Niveaus bzw. Vorzeichen) ein Teilfaktorenplan für drei Variable, Abb. 3.25. Wäre die Wechselwirkung $x_1 \cdot x_2$ doch vorhanden, so würde bei dem Teilfaktorenplan im Gegensatz zum vollständigen Faktorenplan der Haupteffekt x_3 mit ihr überlagert. Ebenso würden x_1 von $x_2 \cdot x_3$, x_2

von x_1x_3 und $x_0 = I$ von $x_1x_2x_3$ verfälscht. Man kann sich leicht davon überzeugen, daß die entsprechenden Spalten jeweils die gleiche Vorzeichenfolge enthalten, folglich können die Effekte nicht voneinander getrennt werden.

a)

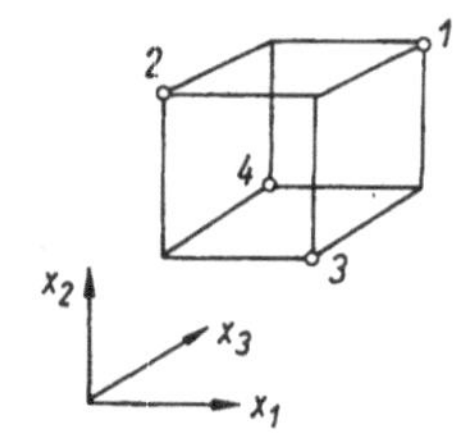

	x_1	x_2	$x_3 = x_1x_2$
1	+	+	+
2	−	+	−
3	+	−	−
4	−	−	+

2^2-Plan

2^{3-1}-Plan $= \frac{1}{2} \cdot 2^2$-Plan

b)

	x_1	x_2	x_3	$x_4 = x_1x_2$	$x_5 = x_1x_3$	$x_6 = x_2x_3$	$x_7 = x_1x_2x_3$
1	+	+	+	+	+	+	+
2	−	+	+	−	−	+	−
3	+	−	+	−	+	−	−
4	−	−	+	+	−	−	+
5	+	+	−	+	−	−	−
6	−	+	−	−	+	−	+
7	+	−	−	−	−	+	+
8	−	−	−	+	+	+	−

2^3-Plan für 3 HE + 4 WW (vollständig)

2^{4-1}-Plan für 4 HE + 3 WW

2^{5-2}-Plan für 5 HE + 2 WW

2^{6-3}-Plan für 6 HE + 1 WW

2^{7-4}-Plan für 7 HE + 0 WW

Abb. 3.25. Teilfaktorenpläne
a) 2^{3-1}-Plan
b) Mögliche Teilfaktorenpläne aus einem 2^3-Plan
HE = Haupteffekt, *WW* = Wechselwirkung

Da dieser Plan die Hälfte eines vollständigen 2^3-Planes umfaßt, bezeichnet man ihn als $\frac{1}{2}$ — 2^3-Plan oder 2^{3-1}-Plan. In der letzteren Schreibweise spiegelt sich das Bildungsgesetz für Teilfaktorenpläne wider. Einen 2^{n-r}-Teilfaktorenplan für $n-r$ Hauptfaktoren und r Nebenfaktoren erhält man aus einem vollständigen Faktorenplan für $n-r$ Faktoren und r Spalten aus den elementeweise gebildeten Produkten von mindestens zwei und maximal $n-r$ Spalten. Ein 2^3-Plan bietet durch die Beziehungen $G_1 = x_1 \cdot x_2 \cdot x_3$, $G_2 = x_1 \cdot x_2$, $G_3 = x_1 \cdot x_3$ und $G_4 = x_2 \cdot x_3$ für die Generatoren G_1 bis G_4 die Möglichkeit einen 2^{4-1}-Plan, einen 2^{5-2}-Plan, einen 2^{6-3}-Plan oder einen 2^{7-4}-Plan zu bilden (Abb. 3.25). Im ersten Fall stehen vier Generatoren zur Auswahl für x_4 zur Verfügung. Wählt man $x_4 = x_1x_2x_3$, so erreicht man, daß die Haupteffekte x_1, x_2 und x_3 nur mit Dreifaktorenwechselwirkungen, die meist kleineren Einfluß als die

Zweifaktorenwechselwirkungen haben, überlagert wird. Aus $x_4 = x_1x_2x_3$ ergeben sich insgesamt die Überlagerungen $x_0 = I = x_1x_2x_3x_4$, $x_1 = x_2x_3x_4$, $x_2 = x_1x_3x_4$, $x_3 = x_1x_2x_4$, $x_1x_2 = x_3x_4$, $x_1x_3 = x_2x_4$, $x_1x_4 = x_2x_3$.

Zusammengesetzte Versuchspläne

Für Modelle, die nichtlinear in bezug auf die Einflußgrößen sind, sind Versuchspläne mit mehr als zwei Niveaus erforderlich. Dabei bringen vollständige Faktorenpläne für eine technisch reale Anzahl von Einflußgrößen außerordentlich hohe Anzahl von Versuchen mit sich. Einen Ausweg bieten die zusammengesetzten Pläne (Abb. 3.26).

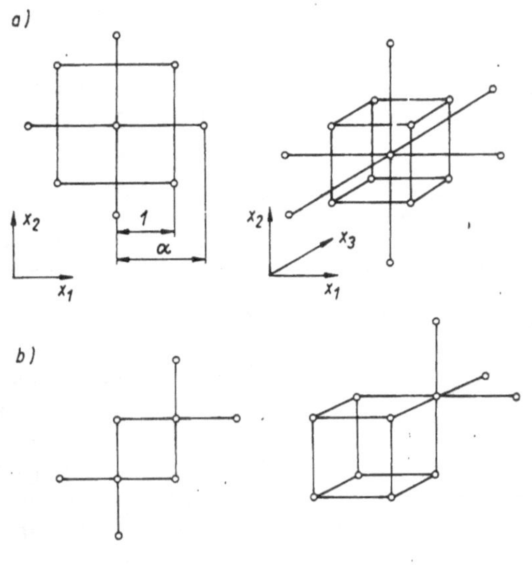

Abb. 3.26. Zusammengesetzte Versuchspläne
a) Zwei- und dreidimensionale zentrale, zusammengesetzte Versuchspläne
b) Nichtzentrale, zusammengesetzte Pläne

Zentrale zusammengesetzte Pläne bestehen aus drei äquiradialen Gruppen von Versuchspunkten.

a) $n_E = 2^{n-r}$ ($r = 0, 1, \ldots$) Eckpunkten des der n-dimensionalen Kugel mit $r_E = \sqrt{n}$ einbeschriebenen Würfels mit den Koordinaten ($\pm 1, \pm 1, \ldots \pm 1$).
b) $n_A = 2n$ Achsenendpunkten auf der n-dimensionalen Kugel mit $r_A = \alpha$ und den Koordinaten ($\pm\alpha, 0, 0 \ldots 0$), ($0, \pm\alpha, 0 \ldots 0$) … ($0, 0 \ldots 0, \pm\alpha$). Der Abstand α wird aus den Kriterien für die geforderten Eigenschaften des Planes (z. B. Drehbarkeit, Orthogonalität) bestimmt.
c) n_0 Zentrumsversuche mit $r_z = 0$ und den Koordinaten ($0, 0 \ldots 0$). Der Wert für n_0 wird ebenfalls nach den geforderten Eigenschaften des Planes bestimmt. Bei $n_0 > 1$ kann die Versuchsstreuung abgeschätzt werden.

Diese von Box und Hunter entwickelten Pläne bieten durch den in ihnen enthaltenen Faktoren- bzw. Teilfaktorenplan die Möglichkeit, die Wechselwirkungen ganz oder teilweise zu bestimmen. Da sie fünf Niveaus in jeder Richtung bieten, können die Parameter nichtlinearer Effekte bestimmt werden. Diese Versuchspläne enthalten weniger Punkte als 5^n-Pläne (Tab. 3.9).

Allgemein lassen sich für die Versuchsplanung folgende Regeln angeben: Der Versuchsplan muß die für das Modell notwendige Anzahl der Niveaus enthalten. Der Versuchsbereich ist so groß zu wählen, daß das Modell auch in

Tabelle 3.9

Drehbare zentrale zusammengesetzte Versuchspläne

Anzahl der Variablen	2	3	4	5	5[1]	6	6[1]	7	7[1]
Eckpunkte $n_E = 2^{n-r}$	4	8	16	32	16	64	32	128	64
Achspunkte $n_A = 2 \cdot n$	4	6	8	10	10	12	12	14	14
Zentrumspunkte n_0	5	6	7	10	6	15	9	21	14
gesamte Versuche	13	20	31	52	32	91	53	163	92
$\alpha = 2^{\frac{n-r}{4}}$	1,414	1,682	2,000	2,378	2,000	2,828	2,378	3,333	2,828

[1] In diesen Spalten ist der Kern des Versuchsplans reduziert auf die Hälfte eines vollständigen Faktorenplanes, d. h. $r = 1$

späteren Anwendungen nicht extrapoliert werden muß und die notwendige Anzahl der Niveaus so realisiert werden kann, daß signifikante Unterschiede in den Ergebnissen zu erwarten sind. Ein zu weiter Versuchsbereich gefährdet andererseits die Adäquatheit zwischen Modell und Objekt. Innerhalb des Versuchsbereiches und auf dessen Rand sind die Versuche möglichst gleichmäßig zu verteilen, wenn nicht auf Grund der Modellfunktion oder der ablaufenden Prozesse bestimmte Teilgebiete dichter zu belegen sind. Einzelne Messungen sollten mehrfach durchgeführt werden, um ihre Reproduzierbarkeit zu prüfen und die Varianzen berechnen zu können.

Kann man keine Experimente, sondern nur Beobachtungen realisieren (wie meistens an großen Produktionsanlagen), so ist die Zeitdauer der Datenerfassung so zu wählen, daß auch die äußeren Bereiche des interessierenden Gebietes mit einer hinreichenden Wahrscheinlichkeit mindestens einmal erreicht werden [7]. Für die Auswahl geeigneter Prozeßzustände und für die Datenreduktion bei umfangreichem Datenmaterial können Streuungsanalysen und das Kriterium der D-Optimalität aus der statistischen Versuchsplanung genutzt werden [19]. Wenn man über keinen aus der Prozeßkenntnis hinreichend begründeten Modellansatz verfügt, so gibt es zwei Vorgehensweisen. Man kann mit einem vollständigen Polynom hinreichend hoher Ordnung beginnen, die Schätzwerte aller Koeffizienten berechnen und alle nichtsignifikanten Glieder durch geeignete Testkriterien (z. B. t-Test) entfernen. Man kann als zweiten Weg von einem linearen Modell und einem Vorrat von zusätzlichen nichtlinearen Gliedern ausgehen. Diese Terme sind dann einzeln probeweise mit in das Modell aufzunehmen und in ihm zu belassen, wenn sie zu einer Verbesserung des Modells führen und statistisch gesichert sind. Welcher Weg eingeschlagen werden sollte, kann nicht allgemeingültig festgelegt werden. Die Entscheidung hängt im wesentlichen von den verfügbaren Rechenprogrammen ab.

Folgendes einfache Beispiel soll die experimentelle Modellbildung demonstrieren. In einer Versuchskolonne zur Gegenstromextraktion, die mit zwölf

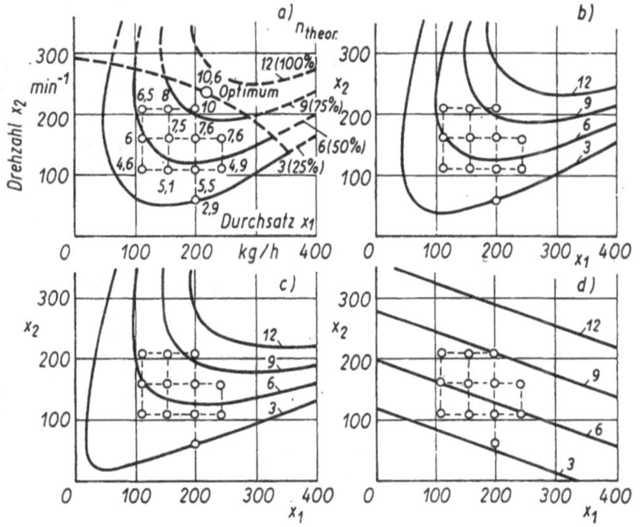

Abb. 3.27. Beispiel Gegenstromextraktion

effektiven Austauschböden ausgerüstet ist, wird aus einer zwölfprozentigen wäßrigen Lösung Essigsäure durch Methylisobutylketon als Lösungsmittel extrahiert [20]. Lösungsmittel und Trägermittel standen bei allen Versuchen im Verhältnis 1 : 1. In einer Versuchsreihe wurden der Durchsatz x_1 und die Drehzahl x_2 des eingebauten Rührwerkes planmäßig variiert (Abb. 3.27). Es wurde ein zusammengesetzter Plan aus einem 3^2-Plan und drei zusätzlichen Versuchen realisiert. Da jede Einflußgröße auf vier Niveaus gemessen wurde, können nichtlineare Einflüsse erfaßt werden. Als Ergebnis der Versuche wird die Anzahl der erzielten theoretischen Stufen (also praktisch der Austauschwirkungsgrad) angesehen. Das Arbeitsfeld wird nach oben durch die Flutlinie begrenzt. Die statistische Auswertung wurde nach dem rein empirischen Ansatz

$$n_{\text{theor}} = b_0 + b_1 x_1 + b_2 x_2 + b_3 x_1^2 + b_4 x_2^2 + b_5 x_1 \cdot x_2$$

vorgenommen. Abbildung 3.27 und Tab. 3.10 zeigen die Ergebnisse der Regression. Es erreichen nicht alle Regressoren die nötige statistische Sicherheit. Erst nachdem die Werte x_1 und x_2 reduziert worden sind, sind alle Prüfwerte groß genug. Vergleicht man den Verlauf der drei nichtlinearen Gleichungen im dargestellten Bereich, so kann man folgendes sagen: Innerhalb des Versuchsbereiches sind die Unterschiede relativ klein. Beim Übergang von der Dar-

Tabelle 3.10

Regressionsergebnisse zum Beispiel Gegenstromextraktion

	Gleichung a)	b)	c)	d)
b_0	−0,748	1,604	3,086	1,392
b_1	0,0308	0,0179	0	0,0128
b_2	0,0181	0	0	0,0375
b_3	−0,000159	−0,000138	−0,0000916	0
b_4	−0,000819	−0,0000430	−0,0000490	0
b_5	0,000244	0,000282	0,000292	0
t_1	1,33	1,03	–	2,47
t_2	0,87	–	–	7,32
t_3	2,93	2,88	6,07	–
t_4	1,66	2,05	2,43	–
t_5	4,41	8,33	9,03	–
B	0,985	0,983	0,980	0,857
S_R	0,318	0,313	0,314	0,796

stellung a) über b) nach c) ändert sich vor allem die Kurve für $n_{\text{theor}} = 3$, besonders stark ist das für $x_1, x_2 < 100$ zu erkennen. Dabei wird der Versuchspunkt mit $n_{\text{theor}} = 2{,}9$ in jedem Fall richtig berücksichtigt. Hier erkennt man deutlich die Gefahren einer Extrapolation. Zur Klärung der Diskrepanzen müßten Versuche im unteren Wertebereich durchgeführt werden. Dieses Gebiet des Arbeitsfeldes ist jedoch uninteressant, da es dem Optimum diametral gegenüberliegt. Qualitativ anders ist der Verlauf der Kurven für die lineare Form der Gleichung im Beispiel d). Hier sind auch Bestimmtheitsmaß und Streuung bedeutend schlechter. Für diesen Prozeß ist der optimale Betriebszustand derjenige Punkt, in dem der höchste Wert von n_{theor} erreicht wird. Trotz des unterschiedlichen Charakters der ersten drei und der letzten Gleichung ergibt sich hier für alle vier Darstellungen immer das gleiche Optimum. Würden die Modelle zur Steuerung einer Anlage benutzt, so würde unabhängig vom Modell immer der gleiche Punkt angesteuert. Für die Auslegung einer Kolonne unterscheiden sich die Modelle zu stark.

3.3. Strukturanalyse und Berechnungsmethoden

3.3.1. Grundlagen

Chemische Verfahren stellen komplizierte Systeme mit einer relativ großen Anzahl von Elementen und Relationen, einschließlich Kreisläufe, dar. Aus diesem Grunde ist es erforderlich, neben der Erarbeitung der Modelle für die Elemente die Struktur des Systems zu analysieren und so darzustellen, daß die Elementemodelle zum Systemmodell zusammengesetzt werden können und dieses berechnet werden kann. Die Struktur eines Systems kann durch einen Graphen, durch eine Matrix oder durch Listen dargestellt werden.

Ein Graph G (Abb. 3.28) ist ein Gebilde aus einer Menge von Knoten $X = \{x_1 \cdots x_n\}$ und sie verbindenden Bögen $U = \{u_1 \cdots u_m\}$, so daß gilt $G = (X, U)$. Typische Untergraphen sind die Wege und Kreise. Elementarwege enthalten jeden Knoten nur genau einmal. Fallen Anfangs- und Endknoten eines Weges zusammen, so ergibt sich ein Kreis. Elementarkreise enthalten keinen Knotenpunkt mehrfach. Ein Komplex ist diejenige Teilmenge $K \cdot \subseteq X$ von Knoten eines Graphen $G = (X, U)$, die aus einem Knoten $x \in X$ und all denjenigen Knoten besteht, die mit x in beiden Richtungen (zu x hin- und von x wegführend) durch einen Weg verbunden sind.

Nimmt man für die Umgebung einen weiteren Knoten, z. B. x_u mit auf, so kann man die Systemein- und -ausgänge als Bögen $u_{e,1}$, u_{e2} usw. und u_{a1}, u_{a2} usw. darstellen. Dieser Graph heißt dann erweiterter Schaltungsgraph.

Für die Modellierung und Simulation chemischer Systeme sind folgende Eigenschaften von Graphen von Bedeutung [8]:

1. Für jeden Graphen $G = (X, U)$ läßt sich die Knotenpunktmenge eindeutig in die Komplexe K_1 bis K_t zerlegen, wobei gilt:

$$K_1 \cup K_2 \cup \cdots \cup K_t = X$$

und

$$K_i \cap K_j = \emptyset \text{ mit } i, j = 1, 2, \ldots t \text{ und } i \neq j.$$

Von einem Knoten x_1 X ausgehend sucht man alle Knoten, die mit x_1 in beiden Richtungen durch einen Weg verbunden sind. Gibt es keinen derartigen Partner zu x_1, so bildet x_1 allein den ersten Komplex K_1, andernfalls enthält K_1 mehrere Knoten. Anschließend betrachtet man einen Knoten $x_i \in X - K_1$ und sucht aus X alle Partner zu x_i. Damit erhält man den zweiten Komplex.
Man fährt in dieser Weise fort bis alle Knoten mindestens einen Komplex angehören, auch wenn diese z. T. nur aus einem Element bestehen.

2. Die nach 1. ermittelten Komplexe, die mehr als ein Element enthalten, sind nur durch einen Iterationsprozeß berechenbar, da sie mindestens einen Kreis enthalten.

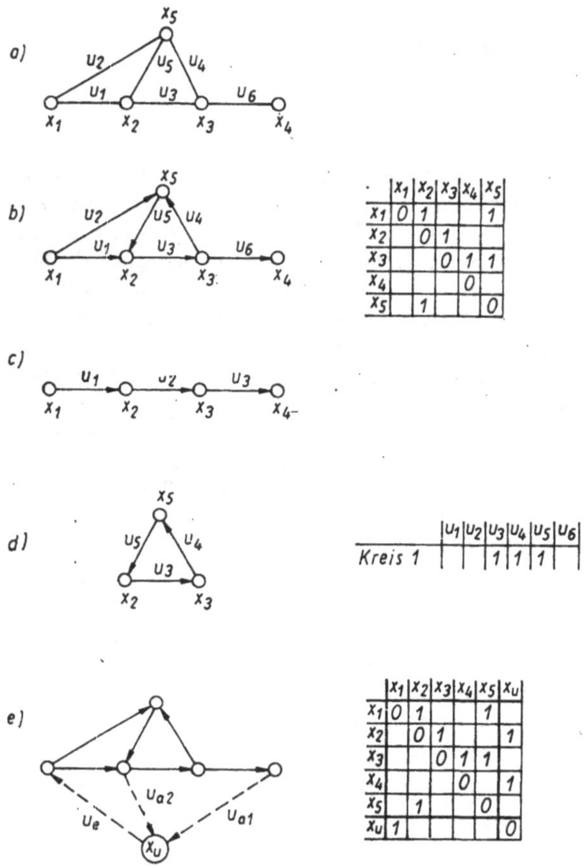

b)

	x_1	x_2	x_3	x_4	x_5
x_1	0	1			1
x_2		0	1		
x_3			0	1	1
x_4				0	
x_5		1			0

d)

	u_1	u_2	u_3	u_4	u_5	u_6
Kreis 1			1	1	1	

e)

	x_1	x_2	x_3	x_4	x_5	x_u
x_1	0	1			1	
x_2		0	1			1
x_3			0	1	1	
x_4				0		1
x_5		1			0	
x_u	1					0

Abb. 3.28. Strukturgraph und Strukturmatrix
a) ungerichteter Graph
b) gerichteter Graph mit Strukturmatrix
c) Elementarweg
d) Elementarkreis mit Kreismatrix
e) erweiterter Graph mit Strukturmatrix

3. Die Komplexe K_1 bis K_t können stets in eine berechenbare Folge gebracht werden.

Die Struktur eines Systems kann mathematisch in Form einer Matrix abgebildet werden. Je nach der Zuordnung der Knoten und Bögen des Graphen zu den Zeilen und Spalten der Matrix unterscheidet man folgende Varianten:

1. Die Knoten werden den Zeilen und Spalten zugeordnet. Die Matrix heißt Strukturmatrix, Verknüpfungsmatrix oder Knotenadjazenzmatrix.

2. Die Bögen werden den Zeilen und Spalten zugeordnet. Diese Matrix wird Bogenadjazenzmatrix genannt.
3. Die Knoten werden den Zeilen und die Bögen den Spalten zugeordnet. Diese Matrix heißt Inzidenzmatrix.

In der Struktur- bzw. Knotenadjazenzmatrix wird vereinbarungsgemäß gesetzt

$$s_{i,j} = \begin{cases} 1, \text{ wenn ein Bogen vom Knoten } x_i \text{ zum Knoten } x_j \text{ führt} \\ 0, \text{ wenn kein Bogen vom Knoten } x_i \text{ zum Knoten } x_j \text{ führt} \end{cases}$$

Für den erweiterten Schaltungsgraphen ergibt sich dann eine erweiterte Strukturmatrix, in der dann auch die Ein- und Ausgangsströme enthalten sind.

Zur Verbesserung der Übersichtlichkeit und Vereinfachung verzichtet man häufig darauf, die Nullen oder die Nullen außerhalb der Hauptdiagonalen mit einzutragen.

Folgende Struktureigenschaften von Systemen lassen sich unmittelbar aus der Strukturmatrix ablesen:

1. Bei n Elementen ist die minimale Anzahl der Kopplungen $n - 1$, da jedes Element mindestens mit einem anderen gekoppelt ist. Wenn die i-te Zeile nur Nullelemente enthält, so muß die i-te Spalte mindestens ein Nicht-Null-Element enthalten und umgekehrt.
2. Randelemente des Systems sind die Eingangselemente, deren Spalten nur Nullelemente enthalten, und die Ausgangselemente, deren Zeilen nur Nullelemente enthalten. Ein System ohne Randelemente heißt geschlossenes System, wie z. B. der erweiterte Strukturgraph. Wurde für die Umgebung ein Element x_u mit aufgenommen, so stehen die Eingänge in der Zeile und die Ausgänge in der Spalte dieses Elementes.
3. Elemente, die nicht Randelemente sind, heißen innere Elemente. Für sie enthält weder die Zeile noch die Spalte nur Nullelemente. Innere Elemente können auch Systemeingänge oder Systemausgänge haben. Das heißt, die Ein- und Ausgänge sind nicht auf Randelemente beschränkt.
4. Eine Folge von Nicht-Null-Elementen unmittelbar oberhalb und parallel zur Hauptdiagonalen ist das Zeichen für eine Reihenschaltung von Elementen.
5. Verzweigungen (Parallelschaltungen) werden durch mehrere Nicht-Null-Elemente in einer Zeile, Vereinigungen durch mehrere Nicht-Null-Elemente in einer Spalte ausgewiesen. Die Anzahl dieser Elemente ist gleich der Zahl der parallelen Zweige.
6. Rückkopplungen werden grundsätzlich durch Nicht-Null-Elemente unterhalb der Hauptdiagonalen angezeigt. Jedes geschlossene System enthält mindestens eine Rückkopplung. Zu einer Rückkopplung können mehrere Elemente unter der Hauptdiagonalen gehören.

Den Informationsgehalt der Strukturmatrix kann man erhöhen, wenn man die Elemente der Matrix nach folgender Vorschrift bildet:

$$s_{ij} = \begin{cases} d_{ij}, \text{ als Dimension des Stromes vom Knoten } x_i \text{ zum Knoten } x_j \\ 0, \text{ wenn keine Verbindung vom Knoten } x_i \text{ zum Knoten } x_j \text{ führt} \end{cases}$$

Abbildung 3.29 zeigt ein Beispiel. Derartige Graphen bzw. Strukturmatrizen mit den Dimensionen der Ströme sind Ausgangspunkt für die Festlegung günstiger Berechnungsreihenfolgen bei der Simulation.

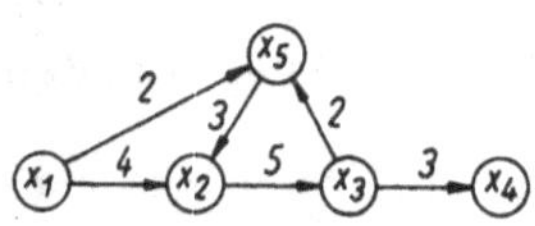

	x_1	x_2	x_3	x_4	x_5
x_1	0	4			2
x_2		0	5		
x_3			0	3	2
x_4				0	
x_5		3			0

Abb. 3.29. Graph und Matrix mit den Dimensionen der Ströme

Bei der Strom- oder Inzidenzmatrix sind die Knoten den Zeilen und die Bögen den Spalten zugeordnet. Es entsteht eine Matrix vom Typ X, U, deren Elemente wie folgt gebildet werden:

$$s_{ij} = \begin{cases} -1, \text{ wenn der Bogen } u_j \text{ dem Knoten } x_i \text{ entspringt} \\ 1, \text{ wenn der Bogen } u_j \text{ in den Knoten } x_i \text{ mündet} \\ 0, \text{ wenn der Bogen } u_j \text{ nicht mit dem Knoten } x_i \text{ verbunden ist.} \end{cases}$$

Tabelle 3.11 zeigt die Inzidenzmatrizen für die Beispiele aus Abb. 3.28. Diese Strommatrizen besitzen folgende allgemeine Eigenschaften:

1. Jeder Strom wird zweimal, d. h., als Ausgangs- und als Eingangsstrom notiert. Diese Redundanz gegenüber der Strukturmatrix bietet die Möglichkeit der Prüfung auf Notationsfehler.

Tabelle 3.11

Inzidenzmatrix

	u_1	u_2	u_3	u_4	u_5	u_6	u_e	u_{a1}	u_{a2}
x_1	−1	−1					+1		
x_2	+1		−1		+1			−1	
x_3			+1	−1		−1			
x_4						+1			−1
x_5		+1		+1	−1				
x_u							−1	+1	+1

2. Die Spaltensumme ist stets Null.
3. Die Grundstrukturen, wie Reihen-, Parallel- und Rückführungsschaltungen, sind nicht so leicht erkennbar wie in einer Strukturmatrix.

Auch bei der Inzidenzmatrix kann der Informationsgehalt durch die Angabe der Dimensionen der Ströme erhöht werden. Die Anwendung von Matrizen zur Strukturdarstellung hat — vor allem im Fall größerer Systeme — auch Nachteile. Bei 100 Systemelementen würde die Strukturmatrix 10000 Elemente umfassen, die Strommatrix würde noch umfangreicher, da die Anzahl der Ströme im allgemeinen größer als die der Elemente ist.

Tabelle 3.12
Verknüpfungsliste

i	j	d_{ij}
1	2	4
1	5	2
2	3	5
3	4	3
3	5	2
5	2	3

Matrizen dieser Dimension sind unübersichtlich, unhandlich und speicherplatzaufwendig bei der Verarbeitung auf Rechenautomaten. Außerdem ist die Darstellung mehrdeutig, weil die Reihenfolge, in der die Knoten und ggf. die Bögen aufgeführt und den Zeilen und Spalten zugeordnet werden, beliebig gewählt werden kann. Für n Elemente gäbe es hierfür $n!$ Möglichkeiten.

Diese Nachteile können durch die Anwendung von Listen für die Beschreibung von Systemstrukturen beseitigt werden. In den Listen werden nur die zwischen den Knoten existierenden Relationen erfaßt. Somit werden die Nullelemente von Anfang an ausgeschlossen. Auch bei den Listen gibt es verschiedene Darstellungsformen. Die Verknüpfungsliste enthält in der Spalte i die Nummern der Knoten, die Ströme abgeben, in beliebiger Reihenfolge. Gibt ein Knoten mehrere Ströme ab, so tritt seine Nummer mehrfach auf. In der Spalte j werden die Knoten notiert, die die Ströme aufnehmen. Damit ergibt sich für das System aus Abb. 3.28 die in Tab. 3.12 gezeigte Verknüpfungsliste. Die eigentliche Verknüpfung kann man durch die Spalte d_{ij} erweitern, in der die Dimension der Ströme angegeben ist. Diese Listen erfordern wenig Aufwand für die Notierung, sie sind aber völlig redundanzfrei und bieten somit keine Möglichkeit, daß nur anhand der Liste falsche Notierungen erkannt werden können.

Der Aufbau der Zuordnungsliste, die auch Inzidenz- oder Prozeßliste genannt wird, geht aus Tab. 3.13 hervor. In dieser Liste ist jede Relation genau zweimal, einmal als Eingang und einmal als Ausgang enthalten. Damit ist eine Kontrolle möglich. Aus diesen Listen lassen sich einige Systemeigenschaften erkennen: Eingangsrandelemente besitzen nur Ausgangsströme (alle Zahlen sind negativ), Ausgangselemente haben nur positive Zahlen. Rückkopplungen zweier benachbarter Elemente, Verzweigungen und Vereinigungen sind unmittelbar zu erkennen. Eine Erweiterung der Zuordnungsliste ist möglich, indem zu den Nummern der Knoten, die die Ein- und Ausgänge liefern, die Dimensionen der Ströme angegeben werden. Die meisten Methoden der Strukturanalyse für komplizierte Systeme gehen von Zuordnungs- oder Verknüpfungslisten aus.

Tabelle 3.13

Zuordnungsliste

Nr. des Knotens	Nr. der Knoten für Eingangsströme (und Dimension)		Nr. der Knoten für Ausgangsströme (und Dimension)	
1			−2 (4)	−5 (2)
2	1 (4)	5 (3)	−3 (5)	
3	2 (5)		−4 (3)	−5 (2)
4	3 (3)			
5	1 (2)	3 (2)	−2 (3)	

3.3.2. Methoden zur Strukturanalyse

Aufgabe der Strukturanalyse ist es, die Kopplungen der Elemente eines Systems untereinander zu untersuchen und so darzustellen, daß aus den Elementemodellen das Modell für das System aufgebaut werden kann und die notwendigen Algorithmen zur Lösung des Modells ausgewählt bzw. erarbeitet werden können.

Chemische Prozesse enthalten die in Abb. 3.30 dargestellten Grundstrukturen. Diese Struktureigenschaften lassen sich mehr oder weniger leicht und mehr oder weniger vollständig aus den im Abschn. 3.3.1. beschriebenen Darstellungsformen (Graph, Matrix, Liste) erkennen. Aus diesen Grundstrukturen lassen sich weitere typische Strukturen aufbauen, die in stoffwirtschaftlichen Systemen häufig zu finden sind (Abb. 3.31). Wenn die Anzahl der Elemente und der inneren Ströme eines Systems relativ klein ist, dann lassen sich alle Struktureigenschaften relativ leicht an einem Graphen erkennen. Eine Analyse von 320 stoffwirtschaftlichen Verfahren [21] ergab die in Abb. 3.32 dargestellten Verteilungen. Man erkennt, daß die Maxima der Verteilungsfunktionen bei 13 Elementen, 15 Ein- und Ausgangsströmen, 25 inneren Strömen und 3 Rückführungen liegen. Die aus den asymetrischen Verteilungen errechneten Mittelwerte besagen, daß ein „mittleres" Verfahren aus 17 Elementen, 27 Ein- und Ausgangsströmen, 40 inneren Strömen und 6 Rückführungen besteht.

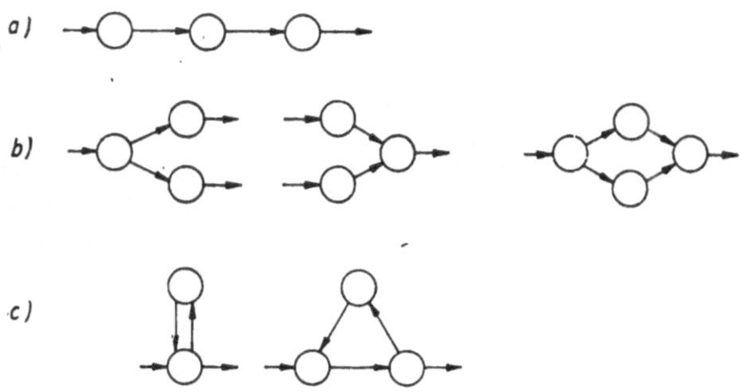

Abb. 3.30. Grundstrukturen
a) Reihenschaltung
b) Verzweigung, Vereinigung und Parallelschaltung
c) Rückführungen

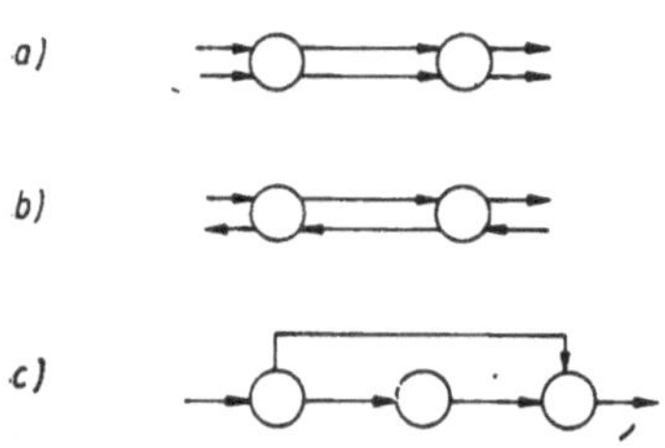

Abb. 3.31. Weitere typische Strukturen
a) Gleichsinnschaltung
b) Gegensinnschaltung
c) Umgehungsschaltung

Die Rückführungen erschweren die Lösung der Systemmodelle, weil die Berechnung der Ströme in einem Kreis nur iterativ möglich ist. Es sind für einen Strom Anfangswerte vorzugeben, die Rechnungen für die Ströme des Kreises durchzuführen, die Ergebnisse mit den Anfangswerten zu vergleichen und mit Hilfe eines Iterationsverfahrens in hinreichende Übereinstimmung zu bringen. Die Berechnung eines Systems muß also in zwei Teilprobleme zerlegt werden:

a) Die Ermittlung einer sogenannten „vorläufigen" Berechnungsreihenfolge aus einzelnen berechenbaren Elementen oder Komplexen.
b) Die Festlegung einer „endgültigen" Berechnungsreihenfolge innerhalb eines jeden Komplexes, d. h., die Festlegung der Stellen, an der in jedem Komplex die Ströme aufgeschnitten werden und ein Iterationsblock eingefügt wird.

Die Methoden zur Ermittlung der „vorläufigen" Berechnungsreihenfolge gehen von Graphen, Matrizen oder Listen aus.

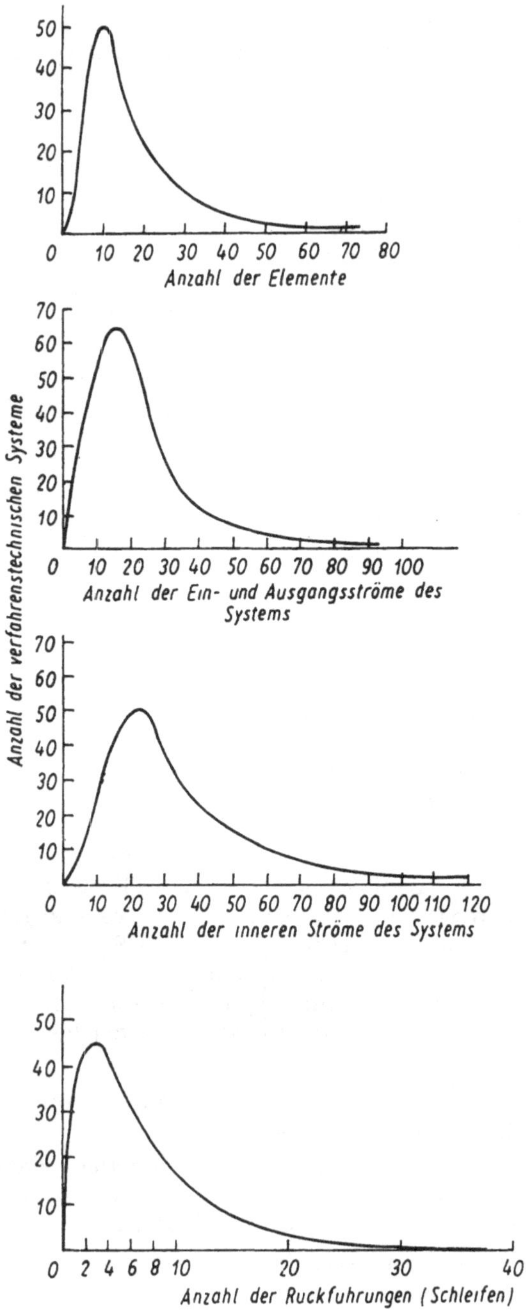

Abb. 3.32. Kompliziertheit und Komplexität verfahrenstechnischer Systeme

Die visuelle Auswertung der Graphen ist einerseits am einfachsten, aber andererseits auf relativ kleine Systeme beschränkt. Bei größeren, komplizierten Systemen besteht die Gefahr, daß einzelne Relationen oder Kreise übersehen werden.

Die Matrizenverfahren gehen von der Strukturmatrix aus und nutzen folgende Überlegungen bzw. Operationen. Ist in der n-ten Potenz der Strukturmatrix $\mathbf{S}$ das Element $s_{ij} = 1$, so existiert ein Weg von n Stufen vom Element i zum Element j. Enthält ein gerichteter Graph keinen Kreis, so gibt es für diesen azyklischen Graphen einen gewissen Wert N, der dem längsten Weg in dem Graphen entspricht und es gilt

$$\mathbf{S}^{N+m} = 0 \quad \text{für alle } m \geqq 1 \tag{3.58}$$

Diese Aussagen können sehr leicht an dem azyklischen Graphen von Abb. 3.33 überprüft werden. Die Matrix $\mathbf{S}^2$ zeigt, daß ein einziger zweistufiger Weg vom Element 1 zum Element 4 führt. Da dies der längste Weg in dem System ist, ist die Matrix $\mathbf{S}^3 = 0$.

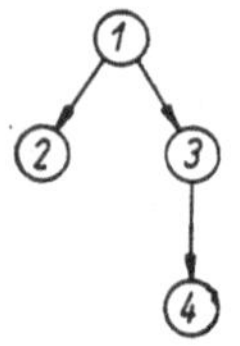

Abb. 3.33. Azyklisches System

$$S = \begin{vmatrix} 0 & 1 & 1 & 0 \\ 0 & 0 & 0 & 0 \\ 0 & 0 & 0 & 1 \\ 0 & 0 & 0 & 0 \end{vmatrix} \qquad S^2 = \begin{vmatrix} 0 & 0 & 0 & 1 \\ 0 & 0 & 0 & 0 \\ 0 & 0 & 0 & 0 \\ 0 & 0 & 0 & 0 \end{vmatrix} \qquad S^3 = \begin{vmatrix} 0 & 0 & 0 & 0 \\ 0 & 0 & 0 & 0 \\ 0 & 0 & 0 & 0 \\ 0 & 0 & 0 & 0 \end{vmatrix}$$

Auch für einen zyklischen Graphen gilt, daß aus der Matrix $\mathbf{S}^2$ alle zweistufigen Wege, aus $\mathbf{S}^3$ alle dreistufigen Wege usw. zu erkennen sind, Abb. 3.34 und Tab. 3.14. Ein Kreis kann einmal oder mehrfach durchlaufen werden. Das heißt, es gibt in zyklischen Graphen keinen endlichen maximalen Weg und damit kein N, das die Gl. (3.58) erfüllt. Die höheren Potenzen der Strukturmatrix werden periodisch, die Periode entspricht der Kreislänge n. Auf der

Tabelle 3.14

Erreichbarkeitsmatrix

$\mathbf{S}^* =$

	3	4	5	6	7	8
3	0	1	1	1	1	1
4	0	1	1	1	1	1
5	0	1	1	1	1	1
6	0	1	1	1	1	1
7	0	1	1	1	1	1
8	0	0	0	0	0	0

$\mathbf{S}^{*T} =$

	3	4	5	6	7	8
3	0	0	0	0	0	0
4	1	1	1	1	1	0
5	1	1	1	1	1	0
6	1	1	1	1	1	0
7	1	1	1	1	1	0
8	1	1	1	1	1	0

$\mathbf{S}^* \cap \mathbf{S}^{*T} =$

	3	4	5	6	7	8
3	0	0	0	0	0	0
4	0	1	1	1	1	0
5	0	1	1	1	1	0
6	0	1	1	1	1	0
7	0	1	1	1	1	0
8	0	0	0	0	0	0

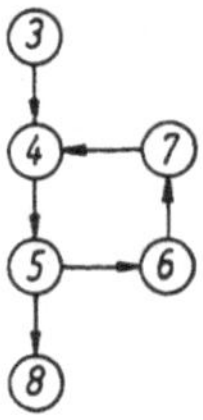

Abb. 3.34. Zyklisches System

$S =$

	3	4	5	6	7	8
3	0	1	0	0	0	0
4	0	0	1	0	0	0
5	0	0	0	1	0	1
6	0	0	0	0	1	0
7	0	1	0	0	0	0
8	0	0	0	0	0	0

$S^2 =$

	3	4	5	6	7	8
3	0	0	1	0	0	0
4	0	0	0	1	0	1
5	0	0	0	0	1	0
6	0	1	0	0	0	0
7	0	0	1	0	0	0
8	0	0	0	0	0	0

$S^3 =$

	3	4	5	6	7	8
3	0	0	0	1	0	1
4	0	0	0	0	1	0
5	0	1	0	0	0	0
6	0	0	1	0	0	0
7	0	0	0	1	0	1
8	0	0	0	0	0	0

$S^4 =$

	3	4	5	6	7	8
3	0	0	0	0	1	0
4	0	1	0	0	0	0
5	0	0	1	0	0	0
6	0	0	0	1	0	1
7	0	0	0	0	1	0
8	0	0	0	0	0	0

$S^5 =$

	3	4	5	6	7	8
3	0	1	0	0	0	0
4	0	0	1	0	0	0
5	0	0	0	1	0	1
6	0	0	0	0	1	0
7	0	1	0	0	0	0
8	0	0	0	0	0	0

$= S$

Hauptdiagonalen von S^{n-p} mit p als ganzer positiver Zahl steht $s_{ii} = 1$ für alle Elemente, die dem Kreis angehören. Man erkennt es in dem Beispiel in der Matrix $\mathbf{S}^4$ für die Elemente 4, 5, 6 und 7. Auf Grund der Kreislänge $n = 4$ ist $\mathbf{S}^5 = \mathbf{S}$, $\mathbf{S}^6 = \mathbf{S}^2$ usw.

Diese Matrizenverfahren für die Analyse von Systemstrukturen benutzen nur einfache Matrizenoperationen und sind leicht zu programmieren. Sie benötigen jedoch bei größeren Systemen, auch schon bei dem genannten „mittleren" verfahrenstechnischen System, erheblichen Speicherplatz für die Abspeicherung der Matrizen.

Auf der Ausnutzung der in Listen gespeicherten Informationen beruhen die Wegsuchverfahren. Nach bestimmten Suchstrategien wird von einzelnen, beliebigen Elementen aus über die vorhandenen Bögen schrittweise zu benachbarten Elementen gegangen. Kehrt man zu einem bereits passierten Elemente

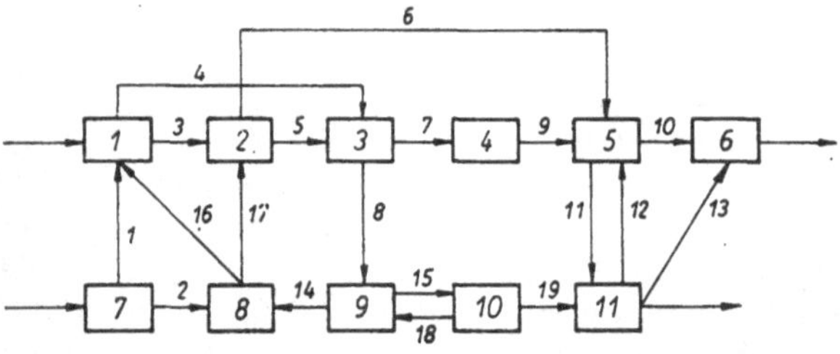

Abb. 3.35. System mit mehreren Rückführungen

zurück, so liegt ein Kreis vor. Dieser Kreis kann selbst ein Komplex sein (wenn er ein maximaler Kreis ist), andernfalls ist er Bestandteil eines Komplexes. Für die Wegsuchverfahren gibt es mehrere Algorithmen, die sich durch die Suchstrategie und den damit verbundenen Programmieraufwand unterscheiden. Im allgemeinen ist die Programmierung jedoch schwieriger als die der Matrizenverfahren, aber der Speicherplatzbedarf wächst mit der Größe des Systems weniger schnell. Diese Verfahren tragen heuristischen Charakter, ihre Wirksamkeit konnte bisher nicht exakt bewiesen werden.

Ein relativ einfaches Verfahren ist die Konstruktion eines Baumes für eine vorgegebene Struktur. Ein Baum ist im Sinne der Graphentheorie eine rückkopplungsfreie Abbildung eines beliebigen Graphen. Bei diesem Verfahren ist es, wie bei den meisten Wegsuchverfahren, günstig, mit den Eingangselementen zu beginnen. Abbildung 3.35 und 3.36 sowie Tab. 3.15 erläutern das Verfahren an einem Beispiel. Aus der graphischen Darstellung des Systems (z. B. dem technologischen Schema) wird die Stromliste aufgestellt, die für jeden vorhandenen Strom vom Knoten i zum Knoten j den Index i und den Index j enthält. Es ist am günstigsten, mit dem Knoten 7, der nur einen Eingang aus der Umgebung und keinen Eingang aus inneren Systemelementen hat, zu beginnen. Die Vorgehensweise wird anhand der Stromliste und der Konstruktion

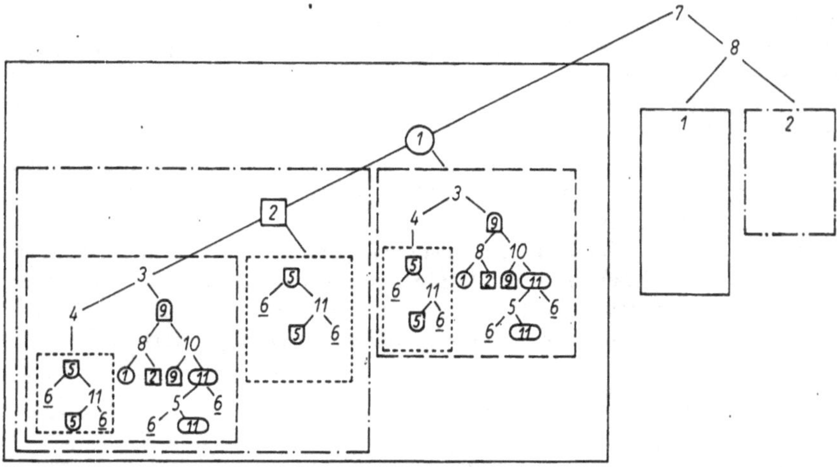

Abb. 3.36. Baum zu dem System in Abb. 3.35

Tabelle 3.15
Stromliste (Adjazenzliste) zum System aus Abb. 3.35
(i — Nr. des Elementes, aus dem der Strom kommt
j – Nr. des Elementes, in das der Strom eingeht)

Nr. des Stromes	i	j
1	7	1
2	7	8
3	1	2
4	1	3
5	2	3
6	2	5
7	3	4
8	3	9
9	4	5
10	5	6
11	5	11
12	11	5
13	11	6
14	9	8
15	9	10
16	8	1
17	8	2
18	10	9
19	10	11

des Baumes gleichzeitig erklärt. Vom Knoten 7 führt je ein Strom zu den Elementen 1 und 8. Von 1 führen Ströme nach 2 und 3. Ein Zweig des Baumes ist beendet, wenn entweder ein Ausgangselement erreicht ist, von dem keine Ströme in das System zurückführen (Element 6 im Gegensatz zum Element 11), oder wenn ein Element erreicht wird, das auf dem Weg vom Eingang an zum zweiten Mal auftritt. Im zweiten Fall liegt zwischen dem ersten und dem zweiten Auftreten des Elementes ein Kreis. Die entsprechenden Elemente wurden durch gleiche Symbole markiert. Wiederkehrende Verzweigungen des Baumes wurden durch Linien eingegrenzt. Der Knoten 1 wird z. B. vom Knoten 7 aus und auch vom Knoten 8 aus erreicht. Die sich daran anschließenden Verzweigungen sind nicht identisch, weil z. B. die Zweige auf der rechten Seite abgebrochen werden, wenn das Element 8 zum zweiten Mal auftritt. Aus dem Baum kann man erkennen, daß folgende Kreise existieren:

a) 1 — 2 — 3 — 9 — 8
b) 1 — 3 — 9 — 8
c) 2 — 3 — 9 — 8
d) 9 — 10
e) 5 — 11

Man kann erkennen, daß die Elemente 1, 2, 3, 8, 9 in den vier Kreisen a) bis d) enthalten sind. Die Tatsache, daß das Element 9 in allen vier Kreisen enthalten ist, ist ein Sonderfall und eine hinreichende Bedingung dafür, daß die vier Kreise ein Komplex sind. Notwendig ist die Bedingung, daß jeweils zwei Kreise eines Komplexes durch das gleiche Element gekoppelt sind, die Kopplung zum nächsten Kreis kann durch ein anderes Element realisiert werden. Der in diesem Beispiel aus den Elementen 5 und 11 gebildete Kreis ist ein selbständiger, maximaler Kreis und somit ein Komplex. Damit kann für dieses Beispiel die in Abb. 3.37 angegebene vorläufige Berechnungsreihenfolge aufgestellt werden. Die Berechnung würde vom Element 7 über den Komplex 1, 2, 3, 8, 9, 10, das Element 4 und den Komplex 5, 11 zum Ausgangselement 6 führen.

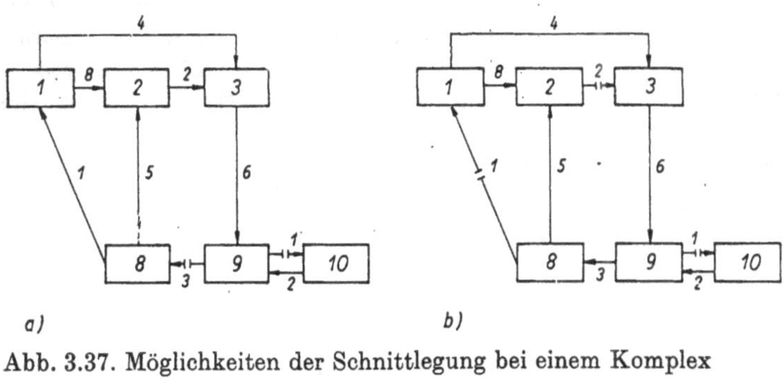

Abb. 3.37. Möglichkeiten der Schnittlegung bei einem Komplex

Es gibt eine Reihe weiterer Verfahren zur Festlegung der Brechnungsreihenfolge. So ist z. B. das LOOPFINDER-Verfahren in [8] ausführlich dargestellt.

Damit ist die erste Teilaufgabe, die Festlegung der sogenannten „vorläufigen" Berechnungsreihenfolge, gelöst. Als zweite Teilaufgabe ist innerhalb jedes Komplexes festzulegen, welche Ströme aufgeschnitten und für die Iteration genutzt werden.

Da ein Kreis grundsätzlich mehr als einen Bogen enthält, gibt es grundsätzlich mehr als eine Möglichkeit einen Kreis aufzuschneiden und einen Iterationsblock einzuführen.

Bei Komplexen aus mehreren miteinander gekoppelten Kreisen ist die Zahl der Varianten meist relativ groß. Bei der Auswahl der günstigsten Schnittstellen sind mehrere Faktoren zu beachten.

a) Die Bögen repräsentieren nicht nur eine Variable, sondern mehrere und unterschiedlich viele, ausgedrückt z. B. durch die Dimension d_{ij} in der Strukturmatrix. Die Konvergenz eines Iterationsverfahrens ist um so besser, je geringer die Zahl der zu iterierenden Variablen ist. Daraus ergibt sich als Kriterium das sogenannte Schnittzahlminimum

$$\sum d_{ij} = \min \tag{3.59}$$

Es existiert stets ein Minimum, aber die Lösung kann mehrdeutig sein. Es kann mehrere Schnittmöglichkeiten geben, die die gleiche Schnittzahl ergeben.

b) Die Konvergenzgeschwindigkeit und die Zahl der notwendigen Iterationen hängen wesentlich von der Güte der Anfangsschätzung ab. Diese Tatsache kann zur Entscheidung im Fall einer mehrdeutigen Lösung unter a) genutzt werden. Wenn die Güte der Anfangsschätzung als sehr unterschiedlich angenommen werden muß, so kann die günstigste Lösung auch bei einer höheren Schnittzahl als der minimalen liegen.

c) Die einzelnen Stromkomponenten, wie Massenströme, Temperaturen, Drücke, Qualitäten usw., werden sich auf die Konvergenzgeschwindigkeit unterschiedlich auswirken.

Auf Grund dieser Tatsachen ist es nötig, die optimalen Schnittstellen nicht nur anhand des Schnittzahlminimums der realen Ströme zu bestimmen, sondern das Minimum der Summe der Pseudodimensionszahlen zu suchen. Die Pseudodimensionszahlen p_k sind das Produkt aus der realen Dimension und einem Bewertungsfaktor. Für die Bewertungsfaktoren ist eine Skala festzulegen, die z. B. folgende Werte

Grad der Eignung	Bewertungsfaktor
gut geeignet	1
geeignet	2
nicht geeignet	3

oder noch differenziertere Festlegungen enthalten kann.

Das Problem der Schnittlegung in einem Komplex wird anhand des Komplexes 1, 2, 3, 8, 9, 10 des vorangegangenen Beispiels erläutert. In Abb. 3.37 ist die Zahl der Dimensionen an den Strömen eingetragen. Man erkennt in diesem einfachen Fall sehr schnell, daß zwei Möglichkeiten für die Schnittlegung existieren, für die sich eine minimale Schnittzahl von vier ergibt. Beide Fälle unterscheiden sich in der Berechnungsreihenfolge. Jeder Iterationsdurchlauf würde im Fall a) die Berechnungsreihenfolge 8 → 1 → 2 → 3 → 10 → 9 und im Fall b) die Folge 1 → 3 → 10 → 9 → 8 → 2 durchlaufen. Hier müßte im konkreten Fall z. B. nach der zu erwartenden Güte der Anfangsschätzung entschieden werden.

Für die Suche der günstigsten Schnittstellen gibt es eine Reihe von Verfahren, die z. B. im Literaturverzeichnis von [8] angegeben sind und die man wieder in Matrizenverfahren und Wegsuchverfahren unterteilen kann. Die Vielfalt der Varianten macht im Falle großer Komplexe mit hohem Verknüpfungsgrad Algorithmen und Programme zur Schnittzahlminimierung notwendig und nützlich.

3.3.3. Berechnungsverfahren

Will man die Ausgangsgrößen eines stoffwirtschaftlichen Verfahrens in Abhängigkeit von den Eingangsgrößen berechnen, das Verfahren also mit Hilfe seines mathematischen Modells simulieren, so treten aus zwei Gründen Probleme auf. Erstens sind die mathematischen Modelle der einzelnen Apparate schon komplizierte Gleichungssysteme. Zweitens sind die Anzahl der Apparate und der zwischen ihnen bestehenden Kopplungen meist relativ groß. Dabei bereiten vor allem existierende Rückführungen Schwierigkeiten. Infolgedessen lassen sich die mathematischen Modelle stoffwirtschaftlicher Verfahren nur selten direkt lösen, meist sind Iterationsverfahren nötig. Für alle Berechnungsverfahren ist Voraussetzung, daß sogenannte normale Gleichungssysteme vorliegen. Das sind Gleichungssysteme, bei denen die Zahl der Unbekannten mit der Zahl der Gleichungen übereinstimmt.

Sind die Modellgleichungen ein lineares Gleichungssystem, so kann man die bekannten Algorithmen zur Lösung linearer Gleichungssysteme anwenden, wenn man von folgender Betrachtungsweise ausgeht [22]:

Das mathematische Modell des Systems sei gegeben durch die Gleichung

$$\mathbf{C} \cdot (X^{(1)}, X^{(2)}, \ldots, X^{(k)}, \ldots, X^{(N)}, Y)^T = 0 \tag{3.60}$$

$X^{(k)}$ – Zeilenvektor der Eingangsvariablen des Elements $k = 1, \ldots, N$
Y – Zeilenvektor der Ausgangsvariablen des Systems
$\mathbf{C}$ – Operationsmatrix des Systems

Bei Anwendung dieser Gleichung sind keine Iterationen erforderlich. Die Eingangsgrößen des Systems, die als bekannt angenommen werden, werden zu einem Vektor U zusammengefaßt. Da die Ausgangsgrößen des Systems (der Vektor Y) keinen Einfluß auf die verbleibenden Variablen haben, können diese getrennt berechnet werden nach der Berechnung der Variablen, die die inneren Relationen des Systems repräsentieren. Damit kann man (3.60) schreiben als

$$\mathbf{C}_1 \cdot (X_I^{(1)}, X_I^{(2)}, \ldots, X_I^{(k)}, \ldots X_I^{(N)})^T + \mathbf{B}_1 \cdot U = 0 \tag{3.61}$$

$$Y^T = \mathbf{C}_2(X_I^{(1)}, X_I^{(2)}, \ldots, X_I^{(k)}, \ldots X_I^{(N)})^T + \mathbf{B}_2 \cdot U \tag{3.62}$$

U – Spaltenvektor der Eingangsvariablen des Systems
$X_I^{(k)}$ – Zeilenvektor der Eingangsvariablen des Elementes k mit Ausnahme der in U enthaltenen Variablen
$\mathbf{C}_1$, $\mathbf{C}_2$ – } Matrizen der entsprechenden
$\mathbf{B}_1$, $\mathbf{B}_2$ – } Modellgleichungskoeffizienten

Dieses Vorgehen soll an einem einfachen Beispiel, das aus nur zwei Elementen besteht (Abb. 3.38), demonstriert werden. In einem dampfbeheizten Kessel soll die Reaktion A + B → C ablaufen. Die beiden Komponenten A und B werden mit den Massenströmen $\dot{m}_1$ und $\dot{m}_2$ zugeführt. Zum Wärmerückgewinn wird der Strom $\dot{m}_1$ durch einen Wärmeübertrager geführt. In diesem konkreten Fall sind gewisse Variable vor und nach dem Wärmeübertrager gleich, so z. B. $\dot{m}_1 = \dot{m}_0$, $\dot{m}_3 = \dot{m}_4$. Sie werden trotzdem mit der örtlich zutreffenden jeweiligen Bezeichnung im Modell berücksichtigt, denn im allgemeinen Fall könnten auch sie sich im zweiten Element des Systems ändern.

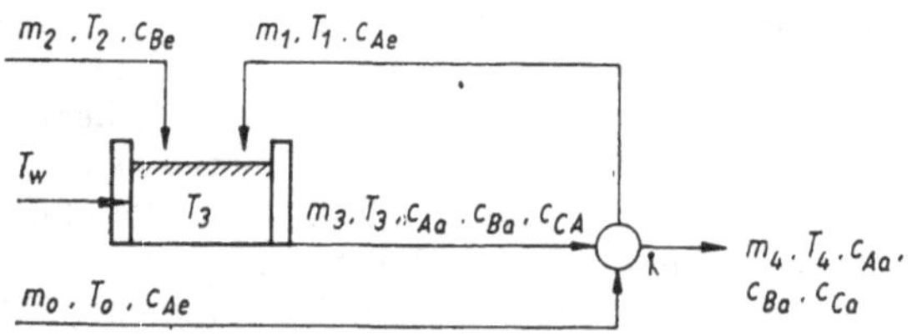

Abb. 3.38. Beispiel eines Systems aus zwei Elementen

Modell des Kessels

$$\begin{vmatrix} \dot{m}_3 \\ T_3 \\ c_{Aa} \\ c_{Ba} \\ c_{CA} \end{vmatrix} = \begin{vmatrix} 0 & a_{11} & a_{12} & 0 & 0 & 0 & 0 & 0 \\ a_{20} & a_{21} & a_{22} & a_{23} & a_{24} & a_{25} & a_{26} & a_{27} \\ a_{30} & a_{31} & a_{32} & a_{33} & a_{34} & a_{35} & a_{36} & a_{37} \\ a_{40} & a_{41} & a_{42} & a_{43} & a_{44} & a_{45} & a_{46} & a_{47} \\ a_{50} & a_{51} & a_{52} & a_{53} & a_{54} & a_{55} & a_{56} & a_{57} \end{vmatrix} \times \begin{vmatrix} 1 \\ \dot{m}_1 \\ \dot{m}_2 \\ T_1 \\ T_2 \\ T_w \\ c_{Ae} \\ c_{Be} \end{vmatrix}$$

Modell des Wärmeübertragers

$$\begin{vmatrix} \dot{m}_1 \\ \dot{m}_4 \\ T_1 \\ T_4 \end{vmatrix} = \begin{vmatrix} 0 & b_{11} & 0 & 0 & 0 \\ 0 & 0 & b_{22} & 0 & 0 \\ b_{30} & b_{31} & b_{32} & b_{33} & b_{34} \\ b_{40} & b_{41} & b_{42} & b_{43} & b_{44} \end{vmatrix} \times \begin{vmatrix} 1 \\ \dot{m}_0 \\ \dot{m}_3 \\ T_0 \\ T_3 \end{vmatrix}$$

Für das Verhalten der Elemente wurden lineare Modelle angenommen, die in der Abb. 3.38 und Tab. 3.16 mit dargestellt sind. Die obengenannten Relationen $\dot{m}_1 = \dot{m}_0$ und $\dot{m}_3 = \dot{m}_4$ drücken sich im Modell des Wärmeübertragers dadurch aus, daß in den entsprechenden Zeilen der Koeffizientenmatrix nur b_{11} und b_{22} von Null verschieden sind. Ähnliches gilt für $\dot{m}_3 = \dot{m}_1 + \dot{m}_2$ und a_{11}, a_{12} im

Tabelle 3.16

Gleichungen für das Beispiel aus Abb. 3.38

$$\underbrace{\begin{vmatrix} -1 & 0 & a_{11} & 0 \\ 0 & -1 & a_{21} & a_{23} \\ 0 & 0 & -1 & 0 \\ b_{32} & b_{34} & b_{31} & -1 \end{vmatrix}}_{C_1} \times \begin{vmatrix} \dot{m}_3 \\ T_3 \\ \dot{m}_1 \\ T_1 \end{vmatrix} + \underbrace{\begin{vmatrix} 0 & a_{12} & 0 & 0 & 0 & 0 & 0 & 0 \\ a_{20} & a_{22} & a_{24} & a_{25} & a_{26} & a_{27} & 0 & 0 \\ 0 & 0 & 0 & 0 & 0 & 0 & b_{11} & 0 \\ b_{30} & 0 & 0 & 0 & 0 & 0 & b_{31} & b_{33} \end{vmatrix}}_{B_1} \times \begin{vmatrix} 1 \\ \dot{m}_2 \\ T_2 \\ T_w \\ c_{Ae} \\ c_{Be} \\ \dot{m}_0 \\ T_0 \end{vmatrix} = 0$$

$$\begin{vmatrix} c_{Aa} \\ c_{Ba} \\ c_{CA} \\ \dot{m}_4 \\ T_4 \end{vmatrix} = \underbrace{\begin{vmatrix} 0 & 0 & a_{31} & a_{33} \\ 0 & 0 & a_{41} & a_{43} \\ 0 & 0 & a_{51} & a_{53} \\ b_{22} & 0 & 0 & 0 \\ b_{42} & b_{44} & 0 & 0 \end{vmatrix}}_{C_2} \times \underbrace{\begin{vmatrix} \dot{m}_3 \\ T_3 \\ \dot{m}_1 \\ T_1 \\ \end{vmatrix}}_{X_1} + \underbrace{\begin{vmatrix} a_{30} & a_{32} & a_{34} & a_{35} & a_{36} & a_{37} & 0 & 0 \\ a_{40} & a_{42} & a_{44} & a_{45} & a_{46} & a_{47} & 0 & 0 \\ a_{50} & a_{52} & a_{54} & a_{55} & a_{56} & a_{57} & 0 & 0 \\ 0 & 0 & 0 & 0 & 0 & 0 & 0 & 0 \\ b_{40} & 0 & 0 & 0 & 0 & 0 & b_{41} & b_{43} \end{vmatrix}}_{B_2} \times \underbrace{\begin{vmatrix} 1 \\ \dot{m}_2 \\ T_2 \\ T_w \\ c_{Ae} \\ c_{Be} \\ \dot{m}_0 \\ T_0 \end{vmatrix}}_{u} = 0$$

Modell des Kessels. Beide Modelle repräsentieren nur das stationäre Verhalten. Zum Vektor U gehören $\dot{m}_2$, T_2, c_{Be}, T_w, $\dot{m}_0$, T_0, c_{Ae} und zu Y gehören $\dot{m}_4$, T_4, c_{Aa}, c_{Ba}, c_{ca}. Damit ergeben sich für die Beziehungen (3.61) und (3.62) die in Tab. 3.16 angegebenen Gleichungen. Somit können bei vorgegebenen Werten für die Größen des Vektors U zunächst die Werte der inneren Variablen $X_I^{(k)}$, $k = 1 \cdots 4$, d. h., $\dot{m}_3$, T_3, $\dot{m}_1$, T_1 und dann die Werte der Ausgangsgrößen Y berechnet werden.

Dieses Verfahren ist anwendbar, solange die linearen Gleichungssysteme lösbar sind, d. h., solange die Determinante der Matrix $\mathbf{C}_1$ ungleich Null ist und die notwendige Inversion von der Dimension der Matrix her nicht zu aufwendig wird.

Die mathematischen Modelle realer stoffwirtschaftlicher Verfahren sind komplizierte simultane und nichtlineare Gleichungssysteme, die meist nur iterativ gelöst werden können. Auf Grund einer vorgegebenen Schätzung für die Lösung (Anfangswert) wird mit Hilfe einer Iterationsvorschrift die nächste Lösung berechnet, die dann den Anfangswert ersetzt. Man erhält eine Folge von Lösungen, und für den Abbruch dieser Folge benötigt man Kriterien, die die Entscheidung ermöglichen, wann man diese Folge beenden kann.

Damit enthält ein Iterationsverfahren folgende Teile:

- Beschaffung von Anfangswerten.
- Anwendung einer Iterationsvorschrift, die die Folge von Näherungen gegen die gesuchte Lösung konvergieren läßt.
- Anwendung eines Abbruchkriteriums, wenn die zugelassene Abweichung erreicht oder unterschritten wird.

Geeignete Iterationsverfahren sind das Einsetzverfahren und das NEWTON-Verfahren, die in [8] und in der mathematischen Fachliteratur beschrieben sind, und für die in den Rechenzentren meist Unterprogramme verfügbar sind.

3.4. Modellanpassung und -überprüfung

3.4.1. *Vorbereitung des Datenmaterials*

Jedes Modell eines stoffwirtschaftlichen Prozesses oder Verfahrens enthält Parameter, die aus gemessenen Wertesätzen der Ein- und Ausgangsgrößen bestimmt werden müssen. Der günstigste Fall liegt vor, wenn an der zu modellierenden Anlage gezielte Experimente in einem hinreichend weiten Variationsbereich der Variablen durchgeführt werden können. Bei Produktionsanlagen ist man meistens auf das routinemäßig bei den sogenannten Betriebsfahrweisen anfallende Datenmaterial angewiesen, das höchstens durch einige Zusatzversuche ergänzt werden kann. Existiert die zu modellierende Anlage noch nicht, so ist man auf Messungen an anderen Anlagen (z. B. Labor- oder Pilotanlagen) angewiesen. In diesen Fällen ist die Maßstabsübertragung zu berücksichtigen. In allen Fällen sind entsprechende Einrichtungen zur Meßwertgewinnung, -übertragung und -speicherung Voraussetzung für gesichertes Datenmaterial.

Da einerseits Messungen grundsätzlich mit Fehlern behaftet sind und andererseits die Modellanpassung und -überprüfung relativ aufwendig (auch in bezug auf Rechenzeit und deren Kosten) ist, ist das Datenmaterial sorgfältig vorzubereiten.

Für Meßwerte bestehen vor ihrer Weiterverarbeitung folgende Prüfmöglichkeiten:

Der Bereichstest ist die einfachste Form des Testes. Hier wird nur verglichen, ob jeder einzelne Meßwert innerhalb eines bestimmten Glaubwürdigkeitsbereiches liegt, z. B. für die Kopftemperatur einer bestimmten Destillationskolonne zwischen 200 °C und 250 °C. Das Problem dieses Tests ist die richtige Festlegung der Grenzen.

Beim Differenztest, der wirksamer ist als der Bereichstest, darf die Differenz zweier aufeinander folgender Abfragen der gleichen Meßstelle einen vorgegebenen Betrag nicht überschreiten. Grundlage dieses Tests sind die in jeder Anlage enthaltenen Trägheiten. So kann sich z. B. die Kopftemperatur einer konkreten Destillationskolonne nur mit einer bestimmten Höchstgeschwindigkeit in K/Abfragezyklus ändern. Aber auch hier ist die Festlegung der glaubwürdigen Gradienten schwierig und je länger der Abfragezyklus ist, desto unwirksamer wird dieser Test.

Die beiden ersten Tests beziehen sich stets nur auf eine Meßstelle. Beim Test auf chemisch-physikalische Richtigkeit können eine oder mehrere Größen herangezogen werden. Hier gibt es sehr einfache und auch sehr komplizierte Algorithmen. Als einfaches Kriterium kann z. B. angesehen werden, daß beim Durchströmen eines Systems der Gesamtdruck in Strömungsrichtung nur fallen und nicht steigen kann, sofern keine Pumpe vorhanden ist. Ähnliches kann für Temperaturprofile gelten. Die Abschätzung der Richtigkeit einer Meßgröße aus anderen Meßgrößen, z. B. der Austrittstemperatur in Abhängigkeit von Eintrittstemperatur, Wärmezufuhr und Reaktionsverlauf, kann schon ein kompliziertes mathematisches Modell erfordern.

Beim Bilanztest werden für die gleiche Bilanzgröße stets mehrere Meßstellen beurteilt, indem man die Eingangsgrößen eines Bilanzkreises mit den Ausgangsgrößen vergleicht. Dieser Vergleich gilt nur für den stationären Zustand. Im instationären Zustand ist die Veränderung der Speicherinhalte zu berücksichtigen.

Bei der Korrektur der Daten müssen zwei Schritte unterschieden werden. Zunächst wird eine Korrektur nötig, wenn die gemessene Prozeßgröße noch von anderen Meßgrößen abhängt. So ist z. B. die Temperatur-, Druck- und Dichtekorrektur bei einer Blendendurchflußmessung erforderlich, wenn die gemessenen Werte dieser Größen (T_M, P_M, ϱ_M) nicht mit dem Auslegungszustand der Blende (T_A, p_A, ϱ_A) übereinstimmen. Danach sind als zweiter Schritt die bei der Prüfung der Daten erkannten Unzulänglichkeiten zu beseitigen, sofern sie jetzt noch bestehen. Als falsch erkannte Meßwerte sind, wenn die Möglichkeit dazu besteht, durch Wiederholung zu überprüfen. Besteht diese Möglichkeit nicht und kann man den Fehler eindeutig als Ausreißer erkennen, so muß entweder der ganze Wertesatz aus dem Datenmaterial gestrichen werden oder der als falsch erkannte Wert ist zu korrigieren. Diese Korrektur erfordert jedoch hohes Verantwortungsbewußtsein und Wissen um die Zusammenhänge des Prozesses, da schon eine tendierende Verschiebung weniger Punkte das Gesamtergebnis erheblich beeinflussen kann.

Wenn der Bilanzfehler innerhalb gewisser, mit der Güte der Meßtechnik übereinstimmender Grenzen liegt, dann ist der Bilanzausgleich ein wichtiges Korrekturverfahren. Beim Überschreiten dieser Grenzen ist eine Überprüfung der Meßtechnik erforderlich. Ein Beispiel für den Bilanzausgleich ist in [6] angegeben. Wenn man keine sicheren Anhaltspunkte für die Meßfehler der einzelnen Meßstellen hat, so ist es günstig, den Ausgleich so vorzunehmen, daß alle Ströme um den gleichen Prozentsatz korrigiert werden.

Zur Ermittlung eines mathematischen Modells für den stationären Zustand ist es notwendig, Wertesätze aus zusammengehörenden Werten der Eingangs- und Ausgangsgrößen zu bilden. Dazu können nur dann die zum gleichen Zeitpunkt gemessenen Werte benutzt werden, wenn diese vor der Messung hinreichend lange konstant sind. Das ist höchstens, und meist nur mit großem regelungstechnischen Aufwand für Stellgrößen, jedoch nicht für Störgrößen zu erreichen. Betrachtet man z. B. die in Abb. 3.39 gezeigten zeitlichen Ver-

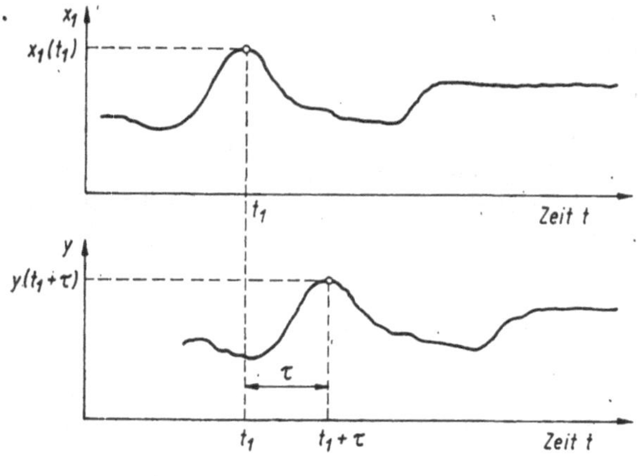

Abb. 3.39. Zeitliche Zuordnung

läufe der Eingangsgröße $x(t)$ und der Ausgangsgröße $y(t)$, so erkennt man, daß der zum Zeitpunkt t_1 gemessene Wert der Eingangsgröße die Ursache des zum Zeitpunkt $t_1 + \tau$ gemessenen Wertes der Ausgangsgröße ist. Der Betrag der Verschiebungszeit τ ist nur dann so deutlich zu erkennen, wenn es sich um eine reine Totzeit handelt. Untersucht man die Korrelation zwischen beiden Signalen für unterschiedliche Werte von τ, so zeigt der maximale Korrelationskoeffizient den besten Wert für die Verschiebungszeit an.

Liegen nach der Überprüfung und Korrektur der Daten alle vollständigen Wertesätze vor, so ist der erste Schritt des Ablaufplanes der Datenvorbereitung (Abb. 3.40) vollzogen. Für umfangreiches Datenmaterial wird empfohlen, den hier dargestellten Ablauf zu befolgen.

3.4.2. Parameterbestimmung

Die Parameterbestimmung hat die Aufgabe, die Zahlenwerte für die im Modell enthaltenen Parameter aus dem vorliegenden Datenmaterial zu ermitteln. Damit soll eine möglichst gute Anpassung des Modells an die Realität erreicht werden.

Die Parameterbestimmung ist mit Ausnahme der vollständig analytisch abzuleitenden Modelle („weiße“ Modelle) notwendig, weil bei der Modellierung grundsätzlich abstrahiert werden muß und demzufolge Modellfehler ε, d. h.

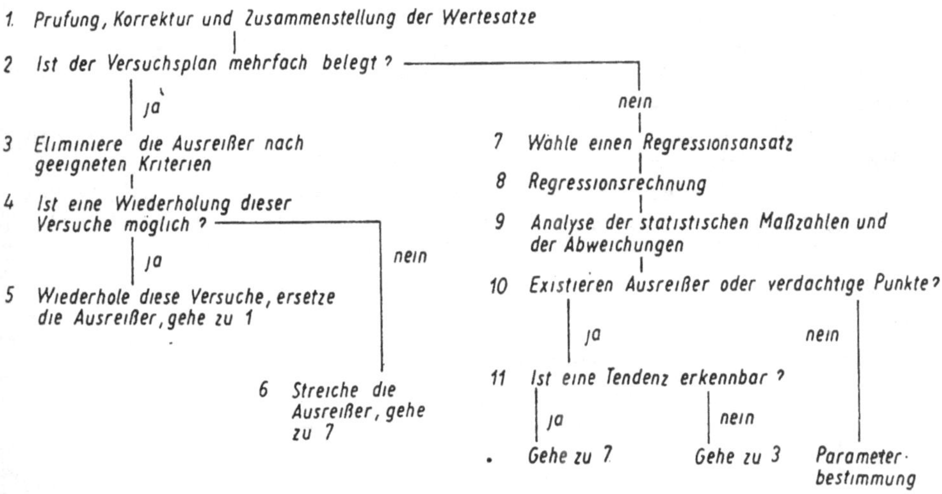

Abb. 3.40. Programmablaufplan für die Datenvorbereitung

Abweichungen zwischen dem Meßwert $\tilde{y}$ und dem durch das Modell gegebenen Rechenwert $\hat{y}$ der Ausgangsgröße existieren.

$$\varepsilon(t) = \tilde{y}(t) - \hat{y}(t) = \tilde{y}(t) - \sum_{k=0}^{p} b_k f_k(x(t)) \tag{3.63}$$

Damit liegt folgende Schätzaufgabe vor: Gegeben sind

1. das Ein- und Ausgangssignal als kontinuierliche Zeitverläufe $x(t)$, $\tilde{y}(t)$ oder als Wertefolge $x(t_1) \cdots x(t_N)$, $y(t_1) \cdots \tilde{y}(t_N)$,
2. die spezielle Modellform und damit die Funktionswertmatrix $\mathbf{F}$ (Gl. (3.39)), die Informationsmatrix $\mathbf{M}$ und die Präzisionsmatrix $\mathbf{C}$ und
3. ein Gütekriterium $Q(\varepsilon) = Q(\tilde{y}, x, \hat{b})$, durch das die Abweichungen zwischen Objekt und Modell bewertet werden.

Die Schätzwerte $\hat{b}$ der Parameter sind so zu bestimmen, daß das Gütekriterium Q minimiert oder maximiert wird. Dieses Optimierungsproblem wird durch die Form des Gütekriteriums und die Art und Weise der Minimierung (bzw. Maximierung) des Kriteriums bestimmt. Die Form des Gütekriteriums hängt von den am Objektausgang auftretenden Störungen ab. Bei ungestörten oder nur schwach gestörten Objekten sind die Parameter $\hat{b}$ so zu bestimmen, daß $\tilde{y}(t)$ und $\hat{y}(t)$ für das gleiche (determinierte) Eingangssignal $x(t)$ möglichst gut übereinstimmen, d. h., es liegt ein determiniertes Approximationsproblem vor. Treten dagegen am Ausgang nicht vernachlässigbare stochastische Störungen auf, so kann es nicht darum gehen, den gestörten, verfälschten Verlauf möglichst genau zu approximieren, sondern es muß versucht werden, diejenigen Schätzwerte $\hat{b}$ für die Modellparameter zu ermitteln, die den wahren Werten b dieser Parameter möglichst nahe kommen. Das ist kein Approximationsproblem, sondern eine Aufgabe der Ausgleichsrechnung bzw. der Theorie der Parameterschätzung der mathematischen Statistik.

Für die Ermittlung des Extremums von Q unterscheidet man explizite (direkte) und implizite (iterative) Verfahren. Die direkten Methoden liefern z. B. durch die Lösung eines linearen Gleichungssystems explizit gelöste Beziehungen für die unbekannten Parameter $\hat{b}$, sie erfordern jedoch bei großer Anzahl von Einflußgrößen und Wertesätzen viel Speicherplatz im Digital-

Tabelle 3.17

Rechenbeispiele für Iterationsverfahren

a) Einsetzverfahren b) NEWTON-Verfahren

	$k =$	0	1	2	3	4	5
	$x^{(k)}$	2	1,225	1,088	1,040	1,019	1,009
	$\frac{1}{x}$	0,5	0,8163	0,9191	0,9615	0,9813	0,9910
	$2-\frac{1}{x}$	1,5	1,1837	1,081	1,0385	1,0187	1,0090
a)	$x^{(k+1)}$	1,225	1,088	1,040	1,019	1,009	1,005

	$x^{(k)}$	2	1,33	1,082	1,0133
	x^2	4	1,77	1,17	1,027
	$\frac{1}{x}$	0,5	0,75	0,12	0,987
	$f(x)$	2,5	0,52	0,090	0,014
	$2x$	4	2,66	2,164	2,0266
	$\frac{1}{x^2}$	0,25	0,56	0,854	0,974
	$f'(x)$	3,75	2,10	1,310	1,052
	f/f'	0,667	0,248	0,0687	0,0133
b)	$x^{(k+1)}$	1,333	1,082	1,0133	1,000

rechner, da alle Meßwerte gleichzeitig im Rechner vorliegen müssen. Sie sind außerdem im allgemeinen nur für Modelle anwendbar, die in bezug auf die Parameter linear sind. Die impliziten Verfahren liefern die gesuchten Werte der Parameter durch numerische Suche des Extremums von Q erst nach einer großen Zahl von Rechenoperationen. Sie können aber auch für Modelle angewandt werden, die nichtlinear in bezug auf die Parameter sind, und im prozeßgekoppelten Betrieb eingesetzt werden, wobei laufend neue Meßwerte hinzugenommen werden können.

Die Verfahren der expliziten, deterministischen Approximation sind in Tab. 3.17 und die expliziten statistischen Parameterschätzverfahren in

Tabelle 3.18

Daterministische Approximationsverfahren

Methode	Ansatz	Bedeutung
Interpolation	$Q(\varepsilon) = \varepsilon(t_k) = 0$ für $k = 1, 2, \ldots, n$	gering
Methode der kleinsten Quadrate	zu diskreten Zeiten: $Q = \varepsilon^T\varepsilon = \sum^{N} (y^* - y)^2 = \text{Min}$ kontinuierlich: $Q(\varepsilon) = \int_a^b \varepsilon^2(t)\, dt = \text{Min}$	sehr groß
TSCHEBYSCHEFF-Approximation	$Q = \max \{\varepsilon(t)\} = \max y^* - y = \text{Min}$	für spezielle Zwecke

Tab. 3.18 zusammengestellt. An die statistischen Parameterschätzverfahren stellt man die Forderungen:

1. Die Schätzung soll konsistent sein, d. h.

$$\lim_{N\to\infty} P\{|\hat{b} - b| > \Delta\} = 0$$

(Δ beliebig kleine Größe > 0)

2. Die Schätzung soll erwartungstreu oder unverzerrt sein, d. h.

$$E\{\hat{b}\} = b$$

3. Gibt es mehrere konsistente Schätzungen für einen Parameter $\hat{b}_i$, so wählt man die mit der kleinsten Varianz, diese Schätzung heißt höchstwirksam oder effektiv.

4. Die Schätzung wird erschöpfend oder hinreichend genannt, wenn sie die gesamten in der Stichprobe enthaltenen Informationen ausnutzt.

Die genannten Forderungen sind nur erfüllbar, wenn a-priori-Informationen über die statistischen Eigenschaften der Störgrößen vorliegen, die dem Modellfehler oder den Ausgangsgrößen überlagert sind. Die notwendigen a-priori-Kenntnisse sind in Tab. 3.19 angegeben. Die BAYES-Schätzung erfordert die höchsten Vorkenntnisse, die in der Praxis nicht erfüllbar sind. Man kann zwar Annahmen über die Verteilungsdichtefunktion der noch unbekannten Parameter treffen, aber diese Annahmen werden nur selten vom Resultat bestätigt. Läßt man diese Voraussetzung fallen, so kommt man zur Maximum-LIKELIHOOD-Methode. Nimmt man bei dieser wiederum normalverteilte Fehler an, so kommt man zur Anwendung des kleinsten Fehlerquadrates und zwar zunächst zur Methode der gewichteten Fehlerquadrate (MARKOV-Schätzung) und bei einheitlichen Gewichtsfaktoren zur Methode der kleinsten Fehlerquadrate. Bei normalverteilten, unkorrelierten Störungen liefern die Verfahren der drei letzten Spalten identische Resultate. Für parameterlineare Modelle hat die Methode der kleinsten Quadrate die größte Bedeutung, die davon ausgeht, daß die Summe der Fehlerquadrate minimal wird.

Sind mehrere Ausgangsgrößen vorhanden, die nicht unabhängig voneinander sind, so ist im Gütekriterium Q zusätzlich über diese zu summieren. Dabei ist die Differenz wegen möglicher Unterschiede in der Größenordnung der Werte der einzelnen Ausgangsgrößen auf den Mittelwert $\bar{y}$ zu beziehen oder ein Gewichtsfaktor g einzuführen, der auch unterschiedliche Wertigkeiten der Ausgangsgrößen innerhalb des Modells ausdrücken kann.

Die impliziten Verfahren der Parameterschätzung müssen angewandt werden, wenn a) das Modell nichtlinear in bezug auf die Parameter ist (und eine Transformation z. B. durch Logarithmieren nicht möglich ist oder nicht angewandt werden soll) oder wenn b) das Modell durch laufende Hinzunahme neuer Meßwerte ständig verbessert oder angepaßt werden soll.

Für den Fall a) lassen sich Linearisierungsverfahren und Extremwertsuchverfahren anwenden. Die Linearisierung wird iterativ genutzt und das Verfahren konvergiert in vielen Fällen schon nach relativ wenigen Iterationen. Allgemeingültige Bedingungen für die Konvergenz konnten bisher nicht angegeben werden. Die Extremwertsuchverfahren benutzen die verschiedenen numerischen Methoden der Optimierung. Häufig bewährt sich die Kombination von Verfahren, z. B. die Benutzung eines Zufallssuchverfahrens für die Ermittlung einer günstigen Anfangsschätzung mit einem Verfahren, das dann die schrittweise gewonnenen Informationen möglichst effektiv ausnutzt.

Für den Fall b), also für die laufende Hinzunahme neuer Meßwerte, kann man die gruppenweise Meßwertverarbeitung oder die rekursive Regression einsetzen.

3.4.3. Überprüfung von Modellen

Wenn die Parameterbestimmung durchgeführt wurde, so hat man ein vollständiges Gleichungssystem einschließlich aller Beiwerte und Konstanten, das das Verhalten des realen Objektes beschreibt bzw. beschreiben soll. Damit liegt aber noch keine Aussage vor, wie gut Modell und Realität übereinstimmen.

Tabelle 3.19
Statistische Parameterschätzverfahren

	Bayes-Schätzung	Maximum-Likelihood-Methode	Markov-Schätzung (kleinste Varianz)	Methode der kleinsten Fehlerquadrate
Apriori-Kenntnisse	Verteilungsdichtefunktionen der Parameter und der Fehler $p(y/b)$, $q(b)$ Kostenfunktion $c(b, b^0)$	Verteilungsdichtefunktion der Fehler $p(y/b)$	Kovarianzmatrix	keine
Eigenschaften	minimale Kosten minimales Risiko	konsistent, asymptotisch effektiv, asymptotisch unverzerrt, invariant	linear, unverzerrt, minimale Varianz	linear, unverzerrt, konsistent
besonders geeignet bei	Erfüllung der Voraussetzungen	Störung beliebiger Verteilung	normalverteilter korrelierter Störung	normalverteilter unkorrelierter Störung

Bei der Überprüfung von Modellen wird man zunächst statistische Kriterien zur Beurteilung der Ergebnisse der Parameterbestimmung einsetzen. Ausgangspunkt der meisten Betrachtungen ist die Abweichung zwischen Meß- und Rechenwert der Ausgangsgrößen für alle zur Parameterbestimmung benutzten Wertesätze. In dieser Abweichung spiegeln sich die Meßfehler, der Modellfehler und die Tatsache wider, daß die statistischen Eigenschaften des Datenmaterials oft nicht hinreichend mit den Voraussetzungen der Methoden zur Parameterbestimmung übereinstimmen. Geeignete Kriterien sind z. B.:

— Schätzung der Streuung σ^2 durch

$$s^2 = \frac{1}{N - p - 1} \sum_{i=1}^{N} (\tilde{y}_i - \hat{y}_i)^2 .$$

— F-Test für die Adäquatheit des Modells (s. Gl. 3.47).

— Prüfung der Reste $(\tilde{y}_i - \hat{y}_i)$ auf Normalverteilung durch ein Histogramm oder den χ^2-Test.

— Bestimmtheitsmaß bei der Regressionsanalyse.

— Signifikanztest für die Regressionskoeffizienten nach dem t-Test.

— Konfidenzbereiche für die Parameter.

Programme zur Parameterbestimmung enthalten meist die für das jeweilige Verfahren und die zulässigen Modellformen geeigneten Testkriterien. Die Testkriterien sind aber auch nur unter bestimmten Voraussetzungen gültig. Abweichungen der Fehlerverteilung von der Normalverteilung verbieten z. B. die Anwendung der t-, χ^2- oder F-Verteilungen. In der Praxis können folgende Verletzungen der Annahmen auftreten [18]:

a) die Fehler sind nicht normalverteilt,

b) die Fehlerdispersion ist nicht konstant („verschiedene Meßgenauigkeit“ der Experimente),

c) die Fehler benachbarter Versuche sind korreliert,

d) die Fehlererwartung ist ungleich Null und nicht konstant.

Die Einhaltung dieser Annahmen kann durch eine Analyse der Streuung der Reste $e_i = \tilde{y}_i - \hat{y}_i$, d. h. der Restdispersion, überprüft werden. Dabei existieren aber zwei Probleme. Erstens gelten statistische Aussagen grundsätzlich nur für hinreichend umfangreiches Datenmaterial, d. h. in diesem Fall für $N \gg p$. Zweitens beeinflussen, wie in [18] bewiesen, die konkreten Werte der Regressionsvariablen die statistischen Eigenschaften der Restdispersion, d. h., daß diese Eigenschaften vom konkreten Versuchsplan abhängen. Dieser Einfluß wird als Regressionseffekt bezeichnet. Bei der Reststreuungsanalyse werden diese Regressionseffekte meist vernachlässigt, weil im anderen Fall der erforderliche Aufwand relativ groß ist. Dieses Vorgehen ist statistisch gesehen jedoch nur statthaft, wenn $p \ll N$ ist. Diese Bedingung ist selten erfüllt. Die exakte Berücksichtigung der Regressionseffekte ist in [18] beschrieben.

Vernachlässigt man die Regressionseffekte, so können folgende grafische Darstellungen zur Modellüberprüfung dienen:

1. Histogramm der Restdispersionen zur Überprüfung auf Normalverteilung. Für die Aufstellung eines Histogramms teilt man den Bereich, in dem die Abweichungen e_i liegen, in eine Anzahl gleichgroßer Intervalle Δe. Die Anzahl der Intervalle n ist so zu wählen, daß in jedem Intervall hinreichend viele Werte liegen. Als Richtwert kann man $N \geqq 10n$ ansehen. Man trägt dann in Form eines Rechtecks über jedem Intervall die Zahl $p_i = n_i/n$ auf, mit n_i als der Zahl der in jedem Intervall liegenden Punkte. Aus der sich ergebenden Figur ist erkennbar, wie weit sich die Verteilung näherungsweise mit der Normalverteilung deckt. Genauere Aussagen zu der Übereinstimmung sind möglich, wenn man ein Histogramm mit gleichwahrscheinlichen Intervallen aufbaut, bei denen die Intervallängen so gewählt werden, daß $p_1 = p_2 = \cdots = p_n$ ist [18]. Die äußeren Intervalle erstrecken sich von $-\infty$ bis $+\infty$. Eine analytische Überprüfung der Restdispersionen auf Normalverteilung ist mit dem bekannten χ^2-Test möglich.
2. Zeitliche Abhängigkeit der Reste
Ergibt sich bei der Auftragung der Reste über dem Zeitpunkt der Messung die Darstellung von Abb. 3.41a und ist die Streuung in bezug auf die Meßgenauigkeit hinreichend klein, so ist das Ergebnis gut. Abbildung 3.41b weist auf drei Ausreißer hin, deren Ursachen analysiert werden sollten. Der Fall c entspricht einer nicht konstanten Dispersion, bei d und e ist unbedingt noch eine zeitliche Abhängigkeit im Modell zu berücksichtigen. Im Beispiel f wurden die Messungen zu zwei Zeitpunkten durchgeführt,

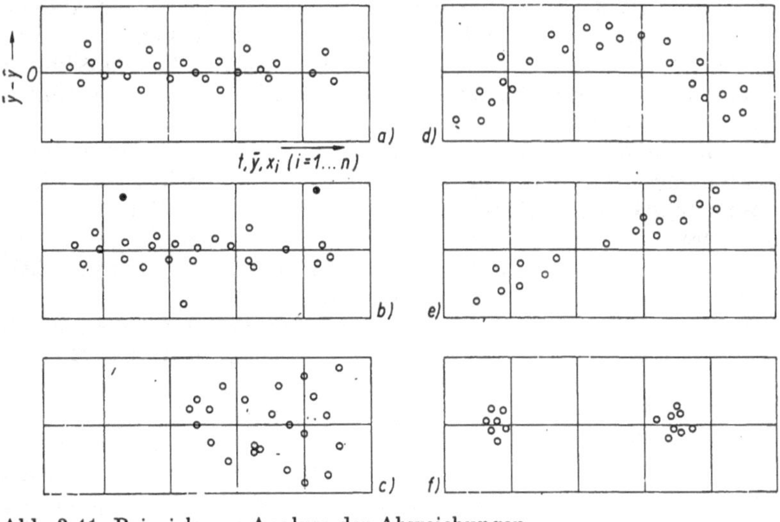

Abb. 3.41. Beispiele zur Analyse der Abweichungen

entweder ist kein Zeiteinfluß vorhanden oder er wurde richtig im Modell erfaßt. Jedoch reichen zwei Zeiten zur Beurteilung nicht aus.

3. Abhängigkeit der Reste von den Meßwerten der Ausgangsgrößen
   Für *a* und *b* ergeben sich die gleichen Aussagen wie unter 2. Bei *c* ist der Fehler proportional zum Meßwert, die Abhängigkeit muß durch einen anderen Ansatz erfaßt werden, für den man keine allgemeinen Angaben machen kann. Die Figur *d* zeigt eine eindeutig nichtlineare Tendenz, der Ansatz sollte in die Form $y := y + k \cdot y^2$ überführt werden. Bei weitgehend theoretisch fundierten Modellen weisen die Fälle *c* und *d* auf ungerechtfertigte Annahmen bei der Modellentwicklung hin. Die beiden letzten Figuren deuten auf einen starken Einfluß nichterfaßter Größen hin. Bei *e* kann die Abhängige bei hinreichender Variation der erfaßten Unabhängigen durch eine nichterfaßte Größe, die in einem breiten Bereich auftritt, beeinflußt werden. Bei der Figur *f* können z. B. die Unabhängigen praktisch immer gleich sein und die Abhängige ist einer nichterfaßten Größe auf zwei Niveaus unterworfen. So könnten sich z. B. auch Versuche darstellen, die in zwei unterschiedlichen Apparaturen durchgeführt werden.
4. Abhängigkeit der Reste von den Eingangsgrößen
   Für die Betrachtung der Diagramme gelten im wesentlichen die gleichen Aussagen wie unter 3. Im Fall c ist eine nichterfaßte Wechselwirkung zwischen der Abszissengröße und einer weiteren Einflußgröße vorhanden, die als Parameter einer Kurvenschar erkennbar sein muß. Bei d ist die Potenz dieser Einflußgröße im Modell zu verändern.

Die Analyse der Abweichungen liefert nur Aussagen im Bereich des erfaßten Datenmaterials. Ihr Wert ist abhängig von der Eignung des Versuchsplanes für das Modell, ihr Gültigkeitsbereich auf den Bereich der Meßwerte beschränkt. Sie betrachtet einzelne Punkte innerhalb des Raumes der Messungen, sie gibt jedoch keine systematischen Auskünfte über die Verläufe der Funktionen innerhalb und außerhalb dieses Raumes. Nach der Analyse der Abweichungen ist die Analyse der Tendenzen des Modells, also die Simulation des realen Objektes innerhalb und außerhalb des Bereiches der Messungen, ein geeignetes und notwendiges Verfahren zur Überprüfung von Modellen. Mit ihrer Hilfe kann man den Gültigkeitsbereich des Modells abgrenzen. Dafür sind die Werte der Ausgangsgrößen für verschiedene Variationen der Einflußgrößen zu berechnen und grafisch darzustellen. Diese Verläufe sind mit den theoretischen Kenntnissen über den Prozeß zu vergleichen.

Ein Beispiel für die Unterschiede in den Tendenzen verschiedener Modellvarianten außerhalb des Raumes der Messungen ist schon in Abb. 3.27 gegeben.

Wenn die Möglichkeit besteht, so ist es günstig, nach der Analyse der Abweichungen und der Tendenzen das Modell durch einige zusätzliche Experimente zu überprüfen. Diese können eventuell noch bestehende Unklarheiten klären, sie sind auf jeden Fall ein guter Test für das Modell. Selbst wenn sie im gleichen Bereich der Eingangsgrößen liegen wie die Experimente für die

Parameterbestimmung, so ist doch durch die Parameterbestimmung und Modellüberprüfung so viel Zeit vergangen, daß sie über die Zeitvarianz der Anlage und ihre Berücksichtigung im Modell Auskunft geben.

3.5. Vereinfachung von Modellen

Ein mathematisches Modell ist — wie schon Abb. 3.1 zeigte — analog und nicht identisch zu einem Original, und es wird von einem Subjekt für die Lösung einer bestimmten Aufgabe genutzt. Das heißt, es muß bei der Ausarbeitung eines mathematischen Modells ein Gleichungssystem gefunden werden, das einerseits die für die Aufgabe notwendige Analogie zum Original sichert, das aber andererseits auch lösbar und somit anwendbar ist. Im zweiten Schritt des Ablaufplanes der Modellierung (Abb. 3.6) gilt es, eine geeignete abstrakte Struktur des zu modellierenden Objektes zu finden. Die hier getroffene Entscheidung muß nach der Modellüberprüfung korrigiert werden, wenn das Modell die Anforderungen nicht erfüllt, z. B. auch dann, wenn das Modell für die Anwendung zu kompliziert ist.

Geht man davon aus, daß ein stoffwirtschaftliches Verfahren stets mehrere Apparate als Elemente enthält und daß man zunächst meist mathematische Modelle für die einzelnen Apparate aufstellt, dann gibt es für die Vereinfachung des Systemmodells zwei grundsätzliche Ansatzpunkte. Man kann die Apparatemodelle, deren Ableitung im Abschn. 3.2. behandelt wurde, vereinfachen oder man kann eine einfachere abstrakte Struktur des Systems dem Systemmodell zugrunde legen. Für die Vereinfachung der Struktur kann man die Anzahl der Elemente dadurch reduzieren, daß man nicht signifikante Elemente streicht oder daß man mehrere Elemente zusammenfaßt. Man kann die Struktur auch dadurch vereinfachen, daß man die Zahl der Kopplungen abbaut. Das hängt aber gleichzeitig mit einer Veränderung der Elementemodelle zusammen, da die Kopplungen zwischen den Elementen ja deren Ein- und Ausgangsgrößen sind.

In [7, 8, 26—28] sind die einzelnen Möglichkeiten der Vereinfachung mathematischer Modelle ausführlich beschrieben.

Welche dieser Vereinfachungen einzeln oder kombiniert angewandt werden können und müssen, hängt von der Aufgabenstellung für das Modell und der Kompliziertheit und Komplexität des Objektes ab. Diese Vereinfachungen verändern die Form der Funktion des Modells. Weitere Möglichkeiten hierfür sind die Linearisierung nichtlinearer Funktionen, quadratische Näherungen für Funktionen höherer Ordnung, die Vereinfachung von Verteilungsfunktionen usw.

Alle hier genannten Modellvereinfachungen sind sowohl bei der Ableitung eines Modells für ein vorgegebenes Objekt als auch für die Modifizierung vorhandener Modelle im Rahmen der Möglichkeiten und Notwendigkeiten anzuwenden.

3.6. Digitale Simulation

3.6.1. Grundlagen

Unter digitaler Simulation versteht man die Untersuchung des Verhaltens eines Systems mit Hilfe eines Digitalrechners. Grundsätzlich ist dafür ein mathematisches Modell erforderlich. Der für den Anwender mit der Simulation verbundene Aufwand hängt im wesentlichen von den verfügbaren Hilfsmitteln ab. Komfortable und anwenderfreundliche Simulationssysteme können den Aufwand wesentlich senken.

Ein Simulationssystem besteht aus den in Abb. 3.42 gezeigten Komponenten. Der Anwender muß die Simulationssprache kennen. In dieser Sprache

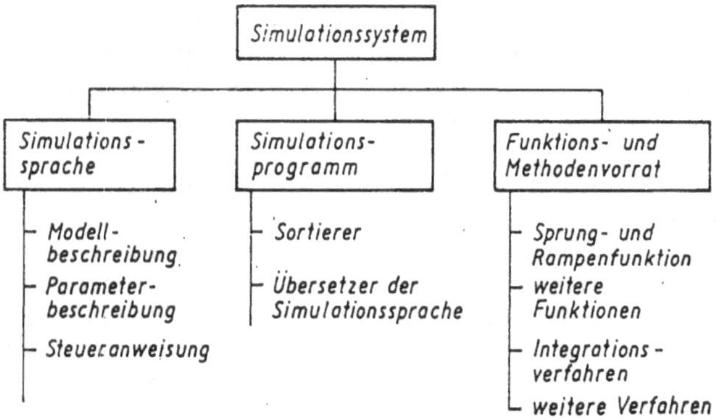

Abb. 3.42. Aufbau eines Simulationssystems

werden das mathematische Modell, die Parameter und die Steueranweisungen beschrieben. Höhere Simulationssprachen für bestimmte Einsatzgebiete besitzen als Sprachelemente die Modelle häufig vorkommender Elemente. Die Simulationssprache sollte möglichst eine blockorientierte und eine gleichungsorientierte Schreibweise erlauben, damit der Anwender die für das Problem günstige Notation auswählen kann. Die blockorientierte Modellbeschreibung geht von einem Strukturbild aus. Der Name jedes Blockes besteht aus Blocktyp und Blocknummer. Die Verbindungen tragen die Namen der Blöcke, zwischen denen sie liegen. Die Verbindungen brauchen nicht explizit bezeichnet zu werden, mit Ausnahme der Eingänge und der Verbindungen, die zu Blöcken mit mehreren Ausgängen bestehen. Die Notierung der Blöcke erfolgt in der Form:

$$\langle\text{Blocktyp, Blocknummer}\rangle \quad (\langle\text{Namen der Eingänge}\rangle).$$

Bei der gleichungsorientierten Modellbeschreibung repräsentiert jede Verbindung zwischen den Blöcken eine Größe und trägt einen frei wählbaren

Namen. Die Blöcke werden nur nach ihrem Typ (Summierer, Integrierer usw.) unterschieden. Bei der Modellbeschreibung wird jeder Block durch einen auf der linken Seite einer Funktionsgleichung stehenden Funktionswert beschrieben:

⟨Funktionswert⟩ = ⟨Blockname⟩ (⟨Eingang 1⟩, ⟨Eingang 2⟩ ...)

Die Gleichungen können direkt in Funktionswerte übersetzt und somit als Zeile der Modellbeschreibung notiert werden. Das Strukturbild wird also nicht unbedingt benötigt, allerdings gehen damit Anschaulichkeit und Übersichtlichkeit zurück. Die Übersetzung einer gleichungsorientierten Modellbeschreibung ist wesentlich aufwendiger. Abbildung 3.43 zeigt ein einfaches

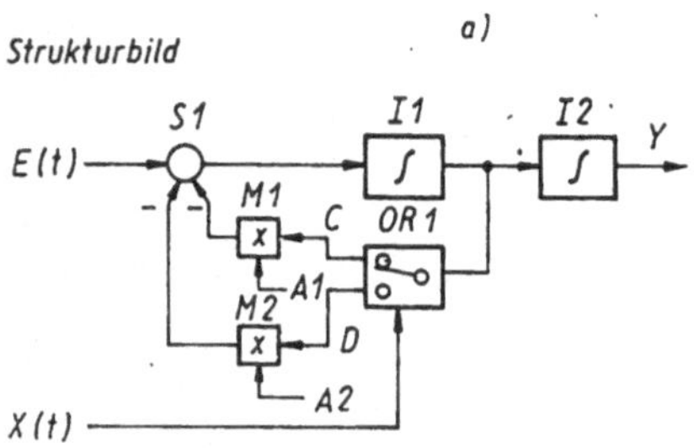

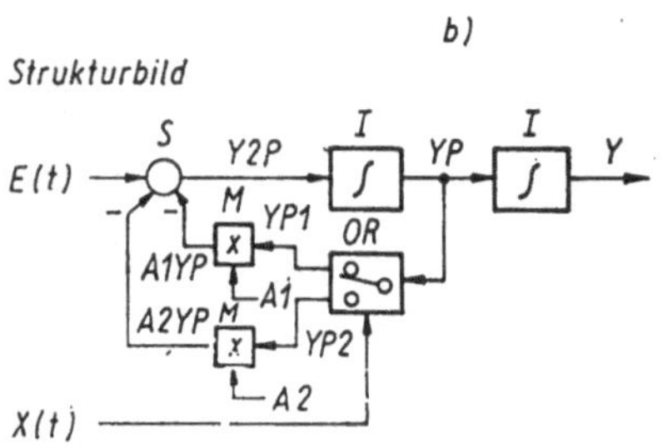

Abb. 3.43. Formen der Modellbeschreibung bei der Simulation [29]
a) blockorientiert b) gleichungsorientiert

Modellbeschreibung

```
CON   E, X, A1, A2
S1    E, -M1, -M2
I1    S1
I2    I1
OR1   I1, X
M1    OR1C, A1
M2    OR1D, A2
```

Modellbeschreibung

```
Y2P       = S (E, -A1YP, -A2YP)
YP        = I (Y2P)
Y         = I (1P)
YP1, YP2  = OR (YP, X)
A1YP      = M (YP1, A1)
A2YP      = M (YP2, A2)
```

Beispiel in blockorientierter und gleichungsorientierter Notation. Bei der blockorientierten Darstellung werden die Namen der Eingänge des Modells $(E(t),\ X(t),\ A1,\ A2)$ als Quellblöcke im Sinne von Konstanten hinter der Bezeichnung CON in der ersten Zeile aufgeführt. Außerdem brauchen nur noch jene Verbindungen mit Namen belegt werden, die zu Blöcken mit mehreren Ausgängen führen: OR1C und OR1D.

Bei der digitalen Simulation treten folgende Parametertypen auf: Zu den Modellparametern gehören alle Modellgrößen, die in den einzelnen Simulationsrechnungen konstant gehalten oder verändert werden sollen und die Anfangswerte für die Integration. Zu den Integrationsparametern gehören die Anfangs-

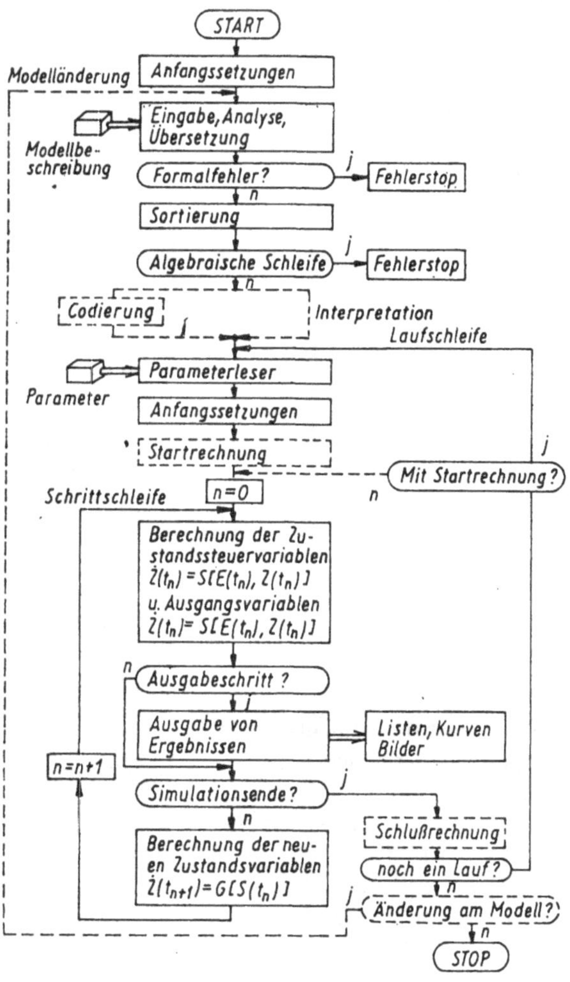

Abb. 3.44. Programmablauf bei der Simulation [29]

und Endzeit, die Integrationsschrittweite sowie Angaben zur Schrittweitensteuerung und zur Auswahl von Integrationsverfahren, wenn mehrere Integrationsverfahren zur Verfügung stehen. Die Ausgabeparameter legen die Ausgabeform und -häufigkeit, das Schriftbild und wenn nötig weitere Details fest. Die Parameter sind grundsätzlich vom Anwender des Simulationssystems zur Verfügung zu stellen.

Das Simulationsprogramm, z. T. auch Simulator genannt, ist das Kernstück und der von der Erarbeitung her aufwendigste Teil eines Simulationssystems. Es ist auf einen Rechnertyp oder eine Rechnerfamilie zugeschnitten und wird mit dieser angeboten oder für diese entwickelt. Die Abb. 3.44 soll für den Anwender einen groben Überblick über die Arbeitsweise geben.

3.6.2. Anwendung von Programmsystemen zur Simulation

Für die Simulation gibt es folgende Aufgabenstellungen:

- Simulation neu zu schaffender Anlagen beim Entwurf und bei der Projektierung,
- Simulation bestehender Anlagen zum Zwecke der Bilanzierung,
- Simulation bestehender Anlagen für die optimale Steuerung, das Studium des Anlagenverhaltens (auch an den und außerhalb der Grenzen des technologisch möglichen Bereiches) sowie zur Schulung und zum Havarietraining des Anlagenpersonals (hierfür genügt meist eine sehr stark abgerüstete Version oder ein spezielles, aus dem Simulationsprogramm abgeleitetes Programm).

Für die Simulation stoffwirtschaftlicher Verfahren müssen die Programmsysteme neben den im vorhergehenden Abschnitt genannten allgemeinen Gesichtspunkten folgende Anforderungen erfüllen:

a) Das Programm muß die Behandlung von komplizierten und komplexen Systemen, d. h. von Objekten mit vielen Elementen und Kopplungen zwischen diesen Elementen ermöglichen. Daraus folgen die Notwendigkeit der speicherplatzsparenden Notation für die Elementemodelle und die Systemstruktur sowie die Notwendigkeit des Einsatzes von Digitalrechnern mit hoher Rechengeschwindigkeit und hoher Speicherkapazität.

b) Für die effektive Nutzung der Programmsysteme muß ein auf die Aufgaben abgestimmter Vorrat von Modellgleichungen, Elementemodellen, Stoffwerten und Stoffwertberechnungsprogrammen verfügbar sein.

c) Für den Entwurf stoffwirtschaftlicher Verfahren muß das Programmsystem Bilanzierungs- und Optimierungsrechnungen sowohl mit technischen Größen (Stoff- und Energiebilanzen) als auch mit ökonomischen Größen (Kostenrechnungen) durchführen können.

Ein spezielles Programmsystem zur digitalen Simulation verfahrenstechnischer Systeme, das Programmsystem DIGSIM, ist in [7] ausführlich beschrieben.

3.7. Beispiel 1: Kessel mit dampfbeheiztem Mantel

3.7.1. Beschreibung des Objektes

Ein Kessel mit dampfbeheiztem Mantel soll zum Verdampfen einer Flüssigkeit benutzt werden, Abb. 3.45. Die Aufgabe sei die Ableitung eines mathematischen Modells für diesen Kessel, das sowohl für die Ermittlung der minimalen Betriebskosten (Anlagen- und Dampfkosten) im stationären Zustand als auch

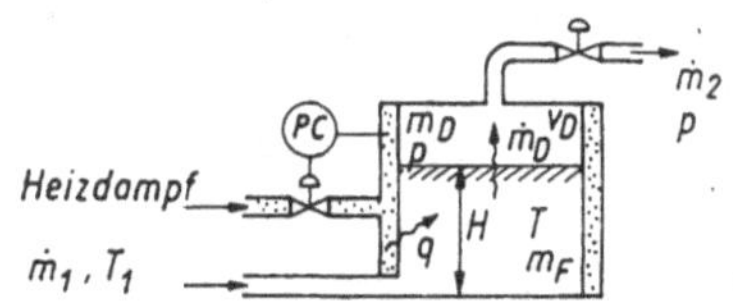

Abb. 3.45. Dampfbeheizter Kessel

für die Simulation des dynamischen Verhaltens dienen kann. Das Vorgehen bei der Modellierung dieses Objektes entspricht dem schon in Abb. 3.6 gezeigten Ablaufplan.

Die Struktur des Objektes ist einfach. Es handelt sich um einen einzigen Apparat, der aus drei Bilanzräumen (Volumen der Flüssigkeit, Dampfraum im oberen Behälterteil, dampfbeheizter Mantel) besteht. Alle Bilanzräume sollen als ideal durchmischt angenommen werden. Das heißt, die Aufgabe ist in der Schicht der makroskopischen Beschreibung von Tab. 3.2 angesiedelt.

Annahmen und idealisierende Abstraktionen:

a) Die Bilanzräume sind ideal durchmischt.

b) Die Flüssigkeit ist ein reiner Stoff, d. h. kein Mehrkomponentengemisch. Der Dampf dieser Flüssigkeit erfüllt das ideale Gasgesetz.

c) Im Kessel herrscht Siedetemperatur ($T = T_s$), der Dampf wird nicht überhitzt.

d) Es wird mit Sattdampf geheizt, vollständige Kondensation angenommen und die Wärme des Kondensates vernachlässigt. Für den Heizdampf ist ein Druckregler (PC) vorgesehen. Für konstanten Dampfdruck p_H ist die Dampftemperatur $T_H = f(p_H) = \text{const.}$

e) Die Wandtemperatur ist gleich der Dampftemperatur.

Im Modell werden folgende Variablen benutzt:

unabhängige:	*abhängige:*	
$\dot{m}_1$ Eingangsstrom (flüssig)	T_H Heizdampftemp.	$\dot{m}_2$ austretender Dampfstrom
	T Temp. im Kessel	
T_1 Eingangstemperatur	m_F Masse der Flüssigkeit	p Druck im Kessel
p_H Druck des Heizdampfes	$\dot{m}_D$ aufsteigender Dampfstrom	V_D Volumen des Dampfraumes
p_0 Entspannungsdruck	m_D Masse des Dampfes	A Fläche des Wärmeüberganges
	q Wärmestrom	

3.7.2. Dynamisches Modell

Für die zehn abhängigen Größen sind zehn Gleichungen erforderlich, damit das Modell gelöst werden kann. Die Prozeßanalyse ergab unter Berücksichtigung der Annahmen die Gleichungen, die in Abb. 3.46, dem mathematischen Modell, enthalten sind. Dieses Modell enthält nur drei Bilanzen und davon nur zwei in Form von Differentialgleichungen. Bei einem Objekt mit drei gut

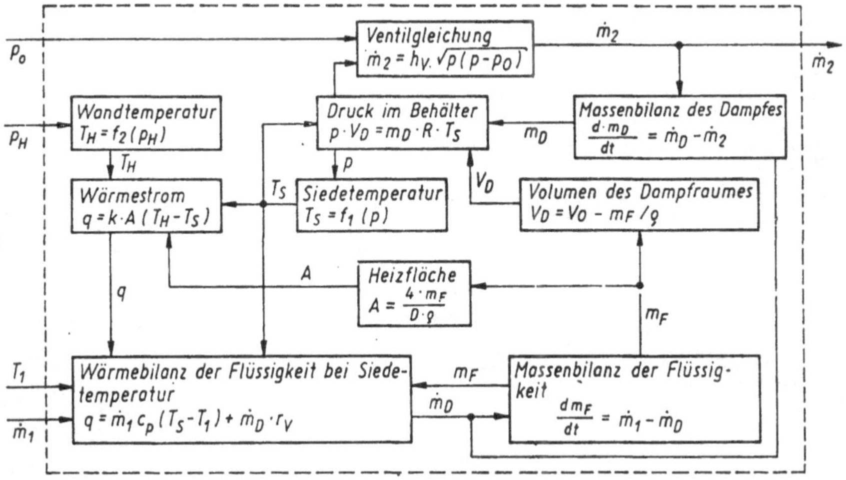

Abb. 3.46. Mathematisches Modell des dampfbeheizten Kessels

D – Durchmesser des Behälters, V_0 – Volumen des Behälters, c_p – spezifische Wärmekapazität der Flüssigkeit, r_v – Verdampfungswärme, ϱ – Dichte der Flüssigkeit, k – Wärmedurchgangskoeffizient, h_v – Ventilbeiwert

durchmischten Bilanzräumen, in dem ein thermischer Vorgang mit einer Einkomponentenflüssigkeit abläuft, enthält das Modell im allgemeinen Fall drei Massen- und drei Temperaturbilanzen. Hier erkennt man den Wert sinnvoll und vertretbar gewählter Annahmen. Auf Grund der Annahme d) sind keine Bilanzen für den Dampfraum erforderlich, die Wandtemperatur ergibt sich als Funktion des einzustellenden Dampfdruckes. Da Siedezustand herrschen soll (Annahme c), ist die Temperatur des Dampfes gleich der der Flüssigkeit, so daß die Wärmebilanz für den Dampfraum entfällt. Aus gleichem Grunde wird aus der Differentialgleichung für die Wärmebilanz der Flüssigkeit eine algebraische Gleichung. Das Gleichungssystem ist somit erheblich leichter zu lösen. Abbildung 3.47 zeigt ein ALGOL-Programm für das Runge-Kutta-Verfahren, das zur Lösung benutzt wurde und die Prozedur für dieses konkrete

```
*algol
 'algol': fkt;
 pavp6:
 'begin' 'comment' rahmenprogramm fuer die integration von systemen
           gewoehnlicher differentialgleichungen;
   'integer' n,m; read(n,m);
   'begin' 'array' y[1:n],k[1:m];
     'real' ta,te,h;
     'procedure' ruku(n,h,ta,te,y,k);
     'value' ta,te,n,h;
     'integer' n; 'real' ta,te,h;
     'array' y,k;
     'begin' 'comment' unterprogramm fuer die integration gew.
                 dgl.-systeme nach runge-kutta;
       'integer' i; 'real' h2,t; 'array' fu,c,k1,k2,k3[1:n];
       t:=ta; h2:=h*0.5;
       fkt(t,y,fu,k); t:=t+h2;
       'for' i:=1 'step' 1 'until' n 'do'
       'begin' k1[i]:=h*fu[i]; c[i]:=y[i]+0.5*k1[i] 'end';
       fkt(t,o,fu,k);
       'for' i:=1 'step' 1 'until' n 'do'
       'begin' k2[i]:=h*fu[i]; c[i]:=y[i]+0.5*k2[i] 'end';
       fkt(t,o,fu,k); t:=t+h2;
       'for' i:=1 'step' 1 'until' n 'do'
       'begin' k3[i]:=h*fu[i]; c[i]:=y[i]+k3[i] 'end';
       fkt(t,o,fu,k);
       'for' i:=1 'step' 1 'until' n 'do'
       y[i]:=y[i]+(k1[i]+2.0*(k2[i]+k3[i])+h*fu[i])/6.0;
       'comment' druck der zwischenergebnisse;
       print(' ' zeit: ' ',t,newline);
       print(y,newline);
     'end';
     'comment' hauptprogramm;
       read(h,ta,te,k,y);
       print(' ' schrittweite:' ',h,newline,' ' zeiintervall' ',
                 ta,' 'bis' ',te,newline);
       print(' ' konstanten:' ',newline,k,newline);
       print(' ' anfangswerte:' ',newline,y,newline);
       ruku(n,h,ta,te,y,k);
     'end'
 'end' 'eop'
```

```
'procedure' fkt(t,y,f,k);
'value' t; 'real' t; 'array' y,f,k;
'begin' 'comment' externe prozedur fuer das kontinuierliche sieden.
    bezeichnungen und hilfsgroessen:
   y[1] — mf, y[2] — md.
    es gilt lineare beziehung zwischen p und ts:
    ts=k[1]+k[2]*p.
    fuer das dampfvolumen gilt:
    vd=v0—mf/rho, v0—k[3] , rho — k[4].
    heizflaeche:
    ah=4*mf/(d*rho) , d — k[5].
    dampfstrom mpunkt2:
    mpunkt2=hv*sqrt(p*(p—p0)) , hv — k[6] , p0 — k[7].
    ueber die behaelterwand eintretender waermestrom:
    qpunkth=k*ah*(th—ts) , k — k[8] , th — k[9].
    uebergehender dampfstrom:
    mpd=(qpunkth—mpunkt1*cp*(ts—t1))/rv
    mpunkt1 — k[10] , t1 — k[11] , rv — k[12] , cp — k[13].
    druck im behaelter:
    p=md*r*k[1]/(vd—k[2]*md*r) , r — k[14].
   es folgt die codierung der formeln;
  'real' ts,mp2,vd,ah,md2,qph,mpd,p;
  vd:=k[3]—y[1]/k[4];
  p:=y[2]*k[14]*(k[1]+273)/(vd—k[2]*y[2]*k[14]);
  ts:=k[1]+k[2]*p; ah:=4.0*y[1]/(k[5]*k[4]);
  qph:=k[8]*ah*(k[9]—ts); mpd:=(qph—k[10]*k[13]*(ts—k[11]))/k[12];
  mp2:=k[6]*sqrt(p*(p—k[7]));
  'comment' es folgen die rechten seiten der diffenrentialgleichungen;
  f[1]:=k[10]—mpd;
  f[2]:=mpd—mp2;
'end' 'eop'
```

Modell. Beide Programmteile sind so kommentiert, daß sie für sich verständlich sind. Für ein so einfaches Beispiel ist kein vollständiges Simulationssystem nötig.

3.7.3. Modell für den stationären Zustand

Sowohl für die Bestimmung des in der Aufgabenstellung geforderten Minimum der Betriebskosten als auch für die Bestimmung der Modellparameter ist es einfacher, von einem Modell für den stationären Zustand auszugehen als das komplizierte dynamische Modell zu benutzen.

Setzt man $d/dt = 0$, so folgen

$$k \cdot A(T_H - T_s) = \dot{m}_1[c_p(T_s - T_1) + r_v] \tag{3.64}$$

$$\dot{m}_1 = \dot{m}_D \quad \text{und} \quad \dot{m}_D = \dot{m}_2 \qquad (3.65, 3.66)$$

als Bilanzgleichungen für den stationären Zustand.

Aus (3.64) kann man mit $A = \pi \cdot D \cdot H$ die stationäre Höhe H_{stat} errechnen

$$H_{\text{stat}} = \frac{m_1}{k \cdot \pi \cdot D(T_H - T_s)} \cdot [c_p(T_s - T_1) + r_v] \tag{3.67}$$

Im Kessel wird sich folgender Druck einstellen:

$$p = \frac{p_0}{2} \overset{+}{(-)} \sqrt{\frac{p_0^2}{4} + \frac{m_2^2}{h_v^2}} \tag{3.68}$$

3.7.4. Bestimmung der Modellparameter

Für einen konkreten Eingangsstoff sind ϱ, c_p und r_v meist aus Tabellen zu entnehmen, während Parameter für den konkreten Apparat, z. B. k und h_v häufig auf Grund experimenteller Daten zu ermitteln sind. Es soll ein Apparat untersucht werden, bei dem ein Druckregler das Ventil so verstellt, daß $p = \text{const} = 9{,}81 \cdot 10^4$ Pa ist, und aus dem der Dampf zur Weiterverarbeitung in ein Gefäß mit Unterdruck strömt. Deswegen braucht nur k bestimmt zu werden.

Aus der allgemeinen Beziehung (3.63) für die Summe der Fehlerquadrate wird für diesen speziellen Fall:

$$S = \sum_{j=1}^{N} [\tilde{H}^j - \hat{H}(k, \dot{m}_1^j, T_1^j, T_H^j)]^2 = \text{Min} \tag{3.69}$$

Diese Forderung wird dann erfüllt, wenn die Ableitung $dS/dk = 0$ wird und es folgt

$$k = \frac{\sum \left[\frac{\dot{m}_1^j(c_p(T - T_1^j) + r_v)}{\pi \cdot D(T_H^j - T)}\right]^2}{\sum \left[\tilde{H}^j \cdot \frac{\dot{m}_1^j(c_p(T - T_1^j) + r_v)}{\pi \cdot D(T_H^j - T)}\right]} \tag{3.70}$$

Zur Bestimmung von k wurden vier Versuche durchgeführt, Tab. 3.20. Bei dem vorgegebenen Eingangsprodukt (Ethylalkohol, $T = 78{,}3\,°C$, $c_p = 2{,}46$ kJ/kg. K, $r_v = 840$ kJ/kg für $p = 9{,}81 \cdot 10^4$ Pa) ergab sich für den vorgegebenen Apparat ($D = 1$ m) aus den vier Versuchen

$$k = 0{,}995 \frac{\text{kJ}}{\text{m}^2 \cdot \text{s} \cdot \text{K}}$$

Tabelle 3.20

Versuche zur Bestimmung des Wärmedurchgangskoeffizienten

Versuch	m_1	T_1	T_H	$\tilde{H}$
1	1,0	40	200	2,50
2	0,5	40	150	2,10
3	1,0	20	150	4,35
4	0,5	20	200	1,30

3.7.5. Anwendung des stationären Modells

In einem Kessel dieser Art ist für vorgegebene Werte von $\dot{m}_1$, T_1, p, D und vorgegebene Stoffwerte $H_{\text{stat}} = f(T_H)$. Je höher der Druck und damit die Temperatur des Heizdampfes sind, desto niedriger kann der Apparat gebaut werden. Aus diesen gegenläufigen Tendenzen wird sich ein Kostenminimum ergeben, das zu suchen ist. Als Zielfunktion wird gewählt

$$Q^* = \underbrace{(a_0 + a_1 \cdot H)}_{\text{Apparatekosten}} + \underbrace{b_1 \cdot \dot{m}_H \cdot p_H}_{\text{Dampfkosten}}$$

mit a_0, a_1 als Kostenfaktoren für den Apparat und $b_1 \cdot p_H$ als spezifischer Preis für den Heizdampf des jeweiligen Druckes. Da a_0 für die Lage des Minimums in Abhängigkeit von p_H uninteressant ist, kann folgende Zielfunktion gewählt werden:

$$Q = \frac{a_1}{b_1} H + \dot{m}_H \cdot p_H \tag{3.71}$$

Die bei den getroffenen Annahmen erforderliche Heizdampfmenge $\dot{m}_H$ kann aus folgender Wärmebilanz errechnet werden:

$$\dot{m}_1[c_p(T - T_1) + r_v] = \dot{m}_H \cdot r_H \quad \text{mit} \quad r_H = f(p_H) \tag{3,72}$$

Für die Verdampfung von Ethylalkohol bei $p = 9{,}81 \cdot 10^4$ Pa, $k = 1{,}00$ kJ/m$^2 \cdot$ s $\cdot$ K, $\dot{m}_1 = 1$ kg/s, $D = 1$ m, $T_1 = 20\,°C$ ergab sich Abb. 3.48. Aus der

Darstellung a) erkennt man schon, daß durch die Addition beider Werte ein Minimum entstehen wird. Die Darstellung b) zeigt, daß Wert und Lage dieses Minimums von der Relation zwischen den Apparate- und Dampfkosten abhängen. Steigen die Dampfkosten relativ zu den Apparatekosten an, so ist es ökonomisch richtig, nur Dampf niederen Druckes einzusetzen und dafür einen etwas höheren Kessel zu bauen.

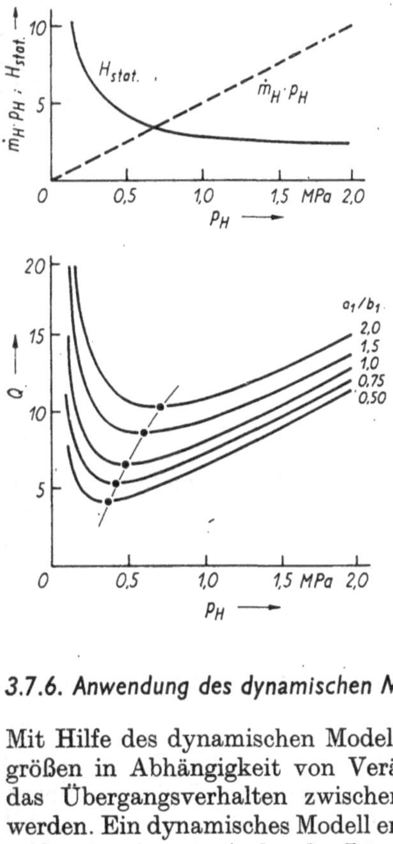

Abb. 3.48. Bestimmung des optimalen Druckes für den Heizdampf

3.7.6. Anwendung des dynamischen Modells

Mit Hilfe des dynamischen Modells kann der zeitliche Verlauf der Ausgangsgrößen in Abhängigkeit von Veränderungen der Eingangsgrößen, also auch das Übergangsverhalten zwischen zwei stationären Zuständen, angegeben werden. Ein dynamisches Modell enthält grundsätzlich Differentialgleichungen, und es ist ein entsprechender Lösungsalgorithmus erforderlich, Abb. 3.47.

Abbildung 3.49 zeigt das dynamische Verhalten dieses Kessels. Jeweils von einem stationären Zustand ausgehend, wurde zur Zeit $t = 0$ bei a) die Eintrittstemperatur T_1, sprungförmig von 20 °C auf 40 °C und bei b) der Ventilbeiwert von 0,010 auf 0,015 erhöht. Aus diesen Ergebnissen erkennt man das Übergangsverhalten und auch die Tatsache, daß das Modell das Verhalten des realen Objektes richtig widerspiegelt. Auf eine Erhöhung der Eingangstemperatur folgt eine Senkung der stationären Höhe, weil jetzt eine kleinere Wärmeübergangsfläche ausreicht, um $\dot{m}_1$ zu verdampfen. Demzufolge ändern sich m_F und m_D. Öffnet man das Ventil weiter, wie es einer Erhöhung des Ventilbeiwertes entspricht, so sinkt der Druck im Kessel und damit die Siedetemperatur. Die weiteren Konsequenzen sind in der Darstellung b) zu erkennen.

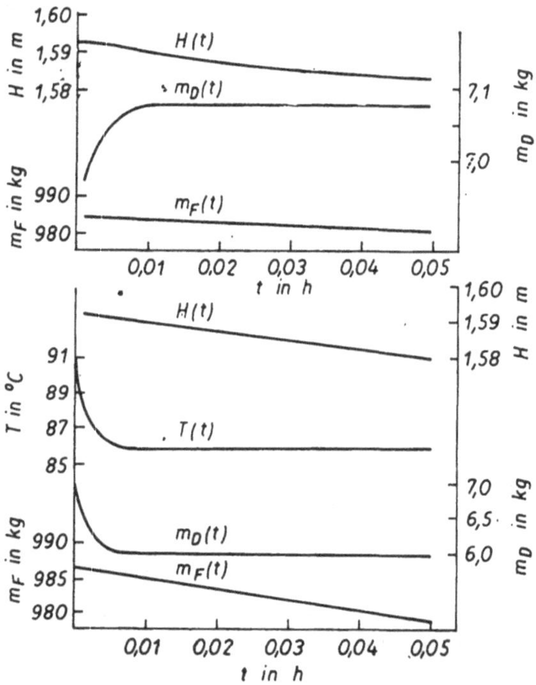

Abb. 3.49. Bestimmung des dynamischen Verhaltens des dampfbeheizten Kessels

3.8. Beispiel 2: Prozeßanalyse einer Reforminganlage

3.8.1. Beschreibung des Verfahrens

In diesem Beispiel wird ein vollständiges technologisches Verfahren untersucht. Das Ziel der Untersuchung war, durch eine Prozeßanalyse ein Modell zu erarbeiten, das die Optimierung der stationären Betriebszustände erlaubt. Dafür sollte sowohl der analytische als auch der experimentell-statistische Weg der Modellierung verfolgt werden. Anschließend war eine für die optimale Steuerung geeignete Modellvariante auszuwählen.

Das Objekt der Untersuchung ist der Reformierungsteil einer Reforminganlage eines Erdölverarbeitungswerkes. Aufgabe der Reforminganlage ist es, die Oktanzahl des aus der Rohöldestillation über die Raffination kommenden Rohbenzins durch Aromatisierung, Spaltung und Isomerisierung der niedrigoktanigen Kohlenwasserstoffe zu erhöhen. Gleichzeitig liefert sie wasserstoffreiches Überschußgas und Entspannungsgas über die Gaszerlegung an die Düngemittelfabrik des Werkes.

Das flüssige Raffinat mit dem Massenstrom $\dot{m}_1$ wird durch die Einspritzpumpe *EP* in den Kreislaufgasstrom $\dot{v}_{KG}$ eingespritzt. In den Wärmeübertragern wird das Gemisch auf etwa 400 °C erwärmt und gelangt dann in den Vorheizer *V*1, in dem die Temperatur soweit erhöht wird, daß die Eingangstemperatur für den ersten Reaktor *R*1 je nach Fahrweise etwa 480 bis 510 °C beträgt, Abb. 3.50. Um die durch die Endothermie der Reaktionen auftretende

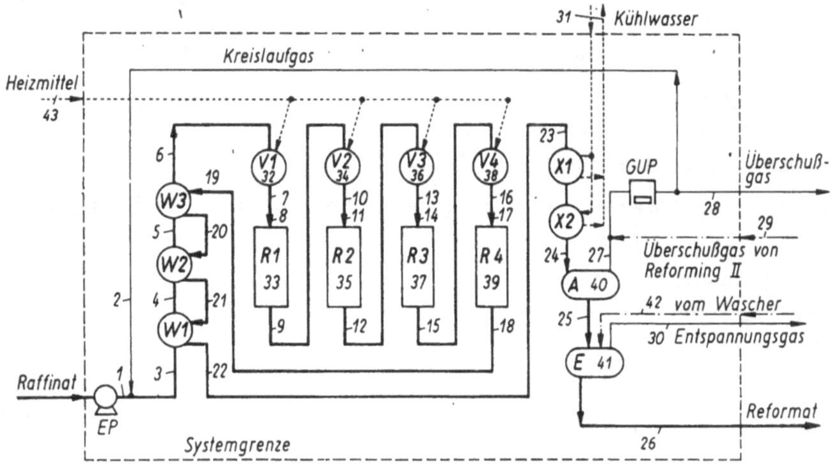

Abb. 3.50. Technologisches Schema der Reforming

Abkühlung auszugleichen, sind vor den nächsten Reaktoren die Öfen *V*2 bis *V*4 vorgesehen.

Die Reaktoren enthalten einen Platin-Tonerde-Katalysator, der wegen der Kohlenstoffablagerungen an der Oberfläche und der damit verbundenen Aktivitätsverminderung in Abständen von etwa drei Monaten durch Abbrennen regeneriert wird.

Nach dem letzten Reaktor gibt der heiße Strom einen Teil seiner Wärme in den Wärmeübertragern *W* ab, wird anschließend in den Kühlern *X* auf etwa 25 bis 30 °C gebracht und gelangt in das Abstreifergefäß *A*. Hier trennt sich das stark wasserstoffhaltige Kreislaufgas von der Flüssigkeit, es gelangt über die Gasumlaufpumpe *GP* wieder an den Anfang der Anlage oder wird teilweise, da bei einigen Reaktionen Wasserstoff frei wird, auch als Überschußgas abgegeben. Im Entspannungsgefäß *E* wird das Entspannungsgas, das vor allem niedere Kohlenwasserstoffe enthält, abgetrennt, und das unstabilisierte Reformat verläßt die Anlage.

3.8.2. Ziel- und Einflußgrößen

Von den Ausgangsgrößen interessieren folgende für Zielfunktion und Nebenbedingungen:

1. Oktanzahl des Reformates MOZ
2. Aromatengehalt des Reformates A
3. Flüssigausbeute (Reformatmassenstrom/Raffinatmassenstrom $\dot{m}_2/\dot{m}_1$)
4. Siedelage des Reformates
5. Überschußgasvolumenstrom $\dot{v}_{ÜG}$

Zur Ermittlung der Massenbilanz sind außerdem erforderlich

6. Überschußgasdichte ϱ_{KG}
7. Entspannungsgasvolumenstrom $\dot{v}_{EG}$
8. Entspannungsgasdichte ϱ_{EG}

Auf den Prozeß wirken folgende Eingangsgrößen, und zwar als Stellgrößen:

1. Reaktionstemperatur θ
2. Eingangsmassenstrom m_1
3. Kreislaufgasvolumenstrom $\dot{v}_{KG}$
4. Druck p

und als Störgrößen.

5. Qualität des Eingangsproduktes
6. Katalysatoraktivität

Aus diesen Eingangsgrößen wurden einige abgeleitete Einflußgrößen gebildet, und zwar:

$$\theta = T_{R1} \cdot \frac{M_1}{M_g} + T_{R2} \cdot \frac{M_2}{M_g} + \cdots + T_{R4} \frac{M_4}{M_g} \tag{3.73}$$

als Einflußgröße für die Reaktionstemperatur (T_{Ri}, M_i/M_g Eintrittstemperatur und Katalysatoranteil im i-ten Reaktor)

$$B_K = \frac{\dot{m}_1}{\varrho_1 V_{\text{Kat.}}} \tag{3.74}$$

als spezifische Kontaktbelastung und das Kreislaufgasverhältnis

$$V_{KG} = \frac{\dot{v}_{KG}}{m_1/\varrho_1}$$

Da der Eingangsaromatengehalt nicht häufig genug gemessen wird, wurde die Eingangsqualität durch die Siedegrenzen t_{SB} und t_{SE} charakterisiert.

Zur Berücksichtigung der jeweiligen Kontaktaktivität wurde die Kontaktlaufzeit τ in Tagen seit der letzten Regeneration aufgenommen, da die aktuelle Kontaktaktivität nicht meßbar war. Da die Heizöl-, Kühlwasser- und Elektroenergieverbrauche nicht erfaßt wurden, wurde eine dem maximalen Gewinn sehr nahe kommende und leichter zu handhabende Zielfunktion definiert:

Es wird ein vorgegebener Reformatmassenstrom $\dot{m}_2$ mit einer Oktanzahl MOZ $\geqq$ (MOZ)$_1$ und ein Überschußgasvolumenstrom von $\dot{v}_{\ddot{U}G} \geqq (v_{\ddot{U}G})_1$ für die Versorgung der nachgeschalteten Anlagen gefordert. Gesucht sind die Werte der Stellgrößen für den kleinstmöglichen Eingangsmassenstrom $\dot{m}_1$, das entspricht der Forderung nach höchster Ausbeute. Außerdem sind die anlagentechnischen Grenzen für alle Temperaturen, Drücke und Förderpumpen sowie die Eingangsqualität und der gegenwärtige Katalysatorzustand zu berücksichtigen.

3.8.3. Analytische Modellierung

Die analytische Modellierung dieses Objektes führt zu einem komplizierten Gleichungssystem. Stellt man für jeden Apparat ein mathematisches Modell auf, so erhält man ein für den Einsatzzweck viel zu kompliziertes Gleichungssystem.

Auf Grund der Besonderheiten der Zielfunktion und der Signifikanz der Elemente brauchen für ein Steuerungsmodell in diesem Fall praktisch nur die Stoffwandlung in den Reaktoren und die Trennung der Reaktionsprodukte im Abscheide- und Entspannungsgefäß modelliert zu werden. Damit konnten begründet wesentliche Vereinfachungen eingeführt werden. Im weiteren wird die Modellierung der Reaktoren betrachtet.

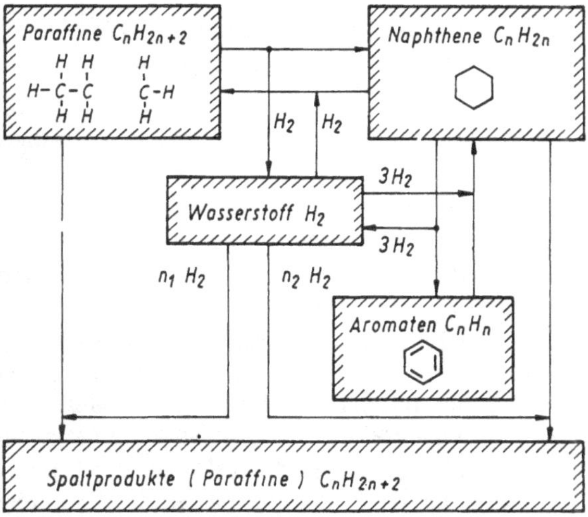

Abb. 3.51. Kinetisches Modell des Reformingprozesses

Für die mathematische Beschreibung eines Reaktors muß zunächst der Reaktionsmechanismus geklärt werden. Dafür wurde das in Abb. 3.51 gezeigte kinetische Modell genommen, das schon wesentliche Vereinfachungen enthält. Ähnlich werden die anderen Gleichungen für das reaktionskinetische Modell abgeleitet.

Erdölprodukte und -fraktionen sind ausgesprochene Vielstoffgemische. Man erhält $n + 1$ Differentialgleichungen für die Änderungen der Konzentrationen aller n Komponenten und der Temperatur in einem Volumenelement. Hier ist es für die Modellvereinfachung unbedingt erforderlich, sogenannte Pseudokomponenten einzuführen, damit die Variablen zusammenzufassen und die Zahl der Gleichungen zu reduzieren. Für die Berechnung der Reaktoren ist dann über alle Volumenelemente eines Reaktors und unter Berücksichtigung der Zwischenaufheizung über alle Reaktoren zu integrieren. Rohrreaktoren mit Festbettkatalysator erfüllen die Annahmen für die ideale Pfropfenströmung meist so gut, daß sie durch eindimensionale räumliche Gradienten hinreichend beschrieben werden können. Mehrdimensionale Verteilungen erfordern meist unvertretbaren mathematischen und rechentechnischen Aufwand ohne höhere Genauigkeit zu bringen. Abbildung 3.52 zeigt einen Ablaufplan für die Berechnung eines Systems von Rohrreaktoren mit Zwischenaufheizung. Mit Hilfe dieses Programms wurden die in Abb. 3.53 dargestellten Verläufe der Änderung des Aromatengehaltes in Reformat ermittelt. Eine Integration über den Reaktorblock dauerte bei 6 μs Zykluszeit des Prozeßrechners etwa 20 Minuten. Für eine Optimierung mit z. B. 30 Suchschritten, und häufig sind mehr erforderlich, würden also zehn Stunden Rechenzeit benötigt. Für die Führung des Prozesses muß das Ergebnis erheblich schneller vorliegen. Insgesamt standen der analytischen Beschreibung des konkreten Prozesses und besonders der Anwendung des Modells für die optimale Steuerung des Prozesses folgende Schwierigkeiten entgegen:

- Der Reaktionsmechanismus ist nicht hinreichend bekannt.
- Es ist eine große Vielzahl von Reaktionskomponenten einschließlich komplizierter Isomeren beteiligt.
- Schon für relativ einfache Reaktionsmechanismen erreicht man die Grenzen der Analysentechnik.
- Die Vorgänge in Katalysatoren sind auch durch komplizierte Diffusions- und Porenmodelle nur angenähert zu beschreiben.
- Der Aktivitätsabfall des Katalysators ist in jeder Laufzeit anders und reaktionskinetisch nicht erfaßbar.
- Die Entnahme von Proben über der Länge der Reaktoren ist nicht möglich und zwischen den einzelnen Reaktoren aufwendig, kompliziert und ungenau. Damit verbleiben für die Anpassung der Koeffizienten nur Meßwerte für die Zusammensetzung der Ausgangsprodukte und das Temperaturprofil.
- Das kinetische Modell liefert Molzahlen und nicht die technologisch interessierenden Größen. Es sind Modelle für die Teilkondensation, die Trennung

der Phasen und die Abhängigkeit der Oktanzahl von den Konzentrationen erforderlich. Diese Modelle sind aufwendig und mit Unsicherheiten verbunden.

— Es sind sehr große Rechenzeiten sowohl für die Parameterbestimmung als auch für die Nutzung des Modells erforderlich.

Aus diesen Gründen wurde auch ein experimentell-statistisches Modell erarbeitet. Die analytischen Untersuchungen konnten dann zum Vergleich dieses Modells mit der Theorie genutzt werden.

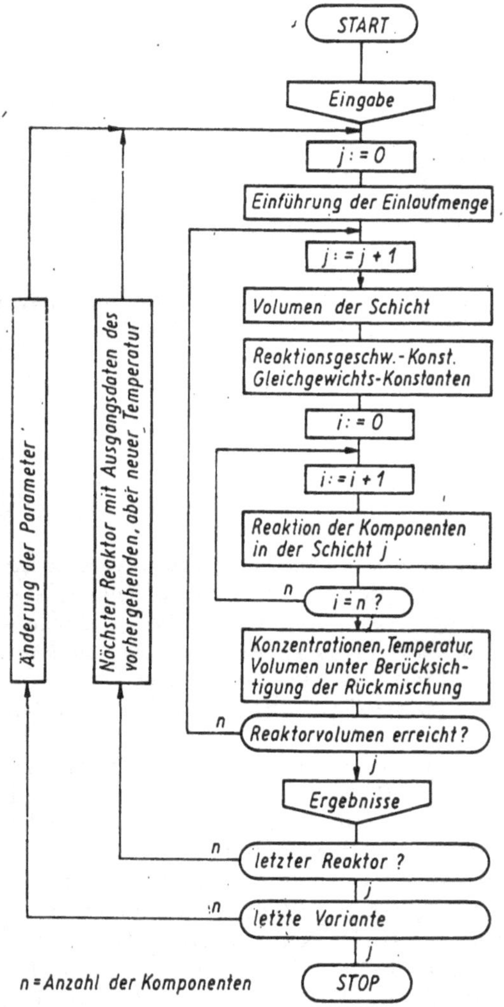

Abb. 3.52. Programmablaufplan „Rohrreaktor"

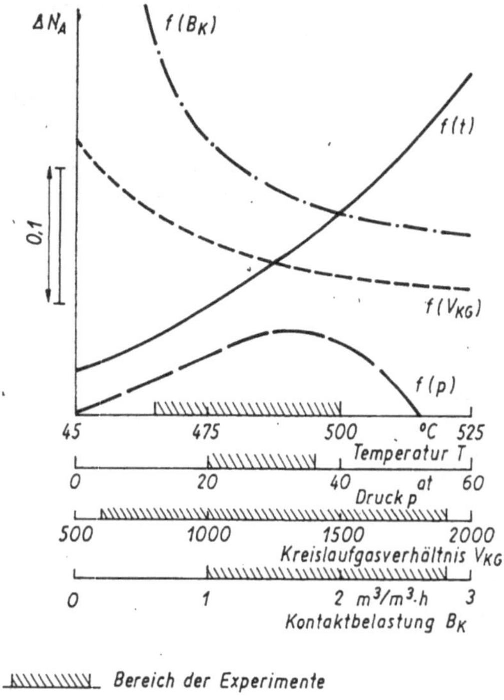

Abb. 3.53. Ergebnisse des analytischen Modells der Reforming

3.8.4. Experimentell-statistische Modellierung

Als Datenmaterial für die statistische Untersuchung dieses Prozesses dienten die Betriebsprotokolle von 14 Monaten, aus denen 44 unterschiedliche, quasistationäre Betriebszustände, also Arbeitspunkte, ausgewählt wurden, die sich jeweils in mindestens einer Eingangsgröße von den anderen Arbeitspunkten unterscheiden. Jeder dieser Arbeitspunkte wurde mindestens über drei, höchstens über neun Schichten, also über ein bis drei Tage, erfaßt. Insgesamt wurden etwa 300 Wertesätze erfaßt.

Während der ersten Phase der Modellbearbeitung wurden 180 Meßstellen dieses Prozesses an einen leistungsfähigen Prozeßrechner angeschlossen. Zur Präzisierung der ersten Modellvorstellungen konnte dann ein vierdimensionaler zentraler zusammengesetzter Versuchsplan zweiter Ordnung realisiert werden. Damit stand insgesamt ein ausgezeichnetes Datenmaterial zur Verfügung.

Es wurden Regressionen für die angegebenen Zielgrößen durchgeführt, deren Ergebnisse alle die erforderliche statistische Sicherheit ($B \geqq 0{,}8: |t_i| \geqq 2$) hatten, statt der Zielgröße Siedebeginn des Reformates konnte jedoch nur der unter 100 °C siedende Anteil (Spaltung) erfaßt werden ($B = 0{,}91$), da die

Analysenwerte für den Siedebeginn mit einem großen Fehler behaftet sind und nur ein $B = 0{,}41$ ergaben.

Als Beispiel werden hier die Ergebnisse der linearen und der nichtlinearen Regressionen für den Aromatengehalt gezeigt. Es wurde folgender linearer Ansatz untersucht:

$$A = a + b_1\theta + b_2 p_s + b_3 V_{KG} + b_4 p_{KG} + b_5 B_K + b_6 t_{SB} + b_7 t_{SE} + b_8 \tau \qquad (3.76)$$

Die Ergebnisse sind in Tab. 3.21 dargestellt. Es haben alle Einflußgrößen die Bedingung $|t_i| > 2$ erfüllt, d. h., die statistische Sicherheit der Koeffizien-

Tabelle 3.21

Ergebnisse der linearen Regression für den Aromatenanteil

$x_0 = A$		Ohne Reduktion $S_R = 0{,}026$ $B = 0{,}826$ $B^* = 0{,}821$		Reihenfolge der Reduktionen		Reduktion bis $\|t_i\| \geqq 5$ $S_R = 0{,}027$ $B = 0{,}814$ $B^* = 0{,}810$	
i	x_i	B_{Ii}	t_i	Nr.	t_i	t_i	b_i
1	Θ	0,828	+18,0			−23,7	+0,0050
2	p_S	0,518	+8,8			+8,1	+0,0039
3	v_{KG}	0,739	−9,3			−8,2	−0,000040
4	γ_{KG}	0,787	−4,3	2	−3,8	*	*
5	B_K	0,615	−13,4			−12,8	−0,065
6	t_{SB}	0,278	+10,1			+10,5	+0,0016
7	t_{SE}	0,294	+2,1	1	+2,1	*	*
8	τ	0,429	−5,4			−5,8	−0,00047
						$b_0 = -2{,}126$	

ten liegt über 95%. Reduziert man die beiden Einflußgrößen mit den kleinsten Prüfwerten, so verschlechtern sich die Werte für B und s_R kaum, die Gleichung ist jedoch um zwei Glieder kürzer und die statistische Sicherheit noch größer. $|t_i| > 5$. Aus Vorzeichen und Betrag von b_i erkennt man die Wirkung der i-ten Einflußgrößen auf die Zielgröße. So besagt z. B. $b_1 = 0{,}0050\,K^{-1}$, daß für 10 K Temperaturerhöhung der Aromatengehalt um 0,05 steigt. Steigende Werte von Kreislaufgasverhältnis, Kontaktbelastung und Kontaktlaufzeit vermindern den Aromatengehalt.

Von diesen acht Einflußgrößen, der Analyse der Abweichungen, den Prozeßkenntnissen und theoretischen Überlegungen ausgehend, wurde der in Tab. 3.22 angegebene nichtlineare Ansatz aufgestellt und durchgerechnet. Durch die nichtlinearen Ausdrücke konnte das Bestimmtheitsmaß von $B = 0{,}81$ auf $B = 0{,}90$ verbessert werden, die Reststreuung ging von $s_R = 0{,}027$ auf

$s_R = 0{,}020$ zurück und liegt damit schon in der Nähe des Streubereiches der Meßwerte. Eine weitere wesentliche Verbesserung ist also nicht mehr zu erwarten.

Tabelle 3.22

Ergebnisse der nichtlinearen Regression für den Aromatenanteil

		ohne Reduktion $s_R = 0{,}0199$ $B = 0{,}901$ $B^* = 0{,}895$		Reihenfolge der Reduktionen		Reduktion bis $\|t_i\| \geqq 2{,}8$ $s_R = 0{,}0200$ $B = 0{,}898$ $B^* = 0{,}894$	
i	x_i	B_{Ii}	t_i	Nr.	mit t_i	t_i	b_i
0	—	—	—			—	+2,471
1	Θ	0,921	+13,7			+26,0	+0,0046
2	p	0,997	+5,2			+6,8	+0,029
3	V_{KG}	0,989	−1,6			−3,5	−0,000033
4	γ_{KG}	0,995	−0,7	4	−2,7	*	*
5	B_K	0,985	−3,4			−15,0	−0,061
6	t_{SB}	0,365	+12,0			+12,3	+0,0015
7	t_{SE}	0,489	+4,1			+3,9	+0,00058
8	τ	0,968	+2,8			+2,9	+0,00068
9	Θ/V_{KG}	0,923	+4,3			+5,3	+0,096
10	Θ/τ	0,717	+6,6			+8,0	+0,00040
11	p^2	0,997	−4,4			−5,9	−0,00047
12	γ_{KG}^2	0,990	+0,2	2	+0,2	*	*
13	$B_K{}^2$	0,983	+0,4	3	+0,4	*	*
14	τ	0,967	−8,8			−9,7	−0,000024
15	$V_{KG} \cdot \tau$	0,958	+7,7			+9,0	+0,00000086
16	$V_{KG} \cdot \gamma_{KG}$	0,991	+0,1	1	+0,1	*	*

Drei Reduktionsschritte waren nötig, um die Bedingung $|t_i| \geqq 2$ zu erfüllen Führt man einen weiteren Reduktionsschritt durch, so verändert sich B nicht und die Kreislaufgasdichte ist vollkommen reduziert Die so erhaltene Form der Gleichung soll für die weiteren Betrachtungen herangezogen werden. Die Gleichung ist in den Diagrammen der Abb. 3.54 ausgewertet, dabei ist je eine Einflußgröße variiert und eine Kurvenschar für unterschiedliche Werte der Kontaktlaufzeit τ (bzw. des Kreislaufgasverhältnisses V_{KG}) angegeben. Die anderen Einflußgrößen sind jeweils konstant gehalten, und zwar mit den Werten, die durch strichpunktierte senkrechte Linien gekennzeichnet sind. In den Diagrammen sind einige Meßwerte eingetragen, um die Übereinstimmung von Meß- und Rechenwert zu zeigen.

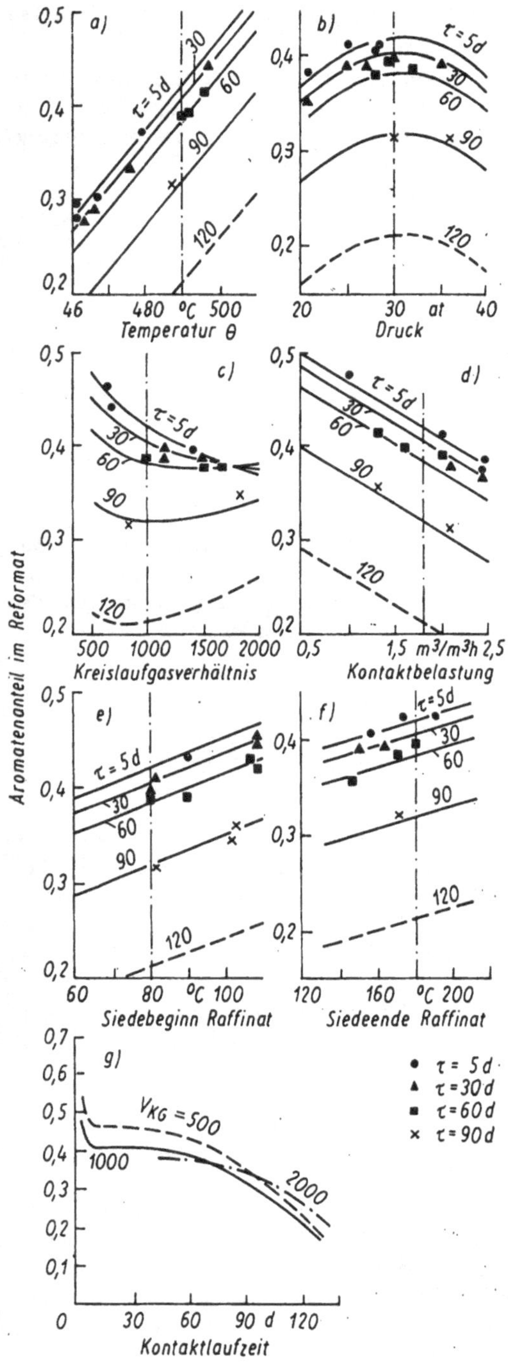

Abb. 3.54. Ergebnisse des experimentell-statistischen Modells der Reforming

Einen vollständigen Vergleich der gemessenen und rechnerischen Werte aller benutzten Wertesätze zeigt Abb. 3.55. Man erkennt die eindeutige Häufung der Werte zwischen $\pm s_R$, wobei s_R praktisch gleich der Analysengenauigkeit ist. Die gemessenen Werte überdecken den Bereich von 0,20 bis 0,50.

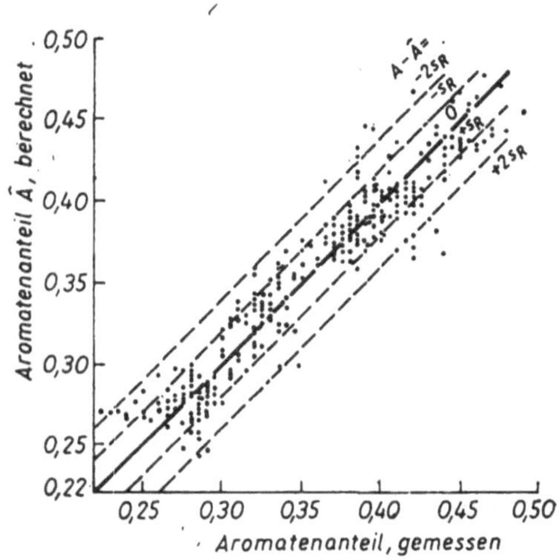

Abb. 3.55. Abweichungen zwischen Meßwert und Rechenwert bei der nichtlinearen Regression für den Aromatenanteil

3.8.5. Vergleich der Ergebnisse mit der Praxis

Den Betriebsingenieuren ist die Wirkungsrichtung und teilweise auch die Größenordnung der Auswirkung einer Eingangsgrößenänderung auf die Zielgröße bekannt. Diese Kenntnisse müssen mit den Ergebnissen der Regression verglichen werden.

Im Fall der linearen Regression können direkt die Koeffizienten b_i für diesen Vergleich herangezogen werden.

Bei nichtlinearen Regressionen zeigt nicht der einzelne Koeffizient b_i, sondern die partielle Ableitung der Gleichung nach x_i den vollständigen Einfluß von x_i. Zum Beispiel zeigt der partielle Differentialquotient

$$\frac{\partial A}{\partial \theta} = +0{,}0046 + 0{,}096 \frac{1}{V_{KG}} + 0{,}00040 \frac{1}{\tau},$$

daß sich eine Temperaturerhöhung stets, unabhängig von allen anderen Werten, positiv auf die Aromatenbildung auswirkt, und zwar steigt die Ausbeute an Aromaten linear mit θ, Kopplungen bestehen mit V_{KG} und τ, Abb. 3.56.

Diese und alle weiteren Vergleiche bestätigen die hinreichende Übereinstimmung zwischen dem Betriebsverhalten und dem statistischen Modell im Rahmen der Meß- und Analysengenauigkeit.

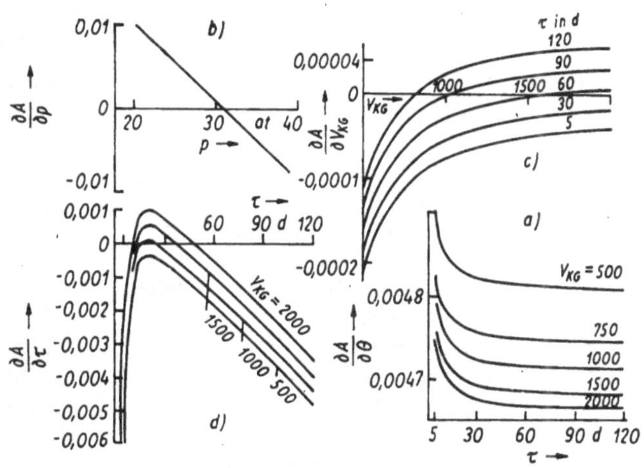

Abb. 3.56. Partielle Differentialquotienten für vier Einflußgrößen

3.8.6. *Vergleich der Ergebnisse mit der Theorie*

Mit Hilfe des analytischen Modells wurde in Abb. 3.53 die Veränderung des Aromatenanteils über vier Eingangsgrößen dargestellt. Auf den vier Abszissen ist der durch das Datenmaterial erfaßte Bereich durch Schraffur hervorgehoben. Man erkennt: Die Reaktionstemperatur hat einen nichtlinearen Einfluß, der jedoch innerhalb des erfaßten Bereiches gut linear angenähert werden kann. Die Abweichungen sind kleiner als die Analysengenauigkeit. Der Einfluß des Druckes hat ein Maximum, so daß auch der Druck in der nichtlinearen Regression richtig erfaßt wird. Die Tendenz für den Einfluß des Kreislaufgasverhältnisses bestätigt den Verlauf aus den nichtlinearen Regressionen für $\tau < 50$ d. Der Wiederanstieg der Kurven in Abb. 3.54c für große Werte von V_{KG} und τ hängt mit der Wechselwirkung zwischen Wasserstoffpartialdruck und Koksablagerung zusammen. Die Kontaktbelastung hat in Abb. 3.53 einen stark nichtlinearen Einfluß. Nähert man den erfaßten Bereich linear an, so ist die Abweichung etwa so groß wie die Analysengenauigkeit, dadurch ist auch die Reduktion des Gliedes mit $B_K{}^2$ in der nichtlinearen Regression geklärt. Bei steigendem Siedebeginn und Siedeende hat das Eingangsprodukt einen höheren Naphthenanteil, damit steigt der Naphthenpartialdruck und auch die Aromatenbildung, also werden auch hier die Ergebnisse der Regression bestätigt.

3.8.7. *Optimierung*

Die Zielfunktion wurde schon bei den Ziel- und Einflußgrößen definiert. Neben dem mathematischen Modell und der Zielfunktion spielen die Grenzen bei der Optimierung eine wesentliche Rolle. Durch die Grenzen werden die anlagentechnischen Gegebenheiten (wie z. B. minimaler und maximaler Pumpendurchsatz, maximale Temperatur aus Werkstoff- oder Ofengründen usw.) sowie die Forderungen der Betriebleitung (Qualitäten, Mengen usw.) berücksichtigt. Eine unbegrenzte Optimierung hat für die Steuerung von Prozessen keine Bedeutung.

Wird nur eine bestimmte Oktanzahl oder nur ein gewisser Überschußgasstrom gefordert, so gibt es unter Ausnutzung der Nebenbedingung $\dot{m}_2 = \text{const}$ eine analytische Lösungsmöglichkeit, da man die Nebenbedingung zum Eliminieren einer Variablen ausnutzen kann. Bestehen jedoch, wie in der Praxis, beide Forderungen gleichzeitig, so müssen die Gradientenmethoden oder ein entsprechendes anderes Verfahren benutzt werden.

Durch die vielen Einflußgrößen ist das Problem mehrdimensional. Zur Veranschaulichung werden hier zwei Einflußgrößen ausgewählt und alle anderen Bedingungen konstant gehalten, Abb. 3.57. Es ist ein Netz aus Linien konstanter Ausbeute und konstanten Reformatvolumenstromes in Abhängigkeit von der Temperaturfunktion und der Kontaktbelastung aufgetragen. Außerdem sind die schon beschriebenen Forderungen und Grenzen eingezeichnet. Fordert man unter diesen Bedingungen einen Ausgangsvolumenstrom $\dot{v}_{26} = 35\ \text{m}^3/\text{h}$, so liefert die Optimierung den Punkt A als Optimum mit der größtmöglichen Ausbeute. Dies ist hier zufällig der Schnittpunkt der Oktanzahl- und der Überschußgasgrenze, also gilt $\text{MOZ} = (\text{MOZ})_1$ und $\dot{v}_{\ddot{U}G} = (\dot{v}_{\ddot{U}G})_1$. Fordert man

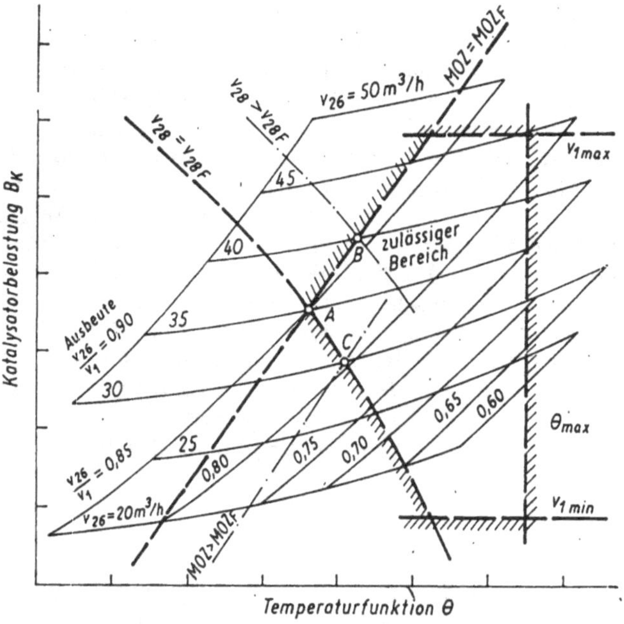

Abb. 3.57. Optimierung in der Ebene von zwei Einflußgrößen

$\dot{v}_{26} = 40$ m³/h, so liegt das Optimum in B, und es ist MOZ = (MOZ)$_1$ und $\dot{v}_{ÜG} > (\dot{v}_{ÜG})_1$. In C ist die Oktanzahl größer als der geforderte Mindestwert, denn bei $\dot{v}_{26} = 30$ m³/h kann $(\dot{v}_{ÜG})_1$ nur geliefert werden, wenn die Temperatur über die des Punktes A hinaus gesteigert wird. Daraus ergibt sich eine bessere Oktanzahl, aber auf Kosten der Reformatausbeute.

Wenn man bedenkt, daß neben diesen beiden Stellgrößen noch zwei weitere (Druck und Kreislaufgasverhältnis) sowie mehrere Störgrößen vorhanden sind, so erkennt man, daß die Optimierung eines solchen Prozesses einen sehr hohen Rechenaufwand fordert und ohne Rechenautomaten praktisch undurchführbar ist.

3.8.8. Nachführung des Modells

Ein mathematisches Modell ist auch in seinem Gültigkeitsbereich nicht mit dem beschriebenen Prozeß identisch. Durch eine nicht exakte Erfassung der Zusammenhänge zwischen den Eingangs- und Ausgangsgrößen und bei Änderungen im Prozeß treten entsprechende Abweichungen zwischen Meß- und Rechenwert der Ausgangsgrößen auf. Hier wirken sich vor allem Veränderungen der Störgrößen aus, wie z. B. Veränderungen des Rohmaterials (vor allem bei Vielstoffgemischen, wie Erdöl, Erz usw.), Veränderungen der Umgebungsbedingungen (Temperatur, Druck, Feuchtigkeit; vor allem bei Luftkühlung, Trocknungsprozessen und Ferngasleitungen) sowie Veränderungen der Ausrüstungsbedingungen (Ablagerungen in Rohren, Öfen und Wärmeübertragern; Veränderungen der Katalysatoraktivität; Abnutzung von Lagern und Wellen). Durch das Modell können nur die gemessenen und durch das Modell erfaßten Störgrößen so gut wie möglich kompensiert werden. Nichterfaßte Störgrößen bleiben dabei unberücksichtigt. Die auftretenden Abweichungen zwischen Meß- und Rechenwert, also zwischen Prozeß und Modell, müssen durch die Anpassung des Modells an den gegenwärtigen Prozeßzustand so weit wie möglich vermindert werden, weil andernfalls die gleichen Abweichungen zwischen dem realen Optimum und dem rechnerisch ermittelten Optimum liegen werden. Es würden also Werte für die Stellgrößen ausgegeben, die nicht dem realen Optimum entsprechen.

Für die Nachführung des Modells wurde folgende deutlich sichtbare Erscheinung genutzt. Abbildung 3.58 zeigt die Abweichungen zwischen Meß- und Rechenwert für 17 der insgesamt 44 Arbeitspunkte. (Die anderen wurden weggelassen, um die Übersichtlichkeit zu erhalten; sie sind in Abb. 3.55 gezeigt). Man erkennt die eindeutige Konzentration aller Meßpunkte eines Arbeitspunktes auf ein relativ enges Gebiet. Daraus ergibt sich die Möglichkeit einer Nachführung des Modells. Ist der Übergang von einem Arbeitspunkt zum anderen abgeklungen, hat sich also der stationäre Zustand eingestellt, so ist die Streuung relativ klein.

Handelt es sich bei der Abweichung zwischen Modell und Prozeß um eine zeitliche Drift, so liegt es bei einem Regressionsmodell sehr nahe, die zur Regression benutzten Wertesätze von Zeit zu Zeit zu aktualisieren, den neuen

Wertesätzen das höchste Gewicht zu geben und die älteren nach und nach zu entfernen. Diese Methode ist bekannt, sie hat jedoch einen entscheidenden Nachteil. Ist der experimentell gemessene Bereich wesentlich breiter als die eigentliche Produktionsfahrweise, so werden diese viel Informationen enthaltenen Werte nach und nach aus dem Datenmaterial entfernt und der Gültigkeitsbereich des Modells eingeschränkt. Aus diesem Grunde wird das Modell

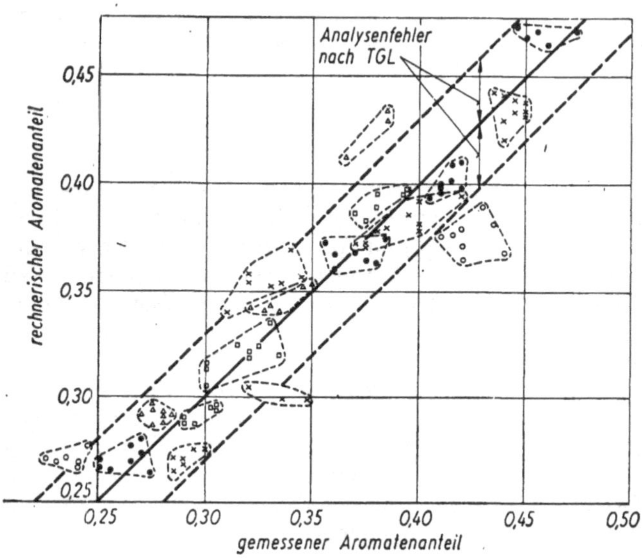

Abb. 3.58. Abweichungen zwischen Meßwert und Rechenwert des Aromatenanteils für 17 ausgewählte Arbeitspunkte

wie folgt nachgeführt: Sind die Übergangsvorgänge von einem Arbeitspunkt zum anderen abgeklungen, so werden die ersten Meßwertsätze des stationären Zustandes zur Eichung benutzt. Die Anzahl dieser Eichwertesätze wird N_E genannt, nimmt man mehr als einen Satz, so vermindert man den Einfluß eventueller, einmaliger Analysen- oder Meßfehler.

Die Betrachtung des Datenmaterials hat gezeigt, daß zwei oder drei Sätze ausreichen. Für diese Wertesätze bildet man die mittlere Abweichung zwischen Meß- und Rechenwert für jede einzelne Zielgröße und addiert diesen Wert zu der Regressionskonstanten b_0.

Die mittlere Abweichung ist

$$\Delta y_m = \frac{\sum_{v=1}^{N_E} (\tilde{y}_v - \hat{y}_v)}{N_E}$$

Damit wird die nachgeführte Regressionskonstante

$$b_N = b_0 + \Delta y_m$$

Durch diese Veränderung der Regressionskonstanten werden die Rechenwerte der Zielgrößen zu der Geraden Meßwert = Rechenwert in Abb. 3.58 verschoben.

Diese Methode der Nachführung hat ihre Grenzen. Die Grenzen werden überschritten, wenn grundsätzliche Änderungen am Prozeß vorgenommen werden,

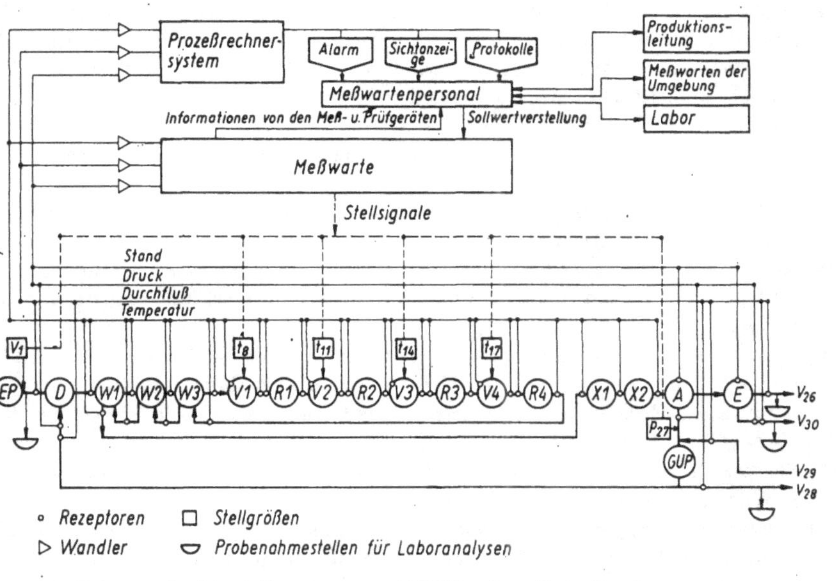

Abb. 3.59. Schema der Prozeßsteuerung mit Hilfe eines Prozeßrechners

wie z. B. Einsatz eines neuen Katalysators, Rekonstruktion der Anlage. Dann benötigt man völlig neues Datenmaterial mehrerer unterschiedlicher Fahrweisen, um alle Koeffizienten neu bestimmen zu können.

Abbildung 3.59 zeigt das Schema des gesamten Prozeßrechneranschlusses. Die Prozeßanalyse ergab, daß der optimale Druck wesentlich unter dem vorher eingestellten Druck lag. Durch die Drucksenkung stieg für gleiche Produktqualität die Ausbeute um etwa zwei Prozent. Diese durch das Modell ermittelte Ausbeuteerhöhung wurde in Kontrollversuchen bestätigt. Der allein dadurch erreichte Gewinnzuwachs ist so groß, daß die gesamten Kosten der Prozeßanalyse einschließlich des Anschlusses eines mobilen Prozeßrechners nach sechs Monaten zurückgeflossen waren.

Literatur

[1] Autorenkollektiv: „*Analyse und Steuerung von Prozessen der Stoffwirtschaft*“, Akademie-Verlag, Berlin und VEB Deutscher Verlag für Grundstoffindustrie, Leipzig, 1971

[2] Kafarow, W. W.: „*Kybernetische Methoden in der Chemie und der chemischen Technologie*“, Akademie-Verlag, Berlin, 1971

[3] Kafarow, W. W., Dorochow, I. N.: „*Systemanalyse von Prozessen der chemischen Technologie*“ (russ.), Verlag Nauka, Moskau, 1976

[4] Himmelblau, D. M., Bischoff, K. B.: „*Prozeßanalyse und Simulation — Determinierte Systeme*“ (engl.), J. Wiley u. Sons, Inc., New York/London/Sydney, 1967

[5] Himmelblau, D. M.: „*Prozeßanalyse durch statistische Methoden*“ (russ.), Verlag Mir, Moskau, 1973 (Übersetzung aus dem Engl.)

[6] Kaplick, K., Lorenz, G.: „*Experimentelle Verfahren zur Prozeßanalyse*“ (Lehrwerk Verfahrenstechnik), VEB Deutscher Verlag für Grundstoffindustrie, Leipzig, 1973

[7] Autorenkollektiv: „*Modellierung und Optimierung verfahrenstechnischer Systeme*“, Akademie-Verlag, Berlin, 1978

[8] Autorenkollektiv: „*Systemverfahrenstechnik, Verfahrenstechnik*“ (Ein Lehrwerk für Universitäten und Hochschulen), VEB Deutscher Verlag für Grundstoffindustrie, Leipzig, 1976

[9] Brack, G.: „*Dynamische Modelle verfahrenstechnischer Prozesse*“ (2. Auflage) Reihe Automatisierungstechnik, VEB Verlag Technik, Berlin, 1972

[10] Dudnikow, E. G. u. a.: „*Entwicklung mathematischer Modelle chemisch-technologischer Objekte*“ (russ.), Verlag Chimija, Leningrad, 1970

[11] Franks, R. E. E.: „*Mathematische Modellierung im Chemieingenieurwesen*“ (engl.), J. Wiley and Sons, Inc., New York, 1967

[12] Lorenz, G.: „*Experimentelle Bestimmung dynamischer Modelle*“, Reihe Automatisierungstechnik, Bd. 172, VEB Verlag Technik, Berlin, 1976

[13] Strobel, H.: „*Experimentelle Systemanalyse*“, Akademie-Verlag, Berlin, 1975

[14] Helms, A. u. a.: „*Regelungstechnik für Verfahrenstechniker*“, Verfahrenstechnik. Ein Lehrwerk für Universitäten und Hochschulen. VEB Deutscher Verlag für Grundstoffindustrie, Leipzig, 1973

[15] Reinisch, K.: „*Kybernetische Grundlagen und Beschreibung kybernetischer Systeme*“, VEB Verlag Technik, Berlin, 1974

[16] Autorenkollektiv: „*Statistische Versuchsplanung und -auswertung in der Stoffwirtschaft*“, VEB Deutscher Verlag für Grundstoffindustrie, Leipzig, 1974

[17] Bandemer, H. u. a.: „*Optimale Versuchsplanung*“ (Wissenschaftliche Taschenbücher — Reihe Mathematik, Physik), Akademie-Verlag, Berlin, 1973

[18] Borodjuk, W. P., Lezki, E. K.: „*Statistische Modellierung verfahrenstechnischer Systeme*“, Akademie-Verlag, Berlin, 1977

[19] Kaplick, K. u. a.: „*Möglichkeiten der Modellierung mittels passiver Prozeßdaten am Beispiel eines Chemiefaserreaktors*“, Wiss. Z. Techn. Univers. Dresden **24** (1975) 5, 1105—1110

[20] Mögli, A.: „*Optimumsprobleme der Gegenstrom-Extraktionskolonnen*“, Chem.-Ing.-Techn. **37** (1967) *3*, 210–213

[21] Dohnal, M.; Luchta, J.: Vortrag „Anwendung von Simulationssystemen“, Symposium „Rechner im Entwurf und Aufbau von Chemieanlagen“, Karlovy Vary, 1975

[22] Kafarow, W. W.: „*Kybernetische Methoden in der Chemie und der chemischen Industrie*“ (engl.-sprachige Ausgabe), Verlag Mir, Moskau, 1976

[23] Oehlschlägel, D., Mathäus, W.-G.: „*Numerische Methoden* (*Mathematik für Ingenieure, Naturwissenschaftler, Ökonomen, Landwirte*)“ BSB B. G. Teubner Verlagsgesellschaft, Leipzig, 1974

[24] Beresin, I. S., Shidkow, N. P.: „*Numerische Methoden*“, VEB Deutscher Verlag der Wissenschaften, Berlin, 1970

[25] Humak, K. M. S.: „*Statistische Methoden in der Modellbildung*“, Akademie-Verlag, Berlin, 1977

[26] Günther, J.: „Beitrag zum Entwurf vereinfachter Modelle zur Simulation des stationären Verhaltens verfahrenstechnischer Systeme“ (Dissertation A), Technische Hochschule „Carl Schorlemmer“ Leuna-Merseburg, 1976

[27] Kafarow, W. W., Perow, W. L.: Doklady akad. nauk SSSR 215, 1 (1974)

[28] Kohlert, W., Hartmann, K.: „Untersuchungen zur Aggregation von Prozeßeinheiten bei der Berechnung verfahrenstechnischer Systeme“, Wiss. Z. TH Leuna-Merseburg **19** (1977) *3*, 435–446

[29] Uhlmann, H.: „*Grundlagen der elektrischen Modellierung und Simulationstechnik*“, Akademische Verlagsgesellschaft Geest und Portig K.-G., Leipzig, 1977

4. Verfahrensentwurf — Struktursynthese

4.1. Problemstellung

Ausgehend von den in der Einleitung kurz umrissenen Aufgaben und Zielstellungen wird im folgenden eine Einführung in den Entwurf chemisch-technologischer Verfahren gegeben, wobei die dabei verwendeten Methoden sowohl qualitativer als auch quantitativer Natur sind, aber auf Grund ihres sehr leistungsfähigen heuristischen Charakters zu Verfahren führen, die dem (i. d. R. unbekannten) Optimum sehr nahe kommen. Unter dem Verfahrensentwurf (Abb. 4.1) wird die Gesamtheit von Methoden zur Synthese eines stoffwirtschaftlichen Verfahrens verstanden, die ausgehend von folgenden gegebenen Mengen:

- Rohstoff-Produkt-Beziehungen,
- Reaktionswegen und
- den Apparaten und Maschinen (im weiteren Elemente genannt)

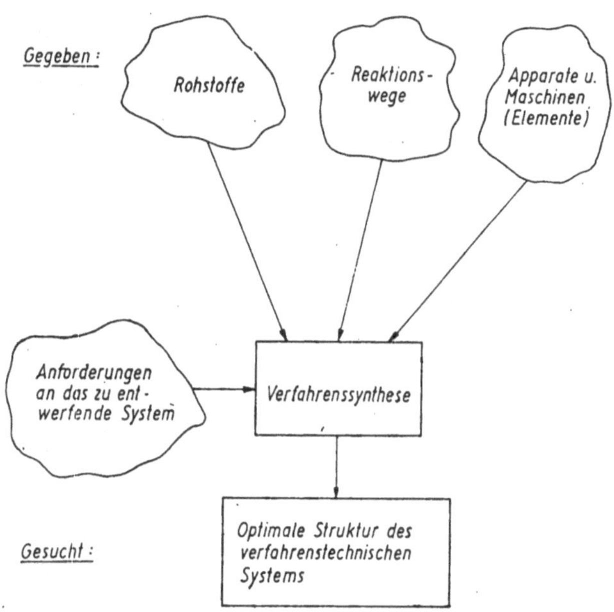

Abb. 4.1. Synthese verfahrenstechnischer Systeme (globale Formulierung)

und weiteren spezifischen Informationen eine optimale Struktur (oder suboptimale Strukturen) erzeugt, die gegebenen Anforderungen unterschiedlichster Art genügen (Anlagenleistung, Kosten, Qualität, Umweltbelastung u. a.) [1–8].

Die Struktursynthese, als Hauptaufgabe des Entwurfs, umfaßt die Festlegung der Kopplungen und die Auswahl der Elemente eines funktionserfüllenden Systems. Die Dimensionierung der Elemente beinhaltet die Berechnung der Hauptabmessungen der wesentlichsten Elemente sowie die Vorauswahl bestimmter Apparate und Maschinen. Die Berechnung der technologischen Ströme des entworfenen Systems liefert weitere erforderliche Informationen über das Verfahren und ist Grundlage für eine Bewertung.

Dieser Entwurfsprozeß stellt eine Hierarchie dar, die formal, wie in Abb. 4.2 gezeigt, dargestellt werden kann. Dieses allgemeine Schema bietet jedoch keine konkrete Vorschrift für die Verfahrenssynthese. Einen wesentlich konkreteren

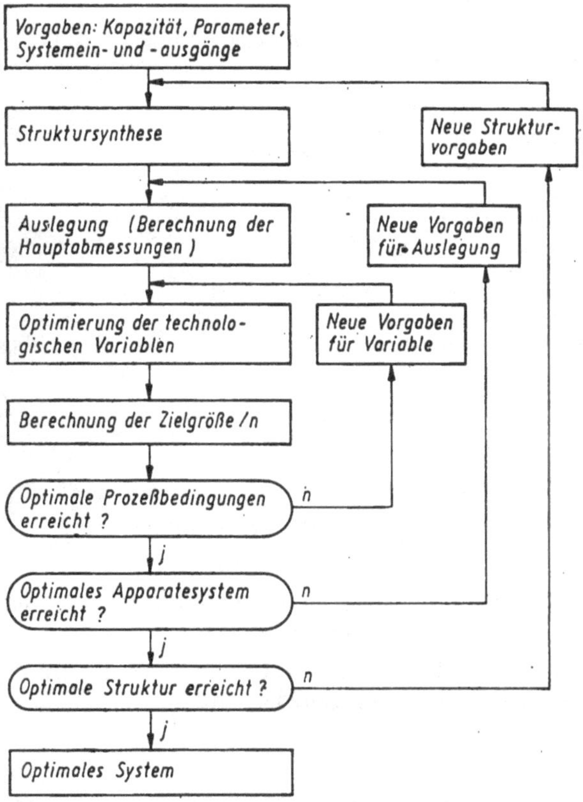

Abb. 4.2. Hierarchie des Systementwurfs mit den Ebenen Struktursynthese-Auslegung-Prozeßoptimierung

Einstieg in die Synthese eines Verfahrens bildet die in Abb. 4.3 dargestellte Reihenfolge der Abarbeitung der Strukturentwurfsaufgaben. Diese Reihenfolge ist natürlich auch nicht rückkopplungsfrei, d. h. Situationen bei der Problemlösung auf unterer Ebene können Korrekturen von Entscheidungen höherer Ebenen erfordern, sie stellt jedoch eine gewisse Entkopplung und Hierarchie

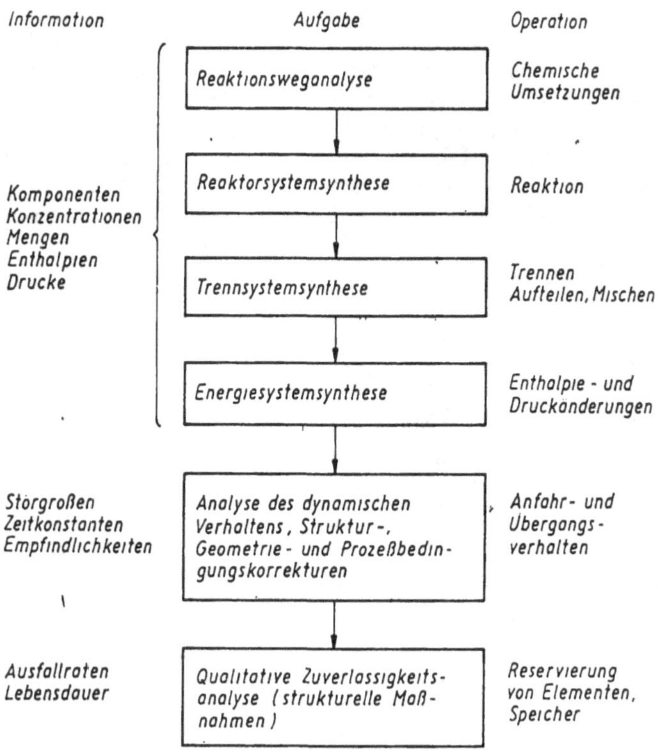

Abb. 4.3. Entwurfsalgorithmus für allgemeine verfahrenstechnische Systeme

der Synthese selbst dar. Das eine solche Determiniertheit der Schritte der Verfahrenssynthese existiert, zeigt folgendes einfaches Beispiel:

Es soll die Grobstruktur eines Verfahrens zur Herstellung eines Stoffes D, der nach folgender stöchiometrischer Gleichung gebildet wird

$$A + B \rightleftharpoons C + D,$$

entworfen werden. Die Reaktion verläuft nicht vollständig, nicht umgesetzte Rohstoffe sind zurückzuführen. Die sequentiell entstehende Struktur des Verfahrens ist in Abb. 4.4 dargestellt. Die Basisstruktur besteht aus dem Mischer M, dem Reaktor R und dem Trennelement (Separator) S. Die weiteren Syntheseschritte führen zur Spezifizierung der Trennsysteme, im Separator $S1$ werden die nichtumgesetzten Rohstoffe und im Separator $S2$ wird das Zielprodukt isoliert. Im nächsten Syntheseschritt werden die zur Förderung (Druckerhöhung) bzw. zur Entspannung notwendigen Elemente eingefügt

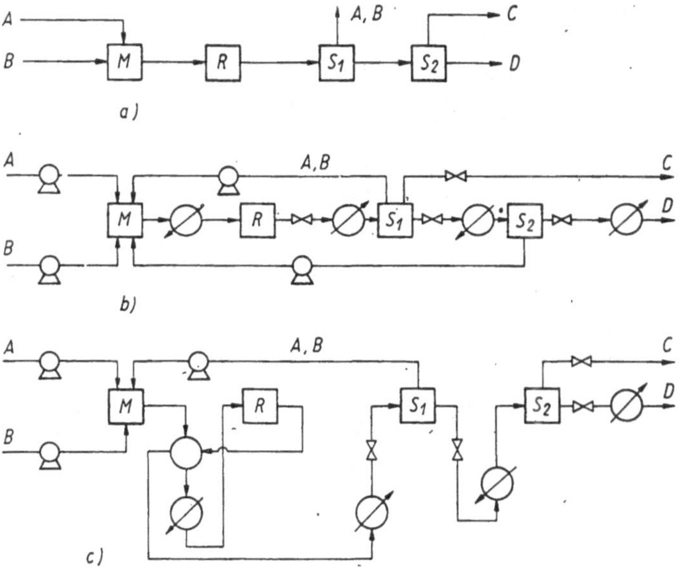

Abb. 4.4. Entwicklung der Systemstruktur für die industrielle Durchführung der Reaktion A + B $\leftrightarrows$ C + D (D — Zielprodukt)

a) Basisstruktur

b) Prozeßstruktur I (Spezifizierung der Trennaufgaben sowie der Stofförderung)

c) Prozeßstruktur II (Spezifizierung der Wärmeübertragungsaufgaben, Wärmeintegration)

(Pumpen, Ventile u. a.). Die Synthese des Energieversorgungssystems (oft ein Problem der Gestaltung von Wärmeübertragersystemen) führt nicht nur zum Einfügen der notwendigen Elemente zur Aufheizung und Abkühlung, sondern beinhaltet erste Maßnahmen zur Energieintegration (Abwärmenutzung).

Apparative und zuverlässigkeitsanalytische Gestaltungsprinzipien können (bei Erfüllung bestimmter Bedingungen) wie in den Abb. 4.5 und 4.6, 4.7 gezeigt, noch zu weiteren Integrationseffekten führen (Einsparung von Elementen, energetische Integration).

Bei Verfahren mit chemischen Umwandlungen (Reaktionen) werden auf Grund der spezifischen Reaktionsbedingungen und der Kopplung der Reaktanden die Basisstrukturen oft sehr stark durch die Reaktionen vorgeprägt. Am Beispiel des SOLVAY-Verfahrens zur Herstellung von Soda, dem die Reaktionen

$$\begin{array}{lll}
1. & CaCO_3 & \rightarrow CaO + CO_2 \\
2. & CaO + H_2O & \rightarrow Ca(OH)_2 \\
3. & Ca(OH)_2 + 2\,NH_4Cl & \rightarrow 2\,NH_3 + CaCl_2 + 2\,H_2O \\
4. & NH_3 + H_2O & \rightarrow NH_4OH \\
5. & NH_4OH + CO_2 + NaCl & \rightarrow NH_4Cl + NaHCO_3 \\
6. & 2\,NaHCO_3 & \rightarrow Na_2CO_3 + CO_2 + H_2O \\
\hline
 & CaCO_3 + 2\,NaCl & \nrightarrow Na_2CO_3 + CaCl_2
\end{array}$$

(Summenreaktion)

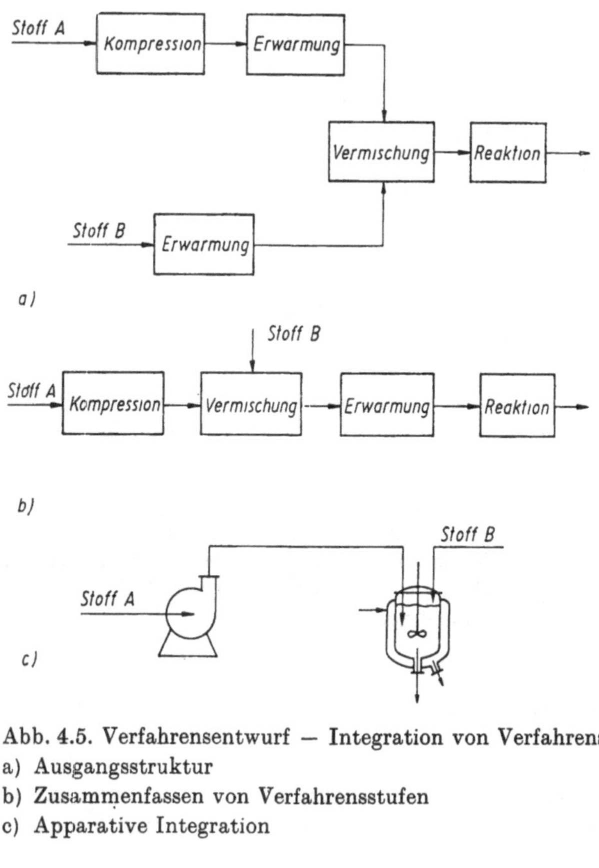

Abb. 4.5. Verfahrensentwurf – Integration von Verfahrensstufen
a) Ausgangsstruktur
b) Zusammenfassen von Verfahrensstufen
c) Apparative Integration

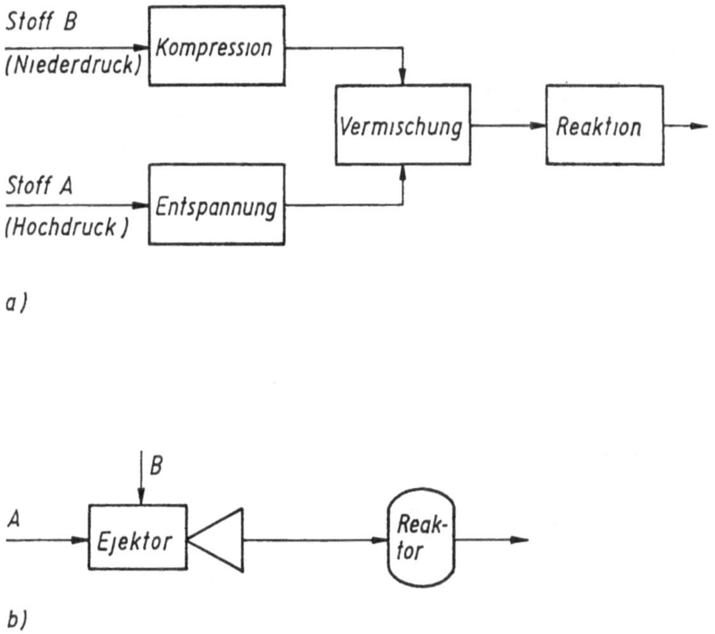

Abb. 4.6. Verfahrensentwurf — Einsparung von Prozeßeinheiten durch Integration von Verfahrensstufen
a) Ausgangsstruktur
b) Apparative Integration

zugrunde liegen (die Summenreaktion läuft aus thermodynamischen Gründen nicht ab), ist das deutlich an der Struktur, die direkt aus den Reaktionsgleichungen folgt, zu erkennen (Abb. 4.8).

Es existieren natürlich auch zahlreiche Verfahren, deren Struktur wesentlich durch die Stofftrennsysteme und die damit gekoppelten Wärmeübertragersysteme determiniert sind, z. B. die primäre Erdölverarbeitung, die Benzinpyrolyse zur Herstellung von Olefinen, Luftzerlegungsverfahren u. a.

Trotz der Determiniertheit der zukünftigen Struktur durch spezielle Eigenschaften und Vorgaben ist die Struktursynthese ein zutiefst kreativer Prozeß, der bis in die Gegenwart noch meist intuitiv, auf der Grundlage von Erfahrungen, Analogien, in empirischer Übertragung von Konfigurationen von Laboranlagen, in einfacher Maßstabsmodifizierung durchgeführt wird. Dabei wird das kombinatorische Problem der astronomischen Anzahl theoretisch möglicher Strukturen (s. auch Einleitung u. w. u.) auf Variantenvergleiche reduziert. Zur Bewertung der Güte eines Verfahrens ist es notwendig, entsprechende Bewertungsgrößen (Zielgrößen) zu formulieren und zu quantifizieren. Solche Zielgrößen sind die Güte der Rohstoffausnutzung, die Güte der Energieaus-

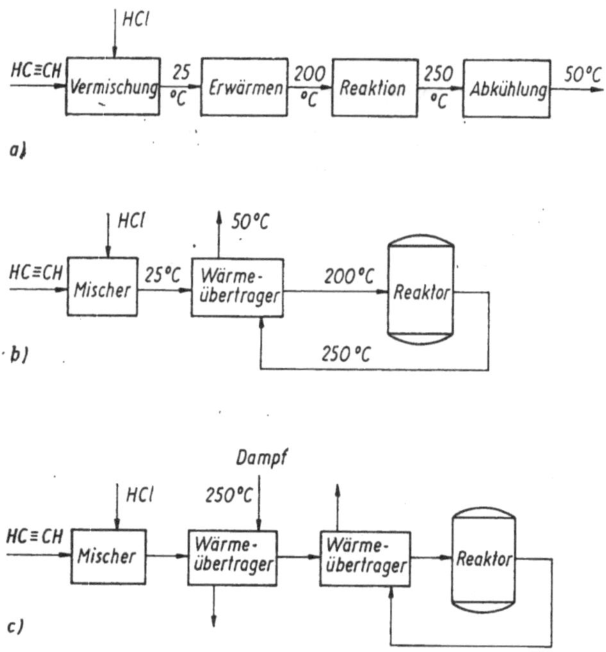

Abb. 4.7. Verfahrensentwurf — Integration von Verfahrensstufen am Beispiel der Vinylchlorid-Synthese
a) Ausgangsstruktur
b) Energetische Integration (apparativ)
c) Energetische Integration mit Anfahrhilfe (apparativ)

nutzung, die Funktionssicherheit, die Wirtschaftlichkeit u. a. Über entsprechende Bewertungsmodelle werden die funktionellen oder korrelativen Zusammenhänge zwischen den Zielgrößen und der Struktur, den Hauptabmessungen und der Prozeßvariablen hergestellt. Durch die nachfolgende Optimierung mit einfacher oder mehrfacher Zielsetzung (Polyoptimierung) kann anschließend das Optimum bestimmt werden.

Diese im Prinzip bewährte Vorgehensweise ist bei der Verfahrenssynthese in der Regel durch fehlende Detailinformationen, unscharfe und subjektive Formulierung vieler Zielstellungen u. a. nur beschränkt anwendbar.

Die Verallgemeinerung von Erfahrungen hochqualifizierter Entwurfsspezialisten bei der Entscheidungsfindung bei der Struktursynthese und -optimierung, die sowohl subjektive als auch objektive Elemente, ein- und mehrdimensionale Zielvorstellungen unter den Bedingungen eines reduzierten Informationsangebotes beinhaltet, kann in sogenannten Heuristiken oder heuristischen Regeln zusammengefaßt werden [9—11].

Anwendung von heuristischen Regeln

Unter einer heuristischen Regel versteht man plausible aber nicht unfehlbare Faustregeln, zeitweise auch Mutmaßungen zur zweckmäßigsten Entscheidung bzw. Vorgehensweise. Die heuristischen Regeln können, ausgehend von ihrer Rolle und Funktion, im Entwurfsprozeß in folgende Gruppen unterteilt werden:

1. Regeln zur Vorbereitung bzw. Modifizierung der Aufgabenstellung des Entwurfes.
2. Regeln zur Festlegung der Struktur des Systems (strukturierende Regeln).
3. Regeln zur Wahl von System- und Elementparametern (Parameterregeln).
4. Regeln zur Modifizierung des erzeugten Systems (Evolutionsregeln).
5. Regeln zur Bewertung der entworfenen Systeme (Bewertungsregeln).

Wichtige allgemeine heuristische Regeln für den Systementwurf sind z. B.:

1. Reduziere nach Möglichkeit die Mengen der zu verarbeitenden Ströme.
2. Trenne prozeßbedingte Zusatzstoffe (z. B. Lösungsmittel, Inerte u. a.) möglichst wieder frühzeitig ab.

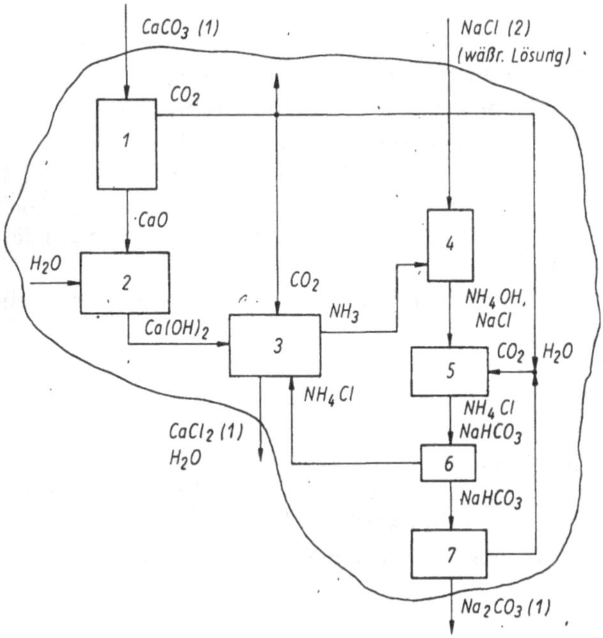

Abb. 4.8. Basisstruktur des Solvay-Verfahrens, determiniert durch die chemischen Reaktionen (Verknüpfung der Stoffströme auf Grundlage der Reaktionswege)

1 – Kalkbrennen, *2* – Kalklöschen, *3* – NH_3-Abtreibung (Rückgewinnung), *4* – NH_3-Absorption/Sättigung, *5* – Carbonisierung/Fällung, *6* – Trennen/Filtration, *7* – Calcinierung

3. Versuche, wenn möglich, durch Aufteilung der Ströme und mengenreduzierte Stoffwandlung/umwandlung und nachfolgendes Mischen die geforderten Qualitäten der Zielströme zu gewinnen.
4. Vermeide größere Abweichungen vom Umgebungszustand. Wenn das jedoch unvermeidbar ist, so ziehe Abweichungen nach oben (erhöhte Temperatur, höherer Druck), Abweichungen nach unten (Kältemittel, Vakuum) vor.
5. Arbeite möglichst bei Gegenstrom.
6. Versuche, die Prozesse möglichst kontinuierlich zu gestalten.
7. Reduziere die Anzahl der Elemente durch Integration und Kombination, z. B. bei gegenläufigen Prozessen wie Verdampfen-Kondensieren.
8. Prüfe, ob durch Mehrstufigkeit die Wirkungsgrade (stofflich, energetisch) verbessert werden können.
9. Untersuche, ob die Kopplung exothermer und endothermer Prozesse, z. B. chemischer Reaktionen, möglich ist.

(Beispiel: $CaCO_3 \rightarrow CaO + CO_2$ und gleichzeitige Verbrennung

$C + O_2 \rightarrow CO_2$)

10. Prüfe die Möglichkeit der Wärmerekuperation im System.
11. Prüfe die Wärmeregeneration mit Systemen der Umgebung.
12. Untersuche, ob Abfall- und Nebenprodukte rückgeführt werden können.
13. Prüfe, ob Konzentrationsenergie/exergie durch Kopplung von Vermischungs- und Entmischungsprozessen genutzt werden kann.
14. Reduziere die Anzahl der Elemente zur Druckerhöhung, indem die bei höherem Druck arbeitenden Elemente die Funktion von Elementen im gleichen Strom aber bei niedrigem Druck mit übernehmen.
15. Ersetze Dampfverdichtungen (Kompression) durch Pumpen. Vermeide Dampfentspannungen.
16. Nutze Abwärme bei hohen Temperaturen zur Dampferzeugung.
17. Prüfe bei großen Mengen von Niedrigtemperaturwärme den Einsatz von Wärmepumpen.
18. Prüfe den Einsatz einer Wärmepumpe, falls das Temperaturniveau, bei dem die Wärme benötigt wird, nur geringfügig über dem Temperaturniveau, bei dem die Wärme abgeführt werden soll, liegt.
19. Nutze die Temperaturstaffelung der Kühlmedien Luft, Wasser, Kühlsole.

u. a.

Auf Grund des unscharfen Charakters von heuristischen Regeln sind diese jedoch nicht sehr genau, sie können auch untereinander widersprüchlich sein, es bestehen jedoch verschiedene Möglichkeiten, Heuristiken zu qualifizieren. Zum Beispiel über das „Lernen", die Ermittlung genauerer Bedingungen für die Gültigkeit der Regeln und über die bewußte Ausnutzung der „Unschärfe" in Kombination mit der Theorie unscharfer Mengen, die zu effektiven und einfachen Lösungsverfahren führt. Auf diese Entwurfsstrategie wird im Abschn. 4.5. ausführlicher eingegangen.

Das Anliegen des vorliegenden Buches ist, allgemeine, auf einem Minimum an Informationen beruhende Methoden und Regeln vorzustellen, die beim Verfahrensentwurf und bei der Rationalisierung und Rekonstruktion (Prozeßanalyse) genutzt werden können, um günstige Strukturen zu erhalten. Die Frage nach einer optimalen Struktur bzw. nach dem optimalen Verfahren selbst kann in der Regel — auf Grund der in der Einleitung beschriebenen Hierarchiestruktur — nicht auf der Ebene des Verfahrens selbst, sondern nur im Rahmen des übergeordneten stoffwirtschaftlichen Verbundsystems unter Berücksichtigung globaler Zielstellung über den Einsatz von Rohstoffen, Energien, den langfristigen Bedarf, die prognostische Preisentwicklung u. a. beantwortet werden. Eine solche optimale Strukturierung eines stoffwirtschaftlichen Verbundsystems ist von großer volkswirtschaftlicher Bedeutung, da es Grundlage für langfristige optimale Entscheidungen nicht nur für Neuinvestitionen, sondern auch für die Rekonstruktion/Rationalisierung bestehender und die mittelfristige Forschungsstrategie darstellt [12, 13].

Zur Lösung derartiger Aufgaben sind die mathematisch gut aufbereiteten linearen Modelle und die Linearoptimierung einschließlich der Empfindlichkeitsuntersuchung und die Berücksichtigung von Unsicherheiten geeignet.

Optimale Strukturierung von Verbundsystemen

Für die Optimierung von stoffwirtschaftlichen Verbundsystemen, die wie folgt charakterisiert werden sollen

M — Anzahl der verfügbaren Verfahren („Technologien")
N — Anzahl der unterschiedlichen Stoffe (Rohstoffe, Zwischen- und Endprodukte),

läßt sich das lineare Modell angeben

$$p_i + \sum_{j=1}^{M} a_{ij}x_j - q_i = 0; \quad i = 1, 2, \ldots, N \tag{4.1}$$

$$p_i \leqq s_i \qquad \text{(Rohstoffbeschränkung)}$$
$$q_i \geqq d_i \qquad \text{(Bedarfsvorgaben)}$$
$$x_j \leqq c_j \qquad \text{(Mindestkapazitätsvorgabe)}$$
$$i = 1, 2, \ldots, N$$
$$j = 1, 2, \ldots, M$$

p_i — Menge des Stoffes i, die als Rohstoff verwendet wird
q_i — Menge des Stoffes i, die als Produkt erzeugt werden soll
x_j — Menge, die im j-ten Verfahren beteiligt ist (s. a. Abb. 4.9)

Gleichung (4.1) stellt die Massenbilanz des Stoffes i im Verbundsystem dar.

Die Elemente des Verbundsystems, die Verfahren, werden charakterisiert durch die Umsatz- bzw. Ausbeutekoeffizienten a_{ij}, die angeben, welche Menge des Stoffes i je Kapazitätseinheit des Verfahrens j entsteht. (Ist i Rohstoff, so ist $a_{ij} < 0$, ist ein Stoff an der Umsetzung nicht beteiligt, so gilt $a_{ij} = 0$). Die Koeffizienten a_{ij} bilden die Verfahrensmatrix des Verbundsystems.

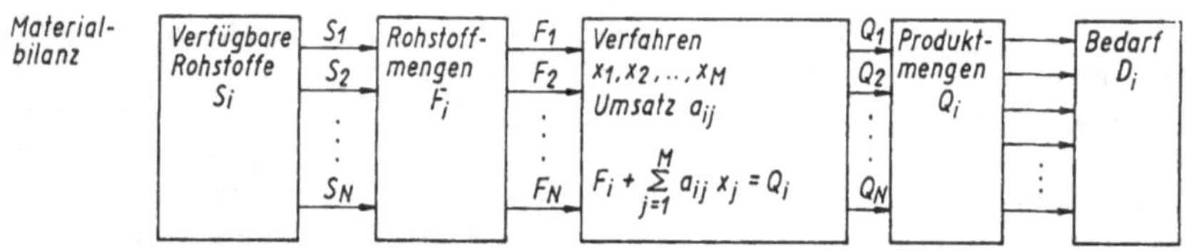

Abb. 4.9. Modellstruktur für die Optimierung von stoffwirtschaftlichen Verbundsystemen
Nebenbedingungen: $F_i \leqq S_i$, $x_j \leqq B_j$, $D_i \leqq Q_i$
B_j – Kapazitätsbeschränkung der Verfahren

Um auf konkrete Situationen eingehen zu können, sollen einige Ergebnisse aus der Literatur vorgestellt werden. Von Rudd, Stadtherr u. a. [12] wurden auf der Grundlage dieses Modells Untersuchungen zur optimalen Strukturierung der petrolchemischen Industrie der USA und anderer Länder und zum optimalen Rohstoffeinsatz durchgeführt. Es wurden über 170 Stoffe und 250 Verfahren zu deren Herstellung bzw. Verarbeitung berücksichtigt.

Als Zielfunktion wurden der minimale Kohlenstoffträgereinsatz (bei Verwendung von Erdgas, Erdöl und Kohle) als auch Kostenfunktionen gewählt. Als Ergebnis erhielten die Autoren die zeitliche Entwicklung der optimalen Struktur des Verbundsystems „Petrolchemie", d. h. die optimalen Verfahren einschließlich deren Kapazitäten sowie den Vergleich mit der aktuellen Struktur. Es lassen sich z. B. folgende wichtige Aussagen machen. Optimal ausgewählte Verfahren haben in der Regel, wenn es mehrere unterschiedliche Verfahrensprinzipien gibt, einen mehrfach längeren Bestand als nichtoptimale Verfahren trotz der rein „spontanen" Durchsetzung. Nichtoptimale Verfahren, die in das stoffwirtschaftliche System auf Grund von Fehlentscheidungen aufgenommen wurden, haben nach 10 bis 20 Jahren den besseren weichen müssen (was jedoch mit entsprechenden Verlusten verbunden gewesen ist).

Es lassen sich außerdem Bedingungen angeben, unter denen sich neue, bisher noch nicht großtechnische realisierte Verfahren durchsetzen können. So setzen sich z. B. um 1985 die neuen Verfahren (Tab. 4.1) unter den in Tab. 4.2 genannten Bedingungen durch:

Die Anilinherstellung durch Direktaminierung von Benzen wird eingeführt, wenn 1985 mindestens 50% der bis 1977 errichteten alten Anlagen (Verfahrensprinzip Reduzierung von Nitrobenzen) abgelöst werden, das Toluenverfahren setzt sich selbst dann als Erweiterungskapazität durch, wenn keine

Tabelle 4.1

Potentielle Verfahren für die optimale Kapazitätserweiterung

Verfahren	Nummer
Anilin durch Direktaminierung von Benzen	1
Anilin aus Toluen über Benzoesäure	2
Ethylenglykol aus Synthesegas und Formaldehyd	3
Ethylenglykol durch Direkthydration von Ethylenoxid	4
Maleinsäureanhydrid aus n-Buten	5
Phenol aus Toluen	6
Styren durch Dimerisierung von Butadien	7
Styren aus Toluen und Kohlenmonoxid	8
Styren aus Dimerisierung von Toluen und Disproportionierung von Stilben	9
Vinylacetat durch Carbonylierung von Essigsäure	10

Tabelle 4.2

Voraussetzungen, unter denen sich um 1985 die neuen Verfahren (Tab. 4.1) in der Industrie durchsetzen

Produkt	Verfahren	Neues Verfahren wird eingeführt, wenn die 1977 errichteten Kapazitäten zu folgenden Prozentsatz weiter genutzt werden.		
		0%	50%	100%
Anilin	1	ja	ja	nein
	2	nein	ja	ja
Ethylenglykol	3	nein	nein	nein
	4	nein	nein	nein
Maleinsäure-anhydrid	5	ja	ja	ja
Phenol	6	ja	ja	nein
Styren	7	nein	nein	nein
	8	ja	ja	nein
	9	nein	nein	nein
Vinylacetat	10	ja	ja	ja

Kapazitäten des alten Verfahrens stillgelegt werden. Folgen dieser Entwicklung sind die Reduzierung des Bedarfes an Nitrobenzen bzw. Phenol.

Die neuen Ethylenglycol-Verfahren setzen sich unter den zu erwartenden Preis- und Rohstoffbedingungen bis 1985 nicht durch. Dafür ist das neue Maleinsäureanhydrid-Verfahren attraktiv und wird mit Sicherheit eingeführt. Differenzierter sind die Bedingungen für die Einführung neuer Verfahren

Tabelle 4.3

Änderung des Rohstoffbedarfes bei Einführung der neuen Verfahren

Rohstoffe	Prozentuale Veränderung des Gesamtbedarfes unter der Bedingung, daß die alten Kapazitäten noch wie folgt betrieben werden		
	0%	50%	100%
Benzen	−41	−27	0
n- und i-Butan	−22	19	0
Ethan	−23	−16	0
Ethen	−3	−4	0
Methan	1	3	2
Rohbenzin	1	−1	0
Propan	−8	0	0
Toluen	60	43	1

zur Herstellung von Styren. Durch die Einführung des neuen Phenol-Verfahrens (bei mindestens 50%iger Außerbetriebnahme der alten Verfahren) werden gleichzeitig 77% weniger Cumen benötigt und als Rohstoff für andere Verfahren frei (z. B. für die Aceton-Herstellung). Das neue Vinylacetat-Verfahren setzt sich unter allen Umständen durch. Entsprechend der Inbetriebnahme der neuen Verfahren (in die optimale Struktur) ergibt die sich in Tab. 4.3 dargestellte Veränderung des Rohstoffbedarfs. Für weitere Einzelheiten dieser Studie für ein stoffwirtschaftliches Verbundsystem sei auf die Arbeiten [14, 15] verwiesen. Hervorzuheben ist, daß die optimale Strukturierung Ergebnis relativ leicht beschaffbarer Informationen ist (Ausbeute bzw. Umsätze, Bedarf, Preise für Rohstoffe und Produkte).

Bewertung durch Expertenschätzungen

Neben der Entscheidungsfindung in Form vereinfachter Struktur- und Bewertungsmodelle hat sich zur Bewertung und zur Auswahl von Verfahren das PATTERN-System [16] bewährt. Dieses Bewertungs- und Entscheidungssystem beruht auf einer Expertenbewertung bei der die Bewerter

1. die einzelnen Kriterien (z. B. Investaufwand, Energiekosten usw., Gesamtsumme = 100) in ihren Anteilen am Gesamtaufwand einschätzen (Tab. 4.4) und

Tabelle 4.4

Bewertungskriterien der Experten (A...L), Summe der Bewertungen = 100

Kriterien → Bewerter ↓	Investaufwand	Energiekosten	Instandhaltung	Bedienung	Sicherheit d. Verfahrens	Überlastbarkeit d. Anlage	Verfahrensträgerschaft
A	25	15	15	10	10	15	10
B	23	20	12	10	18	12	5
C	15	20	15	15	25	5	5
D	20	15	15	10	15	15	10
E	25	20	10	10	25	8	2
F	18	8	5	2	50	15	2
G	5	15	25	5	15	20	15
H	20	25	10	9	25	10	1
I	5	10	15	15	20	25	10
K	10	10	20	10	25	25	0
L	20	4	6	3	50	15	2
Mittelwert	17,0	14,7	13,4	9,0	25,3	15,0	5,6

Tabelle 4.5

Bewertungsfaktoren der Elemente der einzelnen Verfahren V_1 und V_2

Bewerter	Investaufwand		Energiekosten		Instandhaltung		Bedienung		Sicherheit d. Verfahrens		Überlastbarkeit d. Anlage		Verfahrensträgerschaft	
	V_1	V_2	V_1	V_2	V_1	V_2	V_1	V_2	V_1	V_2	V_1	V_2	V_1	V_2
A	55	45	40	60	70	30	50	50	30	70	30	70	60	40
B	52	48	42	58	60	40	50	50	35	60	30	70	80	20
C	60	40	40	60	60	40	50	50	30	70	30	70	70	30
D	60	40	30	70	65	35	50	50	40	60	30	70	70	30
E	55	45	35	65	55	45	50	50	30	70	40	60	60	40
F	50	50	35	65	30	70	40	60	20	80	10	90	60	40
G	50	50	40	60	75	25	50	50	70	30	40	60	70	30
H	55	45	30	70	60	40	50	50	30	70	30	70	55	45
I	55	45	45	55	60	40	55	45	35	65	45	55	65	35
K	60	40	50	50	75	25	50	50	50	50	50	50	—	—
L	50	50	20	80	50	50	50	50	30	70	35	65	80	20
Mittelwert	54,7	45,3	37,0	63,0	60,0	40,0	49,5	50,5	36,4	63,6	33,7	66,3	67,0	33,0

2. für die einzelnen zu bewertenden Verfahren die relativen Bewertungsfaktoren schätzen (Tab. 4.5, Gesamtsumme je Faktor = 100).

Durch Mittelwertbildung der Bewertungskriterien über alle Experten und alle Faktoren wird die Standard-Matrix des PATTERN-Systems berechnet (Tab. 4.6).

Tabelle 4.6

Bewertungsmatrix der beiden Verfahren V_1 und V_2

	Bewertungs-Kriterien	Bewertung der Verfahren	
		1	2
Investaufwand	17,0	54,7	45,3
Energiekosten	14,7	37,0	63,0
Instandhaltung	13,4	60,0	40,0
Bedienungsaufwand	9,0	49,5	50,5
Sicherheit d. Verfahrens	25,3	36,4	63,6
Überlastbarkeit d. Anlage	15,0	33,7	66,3
Verfahrensträgerschaft	5,6	67,0	33,0
PATTERN-Wert		4524	5476

Die Summe der zu den jeweiligen Verfahren gehörenden Produkte von Mittelwert des Kriteriums × Mittelwert des Bewertungsfaktors ergibt den PATTERN-Wert. Je größer der entsprechende PATTERN-Wert, desto günstiger wird das betreffende Verfahren bewertet. In den Tab. 4.4 bis 4.6 ist der Ablauf einer PATTERN-Bewertung für zwei alternative Verfahren V_1 und V_2 durch die Experten $A \cdots L$ in seinen Grundzügen dargestellt [17]. Ein verbessertes polyoptimales Bewertungsverfahren auf der Grundlage der Theorie unscharfer Mengen wurde in [71] entwickelt.

4.2. Reaktionsweganalyse [2, 18–20]

Die Ermittlung und Festlegung effektivster Synthesewege für die großtechnische Herstellung neuer bzw. bekannter Verbindungen ist sowohl eine eminent wichtige Aufgabe des Synthesechemikers, er hat die chemischen Informationen dazu bereitzustellen, als auch eine Aufgabe, an der der Verfahrenstechniker und Ökonom möglichst frühzeitig mitzuarbeiten hat.

Im folgenden Abschnitt sollen nicht die Methoden der Syntheseplanung behandelt werden, sondern an Hand von Beispielen das Zusammenwirken von Chemie, Technik und Ökonomie im Rahmen einer Reaktionsweganalyse, d. h. in einer Situation, in der die alternativen Synthesewege bereits bekannt sind. Dabei beschränken wir uns auf relativ einfache chemische Strukturen mit einer geringen Anzahl Reaktionsschritten, da bei komplizierten Verbindungen mit einer großen Anzahl von Syntheseschritten, die durch mehrere Varianten realisiert werden können, die Anzahl der Synthesewege astronomisch groß werden kann. Die Güte eines chemischen Verfahrens, d. h. eines verfahrenstechnischen Systems, das eine Stoffumwandlung umfaßt, wird wesentlich durch die Art und Weise, in der die chemischen Strukturen der Ausgangsstoffe und die der Produkte transformiert wird, d. h. durch den Reaktionsweg, der Rohstoffe und Produkte verbindet, bestimmt. Dieses Gewicht ist einerseits bedingt durch gewisse Freiheiten bei der Wahl der möglichen Rohstoffe oder Zwischenprodukte und andererseits durch eine sehr große Anzahl von Synthesewegen, auf denen die Rohstoffstrukturen in die der Produkte überführt werden können, wobei die jeweiligen Reaktionsbedingungen (Temperatur, Druck, Katalysator) i. d. R. für die einzelnen Reaktionsstufen sehr spezifisch sind und in engen Toleranzen eingehalten werden müssen.

Die Generierung und Überprüfung von Synthesewegen ist Aufgabe des Synthesechemikers, die rechnergestützte Lösung solcher Prozesse, die insbesondere für die Peptidchemie, die Herstellung von Antibiotika u. a., also für Synthesen mit sehr vielen (mehr als 10) Schritten von Bedeutung ist, ist relativ weit fortgeschritten [18]. Für den Entwurfsspezialisten besteht das Problem der Reaktionsweganalyse in der Bewertung alternativer Synthesewege und der Auswahl favorisierter Reaktionen, die großtechnisch wirtschaftlich durchgeführt werden können. Die Ergebnisse von Laboruntersuchungen können aus folgenden Gründen nur in geringem Maße zur Bewertung von alternativen Reaktionswegen verwendet werden.

Die Laborspezifika

- Rohstoffkosten sind i. d. R. vernachlässigbar,
- niedrige Ausbeuten sind oft akzeptabel,
- Reaktionsbedingungen meist nicht in extremen Bereichen,
- breite Verwendung von Lösungsmitteln,
- diskontinuierliche Verfahrensweise,
- Korrosivität und Toxitität führt auf Grund der geringen Mengen bzw. Kleinheit der verwendeten Apparaturen zu keinen größeren Schwierigkeiten,
- spezielle bzw. Sondertrennverfahren können problemlos angewendet werden,

sind für ein großtechnisches Verfahren nicht akzeptabel. Für ein zu entwerfendes großtechnisches Verfahren spielen Wirtschaftlichkeit, technische Beherrschbarkeit, Umweltbelastung u. a. Bewertungsgrößen die entscheidende Rolle. Bei der hier durchzuführenden Reaktionsweganalyse geht es in erster Linie darum, auf der Grundlage eines begrenzten Informationsumfanges aus der Vielzahl alternativer Reaktionswege möglichst sicher, unwirtschaftliche Reaktionswege auszusondern und den Kandidatenkreis für weitere, tiefgreifendere Untersuchungen auf einige favorisierte Reaktionswege einzuengen.

4.2.1. Methodik der Reaktionsweganalyse

Für die im weiteren beschriebene Methodik der Reaktionsweganalyse und -bewertung wird auf die Kosten bzw. den Bruttogewinn zurückgegriffen. Der jährliche Bruttogewinn G kann näherungsweise wie folgt bestimmt werden:

$$\text{Gewinn} = \text{Erlöse aus den Haupt- und Nebenprodukten} - \text{Rohstoffkosten} - \text{Energiekosten} - \text{Abschreibungen} \quad (4.2)$$

Für die Mehrheit der Produkte der chemischen Industrie haben die Rohstoffe einen Anteil von 70 bis 80% an den jährlichen Selbstkosten, die Energie- und Hilfsstoffaufwendungen liegen bei 10 bis 20%, die Abschreibungen bei max. 10%.

Auf Grund der Dominanz der Rohstoffkosten, die zu den variablen und laufend anfallenden Kosten gehören, ist es in vielen Fällen zur Auswahl favorisierter Reaktionswege zulässig, eine vereinfachte Bewertungsgleichung, die nur die ersten zwei Terme enthält, zu verwenden.

Diese favorisierten Strukturen sind dann Ausgangspunkt für einen ausführlicheren Systementwurf mit entsprechender Bewertung, auf dessen Grundlage dann die endgültige Verfahrensauswahl durchgeführt werden kann.

Eine weitere Möglichkeit der Auswahl favorisierter Reaktionswege besteht darin, neben dem Bruttogewinn (4.2) noch weitere Bewertungsgrößen zu schätzen (z. B. durch Expertenbefragungen) und eine PATTERN-Bewertung durchzuführen. Weiter mögliche Bewertungskriterien sind z. B.:

- Trennaufwand bei der Isolierung der Produkte,
- Nutzungsmöglichkeiten der Nebenprodukte,
- Umweltbelastung,
- Sicherheitstechnische Belange,
- Automatisierungsgrad,
- Werkstoffprobleme,
- Dynamische Eigenschaften,
- Zuverlässigkeitstechnische Eigenschaften,
- Möglichkeiten der Abwärmenutzung u. a.

— Einige dieser Faktoren liegen mit dem Reaktionsweg vor (Stufenzahl), andere müssen durch Punktzahlen oder Gewichte abgeschätzt werden (Beschaffbarkeit, Handhabung). Als Ausgangspunkt für eine Bewertung der Trennbarkeit ist eine Aufstellung von physikalischen Eigenschaften der Reaktanden und Reaktionsprodukte zweckmäßig. Auf der Basis von Modellen für die Eignung jeder in die Betrachtung einzubeziehenden Trennoperation in Abhängigkeit von signifikanten Stoffeigenschaften kann das jeweils optimale Trennverfahren ermittelt werden, dessen erreichte Punktzahl dann in die Bewertung einbezogen werden. Zur Bestimmung der erreichbaren Ausbeute muß eine Testung des Reaktionsweges im Labor unter variierten Versuchsbedingungen vorgenommen werden, wenn man sich nicht auf die Angaben über theoretisch erreichbare Ausbeuten in der Literatur beschränkt.

Ein solches Auswahlverfahren besteht aus folgenden Schritten:

1. Bewertung der Reaktionswege nach Kostenzielfunktion und evtl. PATTERN-Bewertung (s. Abschn. 4.1.)

   Kosten = f (Rohstoffkosten, Nebenproduktkosten, Energie)

   PATTERN-Bewertung = f (Beschaffbarkeit der Rohstoffe, Gleichgewichts-(*GGW*) Umsatz)

2. Streichung vom GGW-Umsatz her nicht befriedigender Reaktionswege, wenn eine Rückführung nichtumgesetzter Rohstoffe unzweckmäßig ist.
3. Auswahl des besten Reaktionsweges unter Berücksichtigung beider Bewertungen und Festlegungen eines Toleranzbereiches.
4. Entwicklung neuer Reaktionswege zu „nicht beschaffbaren“ Rohstoffen, bis deren Bewertung den Toleranzbereich verläßt.
5. Bewertung aller Reaktionswege innerhalb des Toleranzbereiches nach Kostenzielfunktion und PATTERN-Bewertung

   Kosten = f (siehe 1., Reaktoren, Katalysatoren)

   PATTERN-Bewertung = f (Beschaffbarkeit, theoretische Ausbeute, Handbarkeit, Reaktionsbedingungen, Trennbarkeit)

6. Auswahl des besten Reaktionsweges und Festlegung eines neuen Toleranzbereiches.
7. Experimentelle Überprüfung der verbleibenden Reaktionswege und Berücksichtigung weiterer zugänglicher Informationen.
8. Auswahl des optimalen Reaktionsweges.

Die Größe des Toleranzbereiches kann der Größe der vorliegenden Aufgabenstellung angepaßt werden.

Die Informationsbasis der hier beschriebenen Reaktionsweganalyse umfaßt:

1. Zusammenstellung der möglichen Reaktionswege (Reaktionsgleichungen) zum Zielmolekül (über Literaturrecherchen oder die Verwendung von rechnergestützten Syntheseplanungsprogrammen).
2. Expertenbefragung mit dem Ziel der Ergänzung bzw. auch der Einschränkung der Reaktionswege.
3. Sammlung bzw. Berechnung von charakteristischen Daten der an den Reaktionen beteiligten Stoffe:

   — Molmasse kg $kmol^{-1}$
   — Dichte kg m^{-3}
   — Preis M t^{-1}
   — Bildungsenthalpien H_B^0 kJ mol^{-1}

– freie Bildungsenthalpien $G_B{}^0$ kJ mol^{-1}
Bildungs- und freie Bildungsenthalpien (diese können nach der Inkrementenmethode berechnet werden)
– Berechnung des Gleichgewichtsumsatzes (über die Bestimmung der Gleichgewichtskonstanten, des Gleichgewichtsfortschreitungsgrades und der Gleichgewichtszusammensetzung)

4. Sammlung bzw. Berechnung weiterer relevanter Daten (z. B. über Energiebedarf u. a.).

Die Anwendung dieser Methodik soll an Hand von zwei Beispielen dargestellt werden.

4.2.2. Auswahl günstiger Reaktionswege zur Herstellung von tert-Butyl-Oxianisol (BOA)

Es sind favorisierte Reaktionswege (*RW*) zur Herstellung des, die Lichtechtheit von Color-Diapositiven erhöhenden, Stoffes BOA zu ermitteln. Auf Grund des relativ geringen Bedarfes (nur einige Dutzend kg/a) kommt nur eine Chargenproduktion in Frage.

Literaturrecherchen und Expertenbefragungen ergaben folgende Reaktionswege, die alle ihren Ursprung im Hydrochinomonomethylether (*HMME*), der wiederum aus Hydrochinon hergestellt wird, haben (Abb. 4.10):

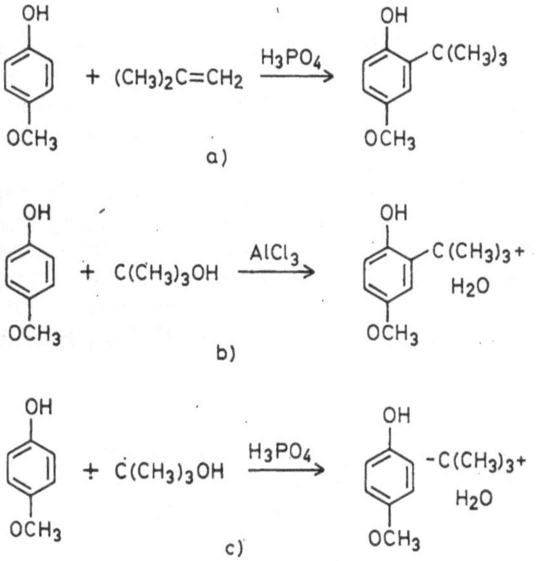

Abb. 4.10. Reaktionswege zur Herstellung von BOA
a) Alkylierung mittels Isobuten und Phosphorsäure
b) Alkylierung mittels tert. Butanol und Aluminiumchlorid
c) Alkylierung mittels tert. Butanol und Phosphorsäure

Die für die Bewertung notwendigen Daten sind in der Tab. 4.7 zusammengestellt.

Die Berechnung der Standardreaktionsenthalpie, der freien Reaktionsenthalpie, der Gleichgewichtskonstanten und des Gleichgewichtsumsatzes (für

Tabelle 4.7

Daten zur Reaktionsweganalyse zur Herstellung von BOA

i	Substanz	Molmasse (kg mol^{-1})	Preis (Mkg^{-1})
1	Hydrochinonmono-methylether	0,124	260
2	Isobuten	0,05611	260
3	tert-Butanol	0,07412	17
4	Aluminiumchlorid	0,13334	3
5	Benzen	0,07811	10
6	Phosphorsäure 85%ig	0,098	5
7	Phosphor(V)-oxid	0,14194	4
8	2- bzw. 3-tert-Butyl-4-hydroianisol	0,180	–

$T = 298$ K) ergab (Tab. 4.8). Die Bewertung erfolgt nur auf Grund der Rohstoffkosten, dabei ergaben sich (für 100 kg BOA) die Werte in Tab. 4.9: Die unter idealisierten Bedingungen berechneten Kosten können unter Berücksichtigung einer Ausbeutekorrektur, Katalysator- und Lösungsmittelkosten weiter präzisiert werden (Tab. 4.9, Spalte 2).

Eine PATTERN-Bewertung, die die Ausbeute, den Rohstoffpreis, die Verfügbarkeit der Rohstoffe, sicherheitstechnische Belange sowie die energetische Seite berücksichtigt, führt zu den in Tab. 4.9, Spalte 3 enthaltenen Rangzahlen. Danach ist RW 3 am vorteilhaftesten. RW 1 ist auch hier am schlechtesten bewertet worden. Für die weitere Entwurfsstrategie sind die RW 2 und 3 weiter zu präzisieren, um eine endgültige Entscheidung für die Projektierung und Realisierung zu treffen.

Tabelle 4.8

Thermodynamische Daten zur Reaktionsweganalyse zur Herstellung von BOA

	$\Delta_R H_G{}^0$, kJ mol^{-1}, $\Delta_R G_r$	K_p (298)	Gleichgewichtsumsatz
RW 1	$-107,7/-53,60$	$2,48 \cdot 10^9$	1
RW 2	$-78,02/-41,34$	$1,763 \cdot 10^7$	1
RW 3	$-78,02/-41,34$	$1,763 \cdot 10^7$	1

Tabelle 4.9
Bewertungskriterien zur Reaktionsweganalyse bei der Herstellung von BOA

	Rohstoffkosten (M/a)	korrigierte Kosten (M/a)	Rangzahl
RW 1	26000	54700	1,7
RW 2	18600	24300	1,25
RW 3	18000	27500	1,10

4.2.3. *Auswahl günstiger Reaktionswege zur Herstellung von Acetaldehyd* [21]

Acetaldehyd ist ein wichtiges Zwischenprodukt der Großchemie, dessen Herstellungsverfahren in der letzten Zeit einer größeren Dynamik unterworfen gewesen ist. Als Rohstoffe bieten sich an: Ethin, Ethen, Ethanol, Propan/Butan. Folgende Reaktionswege sind von Bedeutung:

RW 1: $CH_3{-}CH_2OH + 1/2\,O_2 \rightarrow CH_3{-}CHO + H_2O$

RW 2: $HC{\equiv}CH + H_2O \rightarrow CH_3{-}CHO$

RW 3: $HC{\equiv}CH + CH_3OH \rightarrow H_2C{=}CH{-}OCH_3$

$CH_2{=}CH{-}OCH_3 + H_2O \rightarrow CH_3{-}CHO + CH_3OH$

RW 4: $H_2C{=}CH_2 + 1/2\,O_2 \rightarrow CH_3CHO$

Die wichtigsten Daten für die Reaktionsweganalyse sind in den Tab. 4.10 und 4.11 zusammengestellt.

Die Kostenanalyse (Tab. 4.12) zeigt, daß unter den gegenwärtigen Preisrelationen der Rohstoffe nur Ethen ein gewinnbringendes Verfahren garantiert. Wenn andere Rohstoffe doch zum Einsatz kommen, liegt es in erster Linie an der Verfügbarkeit dieses speziellen Rohstoffes. Bei weiterem Ansteigen der Rohölpreise und damit Verteuerung des Ethen, wird jedoch Ethin als Rohstoff zunehmend attraktiver.

4.3. Entwurf des Reaktors bzw. des Reaktorsystems

Sind die favorisierten Reaktionswege ausgewählt und die wesentlichsten Parameter der Umsetzung bekannt, müssen die ihnen adäquaten Reaktorsysteme entworfen werden. Auf Grund der Spezifik chemischer Reaktionen (Art der Aktivierung, Größe der Reaktionsenthalpie, Grad der Reversibilität, Phasenverhältnisse usw.), sind Reaktoren bzw. Reaktorsysteme i. d. R. (im Gegensatz zu Wärmeübertragern, Kolonnen u. a.) Sonderanfertigungen, um jeweils die Temperatur-, Druck-, Konzentrations- u. a. Bedingungen zu gewährleisten,

Tabelle 4.10

Daten zur Reaktionsweganalyse zur Herstellung von Acetaldehyd (Daten der Stoffe)

		Molmasse (kg mol^{-1})		H_B^0 (kJ mol^{-1})		G_B^0 (kJ mol^{-1})	Preise (M/t)
1	Acetaldehyd	44,03	1	−184,26	1	−131,76	2135
			2	−191,02	2	−96,10	
2	Ethanol	26,07	1	−238,38	1	−175,04	2560
			2	−248,96	2	−102,80	
3	Ethin	26,04	1	226,86	1	207,44	4100
			2	225,76	2	187,92	
4	Methanol	32,04	1	−217,76	1	−183,62	910
			2	−225,32	2	−142,06	
5	Ethen	28,05	1	79,02	1	100,08	1280
			2	74,38	2	123,18	
6	Vinylethyl-ether	58,08	1	−85,47	1	−14,40	2135
			2	−93,88	2	−22,80	

[1]) 298 K, [2]) 600 K

Tabelle 4.11

Daten zur Reaktionsweganalyse zur Herstellung von Acetaldehyd (thermodynamische und reaktionstechnische Daten)

	Thermodynamische Daten				Technische Realisierungsbedingungen		
Reaktionsweg	$\Delta_R H_G$ (kJ mol^{-1})		K_p	Gleichgewichtsumsatz	Temp. (K)	Druck (MPa)	Katalysator
1	−184,24	1	$5{,}69 \cdot 10^{33}$	100%	600	0,1	Ag
		2	$8{,}84 \cdot 10^{19}$	100%			
2	−136	1	$1{,}19 \cdot 10^{18}$	100%	365	0,1	Hg
		2	$1{,}33 \cdot 10^{4}$	99,13			
3	−136	1	$4{,}94 \cdot 10^{6}$	100%	365	0,1−1,6	KOH/H_3PO_4
		2	$2{,}41 \cdot 10^{11}$	100%			
4	−264	1	$4{,}05 \cdot 10^{40}$	100%	400	0,4	Pd/Cu

[1]) 298 K, [2]) 600 K

die einen möglichst optimalen Reaktionsablauf sichern. In diesem Sinne bildet der Reaktor bzw. eine spezielle Schaltung von Reaktoren, auch Reaktorsysteme genannt, den bestimmenden Teil eines Verfahrens, weil hier durch Stoffumwandlung aus den zugeführten Rohstoffen (einschließlich Hilfsstoffen) die gewünschten Produkte erzeugt werden. Alle Elemente und Teilsysteme außerhalb des Reaktorsystems sind eine „Art von Hilfseinrichtungen", sie dienen der Herstellung des notwendigen Zustandes am Reaktoreingang (Vorbereitung) bzw. fixieren Zustände an den Systemausgängen (Nachbereitung).

Tabelle 4.12

Bewertungskriterien zur Reaktionsweganalyse zur Herstellung von Acetaldehyd (Kostenanalyse)

RW	Rohstoffkosten ($TM\ a^{-1}$)	Gewinn ($TM\ a^{-1}$)
1	270800	−52560
2	242500	−26460
3	242500	−26460
4	110600	108230

Das das Reaktorsystem verlassende Reaktionsgemisch muß durch eine spezielle Aufbereitung (meist Trennung) in die gewünschten Produkte mit den geforderten Reinheiten überführt werden. Ist eine einzelne Aufbereitungsstufe nicht ausreichend, müssen mehrere gekoppelt werden, es ist ein Trennsystem notwendig. Nicht umgesetzte Rohstoffe und gebildete Nebenprodukte werden dem Reaktor wieder zugeführt (Rückführung), als Abprodukte aus dem System entfernt oder teilrückgeführt bzw. -entfernt.

Es ist offensichtlich, daß ein Trennsystem erst ausgewählt und strukturiert werden kann, wenn die stoffliche Zusammensetzung und Menge des Reaktorausgangsstromes (welcher dem Eintrittsstrom des Trennsystems hinsichtlich der mengenmäßigen Charakterisierung äquivalent ist) bekannt ist. Es ergeben sich auch Wechselwirkungen zwischen Reaktor- und Stofftrennsystem bzw. zwischen Reaktor- und Wärmeübertragungssystem. Ein Reaktorsystem kann nicht optimal für sich allein, sondern nur in Wechselwirkung mit den anderen Teilsystemen sein. Die Bereitstellung der für den Reaktorentwurf notwendigen Primärinformationen ist in den Tab. 4.13 und 4.14 dargestellt.

Im Gegensatz zur Struktursynthese von Stofftrenn- und Wärmeübertragungssystemen sind bisher für Reaktorsysteme nur wenige Synthesemethoden entwickelt worden. Im folgenden werden zwei Methoden vorgestellt.

4.3.1. Struktursynthese auf der Grundlage von heuristischen Regeln

Entsprechend der Definition heuristischer Regeln und ihrer Rolle beim Entwurfsprozeß, können diese auch für den Entwurf von Reaktoren bzw. von Reaktorsystemen verwendet werden. Im weiteren wird eine Reihe von heuri-

Tabelle 4.13
Bereitstellung von Primärinformationen für die Synthese des Reaktorsystems

durch Reaktionsweganalyse:
Auswahl des günstigsten Reaktionsweges mit einfachsten Bewertungsmethoden (s. Abschn. 4.2.)

↓

aus Datenbank:
• Reaktionsenthalpien • Eigenschaften der beteiligten Stoffe • begrenzende Eigenschaften • Trennmöglichkeiten • Trennhilfsmittel • spezifische Kosten und Preise

↓

im Labor:
Ermittlung der möglichen unterschiedlichen Varianten zur Wahl von Aktivierungsart und Phasenverhältnissen und der sich daraus ergebenden Daten und Verhaltensweisen wie • Kinetik der Reaktion • Volumenänderungsverhalten der Reaktion • Desaktivierungsverhalten des Katalysators • Arbeitsbereich der Reaktion

stischen Regeln angegeben, die ausgehend von speziellen Eigenschaften der Reaktionen und der teilnehmenden Stoffe Empfehlungen für die Gestaltung der Struktur des Reaktorsystems, der Bedingungen für den Ablauf der Reaktion und den zu wählenden Reaktortyp darstellen.

Heuristische Regeln zum Entwurf von Reaktorsystemen [22]

Diese Regeln liefern Hinweise für die Strukturierung (Strukturierende Regeln, z. B. Aussagen über die Art des zu verwendenden idealen Reaktortyps, sonstige strukturelle Entscheidungen), die Wahl von Parametern (Parameterregeln mit Aussagen über die Wahl der günstigsten Parameter Temperatur, Druck, ...), die Wahl der Ausrüstung (Apparateregeln, z. B. Auswahl realer Reaktor-

Tabelle 4.14
Zur Elementmodellierung notwendige Daten

Art → Stellung im Rahmen der Modellierung ↓	reaktionsspezifische Daten (nur bei Reaktormodellierung)	stoffspezifische Daten	apparate- od. elementspezifische Daten
Variabilitätsbereich	– Begrenzungen von Temperatur, Druck, Konzentration (Arbeitsbereich d. Reaktion)	– begrenzende Eigenschaften wie • therm. Empfindlichkeit • Explosivität usw.	– Baugrößenbegrenzung – Arbeitsbereich von Einbauten
modellbestimmende Daten	– Art der Aktivierung – Volumenänderungsverhalten – Kinetik – Desaktivierungsverhalten	– Phasenverhältnisse	– Geometrie/Aufbau – Einbauten – Hilfssysteme (Rührer ...)
Parameter des Modells	– Wärmeeffekt – (Reaktionsenthalpie)	– Stoffeigenschaften • spez. Wärmekapazitäten • Viskositäten • Wärmeleitfähigkeiten • Diffusionskoeffizienten • Phasenwandlungsgrößen • Trennhilfsmittel	– Geometrie/Abmessungen – Materialeigenschaften

typen, konkreter Wärmeabführsysteme und weiterer konstruktiver Maßnahmen).

Die Regeln sind in Form einer Implikation $A \cap B \rightarrow C$ formuliert ($\cap$ bezeichnet den Durchschnitt)

Die Menge A enthält Kriterien, die die Reaktion charakterisieren:

- Typ der Reaktion (Parallel-, Folge-, reversible Reaktion),
- Reaktionsordnungen,
- Relationen zwischen den Aktivierungsenergien,
- Art der Aktivierung,
- bei katalytischer Aktivierung die Arbeitstemperatur des Katalysators,
- Molzahlverhalten,

— Phasenverhältnisse,
— Wärmeffekte,
— besondere Eigenschaften der beteiligten Stoffe (thermisch empfindlich, explosibel, hochviskos, ...).

Die Menge B enthält bereits bekannte Aussagen über die Gestaltung des Reaktorsystems. Diese Aussagen können die persönliche Meinung des Bearbeiters sein oder sich aus der Anwendung solcher Regeln ergeben, bei denen B leer ist.

In C ist ein Befehl enthalten, bei dessen Ausführung eine oder mehrere Zielgrößen ihr Optimum annehmen. Zielgrößen können sein:

— Ausbeute,
— Kosten,
— Raum-Zeit-Ausbeute,
— Sicherheit,
— Automatisierbarkeit,
— Selektivität,
— Energieausnutzung,
— Flexibilität,
— Stabilität,
— Zuverlässigkeit u. a.

Typische Beispiele heuristischer Regeln sind z. B.:

1. Einfache homogene Reaktionen sind in einem Reaktor mit idealer Verdrängung bei maximal möglicher Temperatur (isotherm) durchzuführen.
2. Führe eine autokatalytische homogene Reaktion isotherm bei maximal möglicher Temperatur durch.
3. Realisiere zur Durchführung einer autokatalytischen Reaktion $A + (B) \rightarrow C + (B)$ $(r = kc_A{}^a c_B{}^b)$ zuerst ideale Rückvermischung (solange $c_A/c_B = a/b$), danach ideale Verdrängung.
4. Führe bei konkurrierenden Folgereaktionen homologe Stoffe zurück.
5. Entsteht bei einer komplexen Reaktion ein Nebenprodukt durch eine reversible Teilreaktion, dann ist das Nebenprodukt zurückzuführen.
6. Führe möglichst nicht umgesetzten Rohstoff zurück.
7. Exotherme Reaktionen sind dann adiabat oder stufenweise adiabat durchzuführen, wenn die frei werdende Reaktionsenthalpie voraussichtlich etwas größer ist als die zum Vorwärmen der Rohstoffe benötigte Wärme. Reaktorausgangsstrom bzw. Zwischenausgangsströme und Reaktoreingangsstrom sind miteinander energetisch zu koppeln.
8. Homogene Folgereaktionen sind bei idealer Verdrängung durchzuführen.
9. Enthält eine homogene Reaktion die Teilreaktion

$$(\text{Folgereaktion}) \ldots \quad A + B \begin{array}{l} \overset{k_1}{\nearrow}\ R + \cdots\ (\text{belieb.})\ r_R = k_1 c_A{}^{a_1} c_B{}^{b_1} \\ \underset{k_2}{\searrow}\ S + \cdots\ (\text{belieb.})\ r_S = k_2 c_A{}^{a_2} c_B{}^{b_2} \end{array}$$

mit $\alpha = a_2 - a_1$ und $\beta = b_2 - b_1$, R Zielprodukt, dann ist der Grad der Rückvermischung wie folgt zu wählen:

Kriterium	Grad der Rückvermischung für A	für B
$\alpha > 0, \beta > 0$	IV	IV
$\alpha < 0, \beta < 0$	IR	IR
$\alpha > 0, \beta < 0$	IV	IR
$\alpha < 0, \beta > 0$	IR	IV*)

*) Die Rückvermischungsforderung für die Komponente mit der betragsmäßig größeren Reaktionsordnungsdifferenz ist zuerst einzuhalten.
IV = ideale Verdrängung
IR = ideale Rückvermischung

10. Homogene Reaktionen 1. Ordnung der Typen

$$A \xrightarrow{1} B \xrightarrow{2} C$$

und

$$A \begin{matrix} \overset{1}{\nearrow} B \\ \underset{2}{\searrow} C \end{matrix}$$

mit B als Zielprodukt, sind isotherm bei der minimal möglicher Temperatur durchzuführen, wenn $E_1 < E_2$ ist und isotherm bei der maximal möglicher Temperatur durchzuführen, wenn $E_2 < E_1$ ist.

11. Homogene Reaktionen 1. Ordnung der Typen

$$A + B \xrightarrow{1} X \begin{matrix} \overset{2}{\nearrow} Y \\ \underset{3}{\searrow} Z \end{matrix}$$

und

$$A + B \begin{matrix} \overset{1}{\nearrow} X \\ \xrightarrow{2} Y \\ \underset{3}{\searrow} Z \end{matrix}$$

mit $E_2 < E_1 < E_3$, X Zielprodukt, sind isotherm bei einer bestimmten, von den Relationen zwischen den Aktivierungsenergien abhängigen Temperatur durchzuführen.

12. Eine exotherme Gleichgewichtsreaktion ist isotherm bei minimal möglicher Temperatur durchzuführen. Beachte optimale Temperaturprofile.
13. Eine endotherme Gleichgewichtsreaktion ist isotherm bei der maximal möglichen Temperatur durchzuführen.

Regeln für homogene Reaktionen

14. Setze zur Erzielung einer hohen Rückvermischung einen Rührkessel-Reaktor ein.
15. Setze zur Erzielung einer niedrigen Rückvermischung einen Strömungsrohr-Reaktor ein.
16. Setze zur Erzielung einer niedrigen Rückvermischung eine Rührkesselreaktor-Kaskade ein, wenn der Einsatz eines Strömungsrohr-Reaktors nicht möglich ist.

Regeln für heterogene gaskatalytische Reaktionen

17. Setze zur Einhaltung eines kleinen Temperaturbereiches einen Doppelrohrbündel-Reaktor oder Lamellenreaktor ein.
18. Setze bei stark exo- bzw. endothermen Reaktionen einen Rohrbündel-Reaktor ein.
19. Setze zur Einhaltung eines kleinen Druckbereiches einen Radialstrom-Reaktor ein.
20. Setze bei schwach exothermen Reaktionen einen Vollraum-Reaktor ein.
21. Setze für hohe Kapazitäten einen Rohrbündel-Reaktor ein.

Regeln, die keiner bestimmten Klasse von Reaktionen zuzuordnen sind

22. Wähle bei stark exo- bzw. endothermen Reaktionen Wärmeübertragungselemente, deren Übertragungsfläche nicht von der Oberfläche des Reaktionsraumes begrenzt ist.
23. Bevorzuge als Wärmeübertragungselemente Spiralen und Schlangen.
24. Es ist günstig, Gas-Flüssig-Reaktionen unter erhöhtem Druck durchzuführen.
25. Bei einfachen heterogenen-katalytischen Gasreaktionen ist es günstig
    a) den Druck hoch zu wählen, wenn die Ordnung der Reaktion größer als eins ist
    b) den Druck niedrig zu wählen, wenn die Ordnung der Reaktion kleiner als eins ist.
26. Eine exotherme Gleichgewichtsreaktion ist isotherm bei minimal möglicher Temperatur durchzuführen. Beachte jedoch optimale Temperaturprofile.
27. Eine endotherme Gleichgewichtsreaktion ist isotherm bei der maximal möglichen Temperatur durchzuführen.

28. Bei Volumenabnahme ist eine Reaktion unter erhöhtem Druck durchzuführen.

29. Bei Volumenzunahme ist eine Reaktion unter niedrigem Druck durchzuführen.

(Die Regeln 26 bis 29 entsprechen dem Prinzip LE CHATELIER-BRAUN).

Weitere Bedingungen können z. B. durch eine PATTERN-Bewertung berücksichtigt werden.

Der Reaktorsystementwurf ist sehr eng mit der Struktur des Trennsystems gekoppelt. Typische Beispiele sind z. B. die exothermen reversiblen Reaktionen vom Typ Ammoniak- oder Methanolsynthese, bei denen durch die enge Kopplung mit dem Trennsystem, in dem eine energetisch und apparativ wenig aufwendige Abtrennung der Reaktionsprodukte von den nichtumgesetzten Reaktionspartnern erfolgt, zur Gewährleistung einer hohen Reaktionsgeschwindigkeit und einem daraus resultierenden kleinen Volumen des Hochdruckreaktors, nur einem Umsatz je Durchlauf von ungefähr 20% realisiert wird.

Bei schneller und reversibler Desaktivierung eines Katalysators ist dessen Regenerierung durch kontinuierliches Ausschleusen und spezielle Aufbereitung bzw. durch periodisches Umschalten des Reaktors von Reaktion auf Regeneration vorzusehen.

Viele der genannten Regeln wurden für Reaktionen entwickelt, die in einer Phase ablaufen, also einem homogenen Geschwindigkeitsgesetz gehorchen. Man muß bei der Anwendung einer Regel beachten, für welche Zielgröße sie entwickelt wurde. Bei den angegebenen Regeln sind das vorrangig technische Zielgrößen, wie Ausbeute, Selektivität, Raum-Zeit-Ausbeute.

So handelt es sich beispielsweise bei den Regeln 8 bis 13 um Regeln zur Maximierung der Ausbeute an einem bestimmten Zielprodukt. Diese Regeln führen besonders dann zu guten Ergebnissen, wenn komplexe Reaktionen der organischen Chemie Gegenstand der Betrachtung sind und die Kosten der dabei einzusetzenden Rohstoffe so hoch sind, daß schon eine kleine Ausbeutesteigerung von hohem Nutzen ist. Bei ihrer Anwendung wird vorausgesetzt, daß zu diesem Zwecke Reaktionsraum in beliebiger Größe bereitgestellt werden kann.

Auf Grund der steigenden Rohstoffpreise und des hohen Anteils der Rohstoffkosten an den Gesamtkosten gewinnt das Problem der Ausbeutemaximierung zunehmend an Bedeutung, deshalb sollte diesen Regeln eine vorrangige Stellung eingeräumt werden.

Nur für solche technischen Synthesen, die man durch Reaktionen ohne Nebenreaktionen realisiert und die einen relativ hohen Festkostenanteil besitzen, wird eine weitere reaktionstechnische Zielgröße, die Raum-Zeit-Ausbeute, relevant (Regeln 1, 2, 3, 7).

An dieser Stelle kann durch den Bearbeiter auf Grund dieser Aussagen schon abgewägt werden, ob eine zutreffende Regel im weiteren berücksichtigt werden soll oder nicht.

Da kein Reaktor die durch die Regeln geforderten idealen Prozeßführungen realisieren kann, müssen durch weitere Regeln ein realer Reaktor oder mehrere reale Reaktoren mit oder ohne zugeordnete Wärmeübertragungselemente ausgewählt werden, die den Forderungen der verwendeten Regeln nur näherungsweise entsprechen.

Die Auswahl von Wärmeübertragungselementen soll auch durch die heuristischen Regeln erfolgen, wenn ein Reaktor ohne Wärmeübertragungselemente ermittelt wurde. Diese Regeln enthalten dann auch verschiedene Gruppen von Regeln, und zwar

- zur Auswahl von Reaktionsräumen mit oder ohne Hilfseinrichtungen (für Durchmischung, Wärmeübertragung usw.),
- zur Auswahl der Hilfseinrichtungen, falls sie nicht von vornherein durch die Konstruktion mit dem Reaktionsraum fest verbunden sind.

Für die der Zielgröße Ausbeute entwickelten Regeln ist bei der Aussage zur thermischen Prozeßführung die entsprechende Isothermie angegeben. Es ist jedoch bekannt, daß für andere Zielgrößen (etwa Raum-Zeit-Ausbeute) andere Optimallösungen gelten. Es lassen sich axiale Temperaturprofile berechnen, die oft eine polytrope Fahrweise erfordern. Diese optimalen Temperaturprofile können losgelöst von einem konkreten Wärmeab- bzw. -zufuhrsystem für den betrachteten Reaktor ermittelt werden. Dann besteht die Schwierigkeit, Wärmeübertragungselemente am bzw. im Reaktorsystem so einzusetzen, daß sich das ermittelte Temperaturprofil beim Betreiben des Reaktors zumindest näherungsweise einstellt. Andererseits ist es möglich, bei der Ermittlung einer optimalen Temperaturführung, Wärmeübertragungselemente in die Modellierung und Optimierung des Reaktors einzubeziehen. Hierzu gehört z. B. die optimale Festlegung der Eintrittstemperaturen in die einzelnen Schichten eines stufenweise adiabat betriebenen Mehrschichtreaktors.

Wird durch alle für relevante technische Zielgrößen entwickelte Regeln eine eindeutige Forderung bezüglich der thermischen Prozeßführung erhoben, dann vereinfacht sich die Auswahl der Wärmeübertragungselemente erheblich. Für die Forderung „Isothermie" bestehen in Abhängigkeit von der Gestaltung des ausgewählten Reaktionsraumes u. a. folgende Möglichkeiten:

- Kreislauffahrweise mit geringem Umsatz,
- Wärmeübertragungselemente im Reaktionsraum (Schlangen, Spiralen),
- Wärmeübertragungselemente um den Reaktionsraum (Mantel),
- intensive Durchmischung des Reaktionsgemisches bei gleichzeitiger Wärmeübertragung.

Auf die vorgeschlagene Art und Weise kann eine Vielzahl von konkreten Reaktorsystemen ermittelt werden, die dann einer weiteren Bewertung unterworfen werden können.

Beispiel: Herstellung von Methylaminen [22—24]

Die drei Methylamine Mono- (MMA), Di- (DMA) und Tri- (TMA)methylamine werden heterogenkatalytisch aus Methanol (Me) und Ammoniak (A) bei 310 bis 430 °C und 2 MPa nach folgendem Reaktionsschema hergestellt (W — Wasser):

1. Me + A $\rightleftarrows$ MMA + W $H_{R1} = -22{,}43$ kJ mol^{-1}
2. Me + M $\rightleftarrows$ DMA + W $H_{R2} = -62{,}606$ kJ mol^{-1}
3. Me + D $\rightleftarrows$ TMA + W $H_{R3} = -121{,}62$ kJ mol^{-1}

Hauptprodukt ist Dimethylamin (DMA).

Die entsprechend der jeweiligen Marktsituation nicht benötigten Teilmengen an Mono- und Trimethylamin sind wieder zurückzuführen. Zunächst werden die zutreffenden Regeln ermittelt und ihre Aussage bezüglich des betrachteten Beispiels modifiziert (s. Tab. 4.15).

Auf Grund der Regeln 7, 8, 12 und der Anfangsdaten werden nun mit Hilfe der o. g. Regeln die möglichen Reaktorsysteme aus einer Reihe vorgegebener Reaktorsysteme ermittelt (s. Tab. 4.16).

Tabelle 4.15

Anwendung von heuristischen Regeln bei der Methylaminsynthese

Regel	Aussage
4	A, Me, MMa, TMA zurückführen
6	Me, A zurückführen
7	adiabate Fahrweise, energetische Rückkopplung
8	geringe Rückvermischung der Gasphase
12	isotherm bei T_{min} fahren

Tabelle 4.16

Bei der Methylaminsynthese zutreffende (×) heuristische Regeln

Reaktortyp	Anwendung der Regeln mit der angeg. Nummer möglich, auf Grund der Aussagen der heuristischen Regeln			der Anfangsdaten
	7	8	12	
Mehrschicht-R.	×	—	—	—
Rohrbündel-R.	—	—	—	—
Doppelrohrbündel-R.	—	—	×	—
Lamellen-R.	—	—	×	—
Radialstrom-R.	×	—	—	—
Vollraum-R.	×	—	—	×

Die mit Regel 7 vorgeschlagene Prozeßführung und Rückkopplung läßt sich gut mit den drei mit × gekennzeichneten Reaktortypen realisieren, da sie keine feste Verbindung mit wärmeübertragenden Elementen darstellen und damit mehr Freiheitsgrade vorliegen. Regel 8 führt zu keiner Aussage hinsichtlich des zu wählenden Reaktorsystems, da keine Regeln bekannt sind, die eine Wichtung der angegebenen Reaktortypen bezüglich des erreichbaren Rückvermischungsgrades vornehmen.

Der Vollraum-Reaktor scheint favorisiert, da er zweimal vorgeschlagen wird. Als Bekräftigung dieser Aussage kann angesehen werden, daß die bisherige technische Realisierung des Reaktorsystems auch ein Vollraum-Reaktor ist.

4.3.2. Struktursynthese von Reaktorsystemen mit der Strukturparametermethode [25, 26]

Die in diesem Abschnitt vorgestellte Strukturparametermethode kann als Methode zur Bestimmung optimaler Strukturen beliebiger verfahrenstechnischer Systeme angesehen werden. Hier wird sie am Beispiel von Reaktorsystemen dargestellt.

Von besonderem Interesse sind Entscheidungsgrundlagen zum Aufbau von Reaktorstrukturen unter Beachtung möglicher Zwischeneinspeisungen, Zwischenausschleusungen und Rückführungen. Im Gegensatz zur heuristischen Strukturierung besteht hier die Aufgabenstellung darin, die die Struktur beschreibenden Parameter neben anderen Auslegungsgrößen optimal zu bestimmen. Gesucht ist nicht nur eine Punktlösung, sondern in Abhängigkeit von zu Preisen analogen Größen ein Lösungsfeld der Strukturparameter das optimale Charakteristik genannt wird.

Allgemeine Bemerkungen zur Strukturparametermethode

Ausgangspunkt des Strukturentwurfes ist die Bildung einer ausreichend variablen Ausgangsstruktur, die als Vereinigungsstruktur bezeichnet wird. Zur Erklärung dieses Begriffes genügt das Beispiel der Vereinigungsstruktur zweier Reaktoren in Abb. 4.11. Eine Kopplung der Elemente gelingt durch die Einführung von Verteilerelementen V und Sammlerelementen S derart, daß jeder

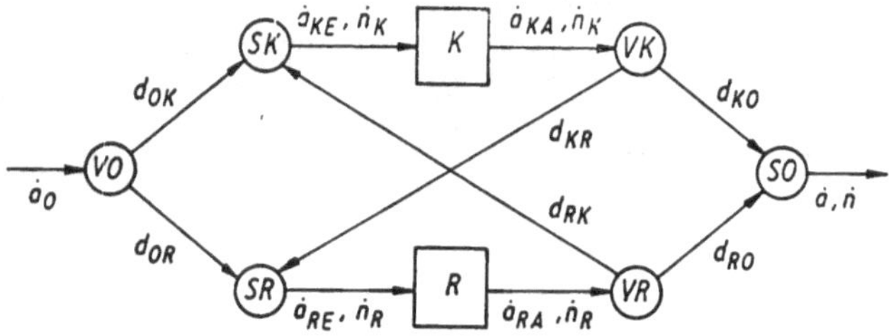

Abb. 4.11. Vereinigungsschaltung zweier Reaktoren

K – Rührkesselreaktor, R – Strömungsrohrreaktor

Ausgangsstromvektor mit den Eingangsstromvektoren anderer Elemente verbunden werden kann. Die Parameter der Verteiler werden als Strukturparameter bezeichnet und stellen die Variablen für die Strukturoptimierung dar. Vereinigungsstrukturen können problemlos nicht nur aus Elementen, sondern auch aus Elementen und Strukturen und auch aus Strukturen gebildet werden. Die Variantenvielfalt ist außerordentlich groß.

Zur genaueren mathematischen Beschreibung der Problemstellung der Strukturoptimierung sind 3 Gruppen von Gleichungen zu betrachten, die Modellgleichungen, die Strukturgleichungen und die Zielfunktion.

Jedem verfahrenstechnischen Element der Vereinigungsstruktur ist ein Modell zuzuordnen, das man sich etwa als Menge expliziter Vektorgleichungen vorstellen kann (Abb. 4.12).

$$y_j = f_j(x_i, u_k), \qquad k = 1(1)\,N \tag{4.3}$$

Gegebenenfalls steht auch ein Algorithmus zur Verfügung, der die Berechnung der Ausgangsströme y_j des k-ten Elementes aus den Eingangsströmen x_i und dem Steuervektor u_k gestattet. Der Steuervektor ist hinreichend allgemein aufzufassen als Menge von Variablen über die noch verfügt werden kann. Hier sind gegebenenfalls Entwurfsdaten wie Hauptabmessungen und Leistungsdaten einzuordnen, die direkt oder über weitere Bedingungen oder schließlich auch optimal festgelegt werden. Im letzten Fall ist die Strukturoptimierung dann mit der Auslegungsoptimierung im Regelfall gekoppelt.

Die Menge der Modellgleichungen (4.3) ist gegebenenfalls durch Nebenbedingungen zu ergänzen, die sowohl in Gleichungs- als auch in Ungleichungsform auftreten können und ökonomische, technologische, sicherheitstechnische

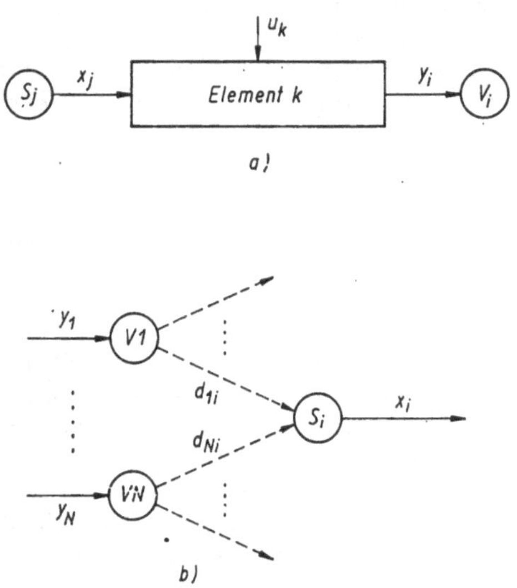

Abb. 4.12. Zur Erläuterung der Strukturparametermethode
a) Darstellung eines Elementes
b) Darstellung von Verteilern ($V1 \ldots VN$) und Sammlern ($S1 \ldots SN$), d_{ij} — Strukturvariable

Grenzzustände und anderes mehr beschreiben.

$$g_l(x_i, y_j, u_k) \geqq 0, \qquad l = 1(1)\,L \tag{4.4}$$

Die zweite Gruppe von Gleichungen beschreibt die Vereinigungsstruktur und sie werden daher als Strukturgleichungen bezeichnet.

$$x_i = \sum_{j=1}^{N} y_j\, d_{ji}, \qquad i = 1(1)\,M \tag{4.5}$$

$$\sum_{i=1}^{M} d_{ji} = 1, \qquad j = 1(1)\,N \tag{4.6}$$

$$0 \leqq d_{ij} \leqq 1, \qquad j = 1(1)\,M,\; j = 1(1)\,N \tag{4.7}$$

Die Gl. (4.5) sind lineare Vektorgleichungen, von denen jede einen Sammler (Abb. 4.12) beschreibt. Die Strukturvariable oder Strukturparameter d_{ji} sind Skalare, die den Bedingungen (4.6) und (4.7) unterworfen sind; sie beschreiben die Verteiler (Abb. 4.12). Im Fall $d_{ji} = 0$ existiert keine Verbindung zwischen dem Verteiler V_j und dem Sammler S_i und im Fall $d_{ji} = 1$ nur diese. Für $0 < d_{ji} < 1$ wird der Strom y_j im Verteiler V_j in mindestens zwei Teilströme aufgeteilt. Oft stellen sich einige Strukturparameter im Ergebnis der Optimierung als ganzzahlig heraus, nehmen also entweder den Wert 0 oder 1 an; andererseits kann gegebenenfalls aus Gründen der technischen Verträglichkeit für einige Strukturparameter die Ganzzahligkeit auch gefordert sein. Im letzten Fall ist dann auch ein entsprechendes Lösungsverfahren für gemischt-ganzzahlige Optimierungsprobleme anzuwenden.

Für die Strukturoptimierung verfahrenstechnischer Systeme hat sich die technisch-ökonomische Zielgröße bzw. Zielfunktion Gewinn als Differenz von Erlös und Kosten als hinreichend universell erwiesen.

Faßt man unter Selbstkosten die Kosten für Roh- und Hilfsstoffe, für Abschreibungen und weitere Aufwendungen zusammen, so kann die Zielfunktion wie folgt aufgeschrieben werden:

$$\begin{aligned} G = b \sum_{jJ} P_j^T y_j - b \sum_{iI} P_i^T x_i \\ - z \sum_{k=1}^{N} P_k F_k(x_i, y_j, u_k) \rightarrow \text{Max} \end{aligned} \tag{4.8}$$

In dieser Gleichung bedeuten b die jährliche Benutzungsdauer, z der Jahresfestkostensatz, I und J die Indexmengen, die die Systemeingangs- und -ausgangsströme kennzeichnen. Die Vektoren P_i und P_j enthalten als Komponenten die Preise oder den Preisen analoge Wertgrößen der Rohstoffe und der Fertigprodukte. Die skalare Wertgröße P_k bedeutet den auf eine charakteristische Größe F_k des k-ten Elementes bezogenen Investitionspreis einschließlich der Zuschlagsfaktoren und anderer ökonomischer Modifikationen. Die gemäß Gl. (4.4) einfachsten Nebenbedingungen sind die Beschränkungen der

Stromvektoren. Das Problem der Gewinnmaximierung gemäß (4.8) ist dann sinnvoll gestellt, wenn die Systemeingangsstromvektoren nach oben und die Systemausgangsstromvektoren nach unten miteinander verträglich beschränkt sind.

$$x_i \leqq x_{i0}, \qquad i \in I \tag{4.9}$$

$$y_j \leqq y_{j0}, \qquad j \in J \tag{4.10}$$

Die Ungleichungen (4.9) bedeuten beschränkte Rohstoffressourcen und (4.10) die Mindestproduktionen.

Die Strukturoptimierungsaufgabe ist mit den Gln. (4.3) bis (4.10) mathematisch formuliert. Je nach Anwendungsfall erscheinen in der Zielfunktion Variable, die den Strömen zugeordnet werden müssen, Auslegungsparameter und konstruktive Parameter, die als Komponenten des Entscheidungsvektors auftreten, weitere Optimierungsvariable und schließlich die Strukturvariablen selbst.

Bei der praktischen Durchführung von Aufgaben hat es sich erwiesen, nicht nur eine Punktlösung, sondern besser eine parametrische Lösung des Optimierungsproblems zu suchen. Diese Aufgabenstellung ist aufwendiger, liefert dafür aber vertiefte Einsichten. Bezieht man die Parametrigkeit auf die Preisparameter P, die in die Zielfunktion (4.8) linear eingehen, dann ist damit auch ein analoges Polyoptimierungsproblem formuliert. Optimalitätsaussagen für variable Preise haben gerade in jüngster Zeit an Bedeutung gewonnen.

Anwendung auf die Struktursynthese eines Reaktorsystems

Als Beispiel zur Erläuterung der Methodik wird eine zweielementige Reaktorschaltung betrachtet. Als Elemente werden Reaktoren unterschiedlichen Typs gewählt. Die Reaktortypen sind der Rührkesselreaktor als Modelltyp der idealen Vermischung und der Strömungsrohrreaktor als der der idealen Verdrängung. Die Vereinigungsstruktur ist in Abb. 4.11 dargestellt. In den Reaktoren wird eine einfache volumenbeständige isotherme Reaktion der Ordnung m angenommen, durch die der Rohstoff A in das Zielprodukt B umgesetzt wird.

$$A \xrightarrow[k]{m} B \tag{4.11}$$

Zur Aufstellung der Gleichungen wird ohne Verlust an Allgemeinheit der Rohstoffstrom $\dot{n}_0 = \dot{a}_0$ am Systemeingang vorgegeben. Von den 6 Strukturvariablen werden wegen der Bilanzbedingungen $d_{0K} + d_{0R} = 1$, $d_{KO} + d_{KR} = 1$ und $d_{RO} + d_{RK} = 1$ die drei Aufteilungsparameter d_{OK}, d_{RK} und d_{KR} als unabhängige Strukturvariable ausgewählt. Für die Stromvektoren x und y sind zwei Komponenten anzugeben, hier zweckmäßig der Rohstoffmolenstrom und der Gesamtmolenstrom. Mit der Molbeständigkeit der Reaktion können dann die Gesamtmolenströme sofort angegeben werden

$$\dot{n}_K = d_K \dot{n}_0, \quad \dot{n}_R = d_R \dot{n}_0, \quad \dot{n} = \dot{n}_0 \tag{4.12}$$

mit

$$d_K = \frac{d_{OK} + (1 - d_{OK})\, d_{RK}}{1 - d_{RK}d_{KR}}$$
$$d_R = \frac{1 - d_{OK} + d_{OK}d_{KR}}{1 - d_{RK}d_{KR}} \tag{4.13}$$

Diese Strukturgleichungen (4.12) sind durch die Rohstoffbilanzen um die Verteiler (Abb. 4.11) zu ergänzen.

$$\dot{a}_{KE} = \dot{a}_0 d_{OK} + \dot{a}_{RA} d_{RK}$$
$$\dot{a}_{RE} = \dot{a}_0(1 - d_{OK}) + \dot{a}_{KA} d_{KR} \tag{4.14}$$
$$\dot{a} = \dot{a}_{KA}(1 - d_{KR}) + \dot{a}_{RA}(1 - d_{RK})$$

Für jeden Reaktor genügt es, eine Gleichung für die Rohstoffabnahme zu notieren, die jeweils zweite Gleichung ist die Molbilanz.

Für den Rührkesselreaktor gilt

$$\dot{a}_{KA} - \dot{a}_{KE} = -kc^m V_K \left(\frac{\dot{a}_{KA}}{\dot{n}_K}\right)^m, \tag{4.15}$$

und für den Strömungsrohrreaktor

$$\dot{a}_{RA}^{1-m} - \dot{a}_{RE}^{1-m} = -k\left(\frac{c}{\dot{n}_R}\right)^m (1 - m)\, V_R \quad (\text{für } m \neq 1) \tag{4.16}$$

$$\dot{a}_{RA} = \dot{a}_{RE} \exp\left(-\frac{kc V_R}{\dot{n}_R}\right) \quad (\text{für } m = 1) \tag{4.17}$$

V_K, V_R – Reaktions- bzw. Reaktorvolumina
k – Reaktionsgeschwindigkeitskonstante
c – Gesamtkonzentration

$$c = \frac{\dot{n}}{\dot{V}} = \frac{\dot{a}_0}{\dot{V}_0} = \frac{\dot{n}_K}{\dot{V}_K} = \frac{\dot{n}_R}{\dot{V}_R} \tag{4.18}$$

Die Gesamtkonzentration hat wegen der vorausgesetzten Volumenbeständigkeit der Reaktion für alle Stromvektoren den gleichen Wert. Die Zielfunktion Gewinn schließlich lautet:

$$G = b[P_B(\dot{a}_0 - \dot{a}) - P_A\dot{a}_0] - z[P_R V_R + P_K V_K] \tag{4.19}$$

Die Festkosten der beiden Reaktoren wurden dabei dem Volumen proportional gesetzt. Damit ist das Optimierungsproblem vollständig formuliert. Für vorgegebene Bewertungsfaktoren P_B, P_A, P_R und P_K ist die Struktur gesucht, für die der Gewinn $\dot{G}$ gemäß (4.19) maximal ist. Da die Rohstoffmenge am Systemeingang vorgegeben ist, kann mit den nachfolgenden dimensionslosen Größen für den Gewinn, für die Preise und für die Restrohstoffmengen an den Reaktorausgängen

$$\left.\begin{aligned} g &= \frac{\dot{G} + bP_A\dot{a}_0}{bP_B\dot{a}_0} \\ p_K &= \frac{zP_K}{bP_Bkc^m}, \quad p_R = \frac{\dot{a}_{RA}}{bP_Bkc^m} \\ x_K &= \frac{\dot{a}_{KA}}{\dot{n}_K}, \qquad x_R = \frac{\dot{a}_{RA}}{\dot{n}_R} \end{aligned}\right\} \tag{4.20}$$

die Zielfunktion explizit aufgeschrieben werden

$$\left.\begin{aligned} g = {} & d_K(1 - d_{KR})(1 - x_K) + d_R(1 - d_{RK})(1 - x_R) \\ & - p_K[d_K(1 - x_K) - d_R d_{RK}(1 - x_R)]\, x_K{}^{-m} \\ & - \frac{p_R}{1 - m}\left[\left(1 - \frac{d_K d_{KR}}{d_R}(1 - x_K)\right)^{1-m} - x_R{}^{1-m}\right] \to \mathrm{Max} \end{aligned}\right\} \tag{4.21}$$

Der dimensionslose Gewinn g ist eine Funktion der 5 Entscheidungsvariablen x_K und x_R, d_{OK}, d_{KR} und d_{RK} und der 2 Bewertungsfaktoren p_K und p_R.

Zur Vervollständigung der Problemformulierung sind noch die Beschränkung im 5-dimensionalen Entscheidungsraum und im 2-dimensionalen Faktorraum anzugeben.

$$\left.\begin{aligned} & p_K \geqq 0, \quad p_R \geqq 0 \\ & 0 \leqq d_{OK} \leqq 1, \quad 0 \leqq d_{KR} \leqq 1, \quad 0 \leqq d_{KR} \leqq 1 \\ & 0 \leqq x_K \leqq 1, \quad 0 \leqq x_R \leqq 1 \end{aligned}\right\} \tag{4.22}$$

$$\left.\begin{aligned} d_K d_{KR}(1 - x_R) &\leqq d_R(1 - x_R) \\ d_R d_{RK}(1 - x_R) &= d_K(1 - x_K) \end{aligned}\right\} \tag{4.23}$$

Die Ungleichungen (4.23) entsprechen dem nichtnegativen Reaktorvolumina.

Die Ergebnisse der Optimierung bilden eine optimale Charakteristik, die in Abb. 4.13 dargestellt ist. Das Einheitsquadrat für die beiden Variablen Umsatz u und Investpreisanteil des Rührkessels $p = p_K/(p_K + p_R)$ zerfällt in drei Bereiche. In einem ersten Bereich wird wegen seines gerineren Volumenpreises der Rührkesselreaktor allein eingesetzt. Analoge Verhältnisse erhält man in einem zweiten Bereich für den Strömungsrohrreaktor. In einem dritten Zwischenbereich, in dem die Bewertungsfaktoren für den Kessel und für das Rohr die gleiche Größenordnung haben, ist die optimale Lösung durch die Folgeschaltung gegeben. Die Reaktionsordnung m entscheidet darüber, in welcher Reihenfolge Rohr und Kessel zu schalten sind. Zur Deutung der

Ergebnisse ist folgendes zu bemerken. Zunächst ist sofort einzusehen, daß bei einem geringen Volumenpreis für einen Reaktortyp dieser allein zur Herstellung des Zielproduktes eingesetzt wird. Es wurde aber auch eine

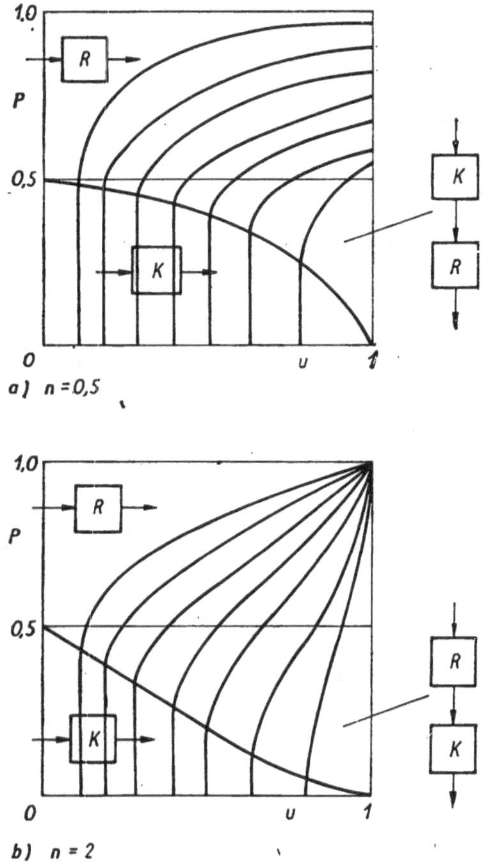

Abb. 4.13. Optimale Charakteristik für die irreversible Reaktion A → B der Ordnung n mit Isogewinnlinien

K – Rührkesselreaktor, *R* – Strömungsrohrreaktor, *u* – Umsatz, $p = p_K/(p_K + p_R)$ – Preisanteil

quantitative Aussage darüber erhalten, bis zu welchen Preisverhältnissen p_R und p_K dies ökonomisch sinnvoll bleibt; die Grenzkurven liefern leicht auswertbare Ungleichungen. Beispielsweise ist der Strömungsrohrreaktor immer dann einzusetzen, falls sein Volumenpreis kleiner als der des Rührkesselreaktors ist $p_R < p_K$. Bei vergleichbaren Bewertungsfaktoren p_R und p_K wird die Folgeschaltung zweier Reaktoren unterschiedlichen Typs ökonomisch effektiver gegenüber Einzelreaktoren. Für eine Reaktionsordnung $m < 1$ ist der Rohrreaktor nachzuschalten, da nur mit ihm der hier mögliche vollständige Umsatz des Rohstoffes erreichbar ist. Durch Vorschaltung eines Rührkesselreaktors wird eine Vorverarbeitung durchgeführt, deren Effektivität auf dem geringeren Volumenpreis beruht. Für die Reaktionsordnung $m > 1$ gelten analoge Verhältnisse. Für die Reaktionsordnung $m = 1$ ist die Reihenfolge der Reaktoren unerheblich. Neben der Strukturentscheidung wird durch die Gewinnoptimierung auch eine Entscheidung über die Auslegungsvariablen etwa in Form der Reaktorvolumina getroffen. Optimale Charakteristiken der Art (Abb. 4.13) stellen einfache Entscheidungshilfen im Rahmen der Struktursynthese dar. Auf analoge Weise zur einfachen Reaktion wird die Folgereaktion erster Ordnung für ein zweielementiges Reaktorsystem untersucht.

$$A \xrightarrow{k_A} B \xrightarrow{k_B} C \tag{4.24}$$

Die Reaktion wird isotherm, volumen- und molbeständig angenommen. A bedeutet den Rohstoff, B das gewünschte Zielprodukt und C ein nicht erwünschtes Nebenprodukt. Die Reaktionsgeschwindigkeitskonstanten der beiden Teilreaktionen lauten k_A und k_B. Führt man die dimensionslosen Bewertungsfaktoren

$$p_K = \frac{zP_K\dot{V}_0}{bP_Bk_A\dot{a}_0}, \quad p_R = \frac{zP_R\dot{V}_0}{bP_Bk_A\dot{a}_0} \tag{4.25}$$

und die dimensionslosen Verweilzeiten in den Reaktoren

$$t_K = k_A \frac{V_K}{\dot{V}_K}, \quad t_R = k_A \frac{V_R}{\dot{V}_R} \tag{4.26}$$

ein, so lautet die dimensionslose Zielfunktion

$$g = \frac{\dot{G}}{bP_B\dot{a}_0} + \frac{P_A}{P_B} \tag{4.27}$$

explizit

$$g = \frac{\dot{b}}{\dot{a}_0} - p_Kt_Kd_K - p_Rt_Rd_R \tag{4.28}$$

mit der Ausbeute an B

$$\begin{aligned}\frac{\dot{b}}{\dot{a}_0} = &\left\{\frac{e^{-t_R} - e^{-kt_R}}{k-1}\left[1 - d_{RK} + \frac{1 - d_{KR}}{1 + kt_K}\right]\right. \\ &\times \left[1 - d_{OK} + \frac{d_{OK}d_{KR}}{1 + t_K}\right] + \frac{t_K}{(1 + t_K)(1 + kt_K)} \\ &\left.\times \left[1 - d_{KR} + (1 - d_{RK})\,e^{-kt_R}\right]\left[d_{OK} + (1 - d_{OK})\,d_{RK}e^{-t_R}\right]\right\} \Big/ \\ &\left\{\left[1 - d_{KR}d_{RK}\frac{e^{-t_R}}{1 + t_K}\right]\left[1 - d_{KR}d_{RK}\frac{e^{-kt_R}}{1 + kt_K}\right]\right\}\end{aligned} \tag{4.29}$$

Die Größe k bedeutet das Verhältnis der beiden Reaktionsgeschwindigkeitskonstanten k_A und k_B

$$k = \frac{k_B}{k_A}$$

Die optimalen Reaktorvolumina V_R und V_K berechnen sich wie folgt:

$$\left.\begin{aligned} V_R &= \frac{1}{1-m}\left[\left(1 - \frac{d_K d_{KR}}{d_R}(1-x_K)\right)^{1-m} - x_R{}^{1-m}\right] \\ V_K &= [d_K(1-x_K) - d_R d_{RK}(1-x_R)]\, x_K{}^{-m} \\ V_R &= \frac{kc^m}{\dot a_0}\cdot V_R \\ V_K &= \frac{kc^m}{\dot a_0}\cdot V_K \end{aligned}\right\} \quad (4.30)$$

Die optimale Charakteristik, die analog zum 1. Beispiel aufgebaut ist, zeigt Abb. 4.14.

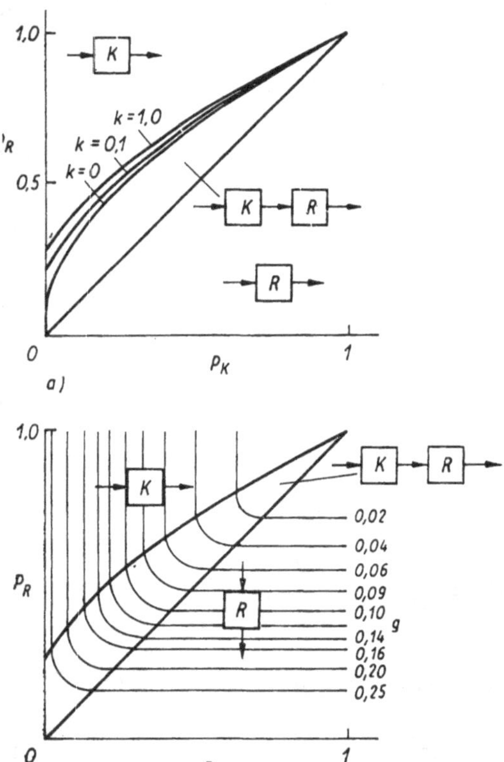

Abb. 4.14. Optimale Reaktorsystemstrukturen für die Folgereaktion A → B → C (B – Zielprodukt)
a) Grenzkurven für einige Werte k
b) Optimale Charakteristik mit Isogewinnlinien

4.4. Entwurf von Stofftrennsystemen [2, 11, 24, 27–34, 37]

Nach dem Entwurf des Reaktorsystems (oder falls die gewünschten Strukturen der Endprodukte bereits im Rohstoffstrom vorliegen) sind die Mengenströme, deren Zusammensetzungen und Temperaturen in gewissen Grenzen bekannt. Sehr oft sind diese Ströme Stoffgemische, die für eine weitere Reaktion oder die Weiterverarbeitung eine spezielle vorgegebene Zusammensetzung besitzen müssen. Dazu gehört z. B. die Abtrennung und Rückführung nichtumgesetzter Rohstoffe, die Beseitigung von Katalysatorgiften bzw. Verunreinigungen vor der Reaktion, die Ausschleusung inerter Komponenten zur Einhaltung festgelegter Konzentrationen, die Vermeidung explosibler Gemische, die Aufbereitung der Zielprodukte, wobei diese oft als reine Komponenten abzutrennen sind.

Die zum Einsatz kommenden Trennprozesse werden bestimmt durch die konkreten physikalisch-chemischen Eigenschaften der beteiligten Komponenten. Diese Trennprozesse lassen sich je nach den verwendeten Wirkprinzipien in folgende Gruppen einteilen:

1. Trennung durch Ausnutzung der Phasengleichgewichtsverhältnisse (z. B. Verdampfung, Entspannung, Destillation, Rektifikation, Absorption, Extraktion, Kristallisation, Adsorption, Ionenaustausch, Trocknung, Osmose, u. a.).
2. Transportgeschwindigkeitsgesteuerte Trennverfahren (Gasdiffusion, Dialyse, Elektrodialyse, Permeation, Elektrophorese, Reversosmose, Molekulardestillation, u. a.).
3. Mechanische Trennprozesse (Filtration, Sedimentation, Zentrifugieren, Zyklonieren, Elektroabscheiden, Sieben, Klassieren, u. a.).

Ein Ausschnitt aus den Trennmöglichkeiten zeigt der Trenngraph in Abb. 4.15. Welche der konkreten Trennoperationen Anwendung findet, hängt von vielen Faktoren ab, wie z. B.

- der Größe der Unterschiede in den der Trennoperation zugrunde liegenden Eigenschaften der Stoffe (z. B. Siedetemperatur, Dichte, Teilchengröße, Diffusionsgeschwindigkeit u. a.),
- der Größe des zu trennenden Mengenstromes,
- der Zusammensetzung des Gemisches,
- der geforderten Reinheit der Produkte,
- der Empfindlichkeit der Komponenten gegenüber Temperaturänderungen u. a.,
- dem Phasenzustand,
- den Korrosionseigenschaften der Stoffe u. a.

Währenddem die Trennverfahren der 1. Gruppe sowohl energetisch als auch apparativ aufwendig sind, sind die Verfahren der 2. Gruppe oft extrem investkostenintensiv energetisch jedoch günstiger, die der 3. Gruppe weisen meist nicht so hohe Betriebs- und Festkosten auf. Das zum Einsatz kommende Trennverfahren hängt also jeweils von den konkreten Bedingungen ab, oft sind mehrere Alternativlösungen möglich, die endgültige Auswahl ist auf der Grundlage einer Kostenbewertung zu treffen.

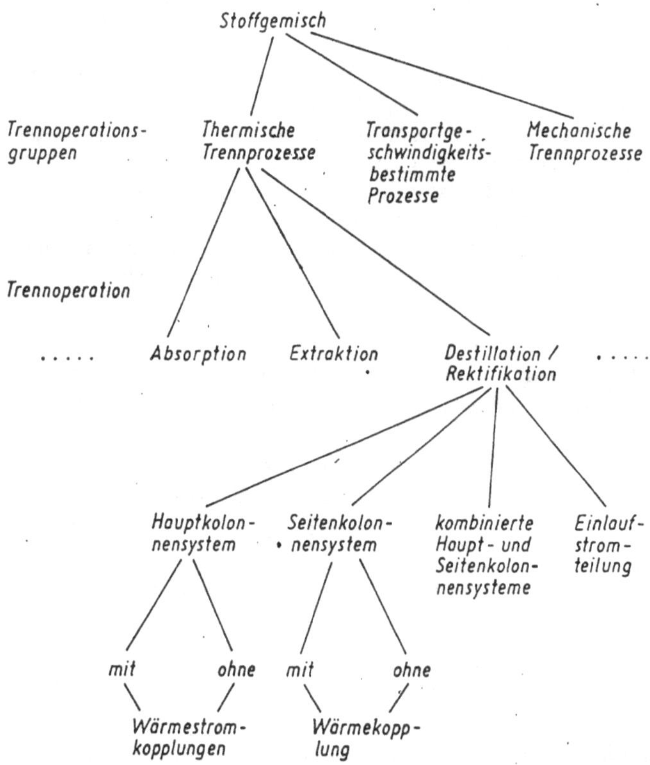

Abb. 4.15. Trenngraph mit entwickelter Verzweigung Destillation-Hauptkolonnen- und -Seitenkolonnensysteme

Von besonderer Bedeutung für die Stofftrennung in der chemischen Industrie ist die Destillation. Ungeführ 70% aller Trennoperationen werden destillativ durchgeführt für welche unten ein Entwurfssystem vorgestellt wird.

4.4.1. Entwurf von Kolonnensystemen mit heuristischen Regeln [11, 35, 36]

Auf Grund des hohen energetischen und apparativen Aufwandes bei dieser Trennoperation spielt die Auswahl der optimalen Struktur und Betriebsparameter eine besonders große Rolle. Tabelle 4.17 zeigt die bei der Struktursynthese

Tabelle 4.17

Strukturvielfalt bei der destillativen Trennung von Mehrstoffgemischen in reine Komponenten für verschiedene Systemtypen

Systemtyp	Variantengleichung	Anzahl der Varianten für Mehrstoffgemische bestehend aus 2–10 Komponenten								
		2	3	4	5	6	7	8	9	10
Hauptkolonnensystem	$V_H = \frac{[2(n-1)]!}{(n-1)!\,n!}$	1	2	5	14	42	132	429	1430	4862
Seitenkolonnensystem	$V_S = n - 1;\ n \geqq 3$	–	2	3	4	54	6	7	8	9
Hauptkolonnensystem mit Wärmestromverbindungen	$V_{HW} = \sum_{i=2}^{n-1} \frac{[2(i-1)]!}{(i-1)!\,i!}$	–	1	3	8	22	64	196	625	2055
Hauptkolonnensystem mit Seitenkolonnensystem	$V_{HS} = \sum_k V_{jkl},\ n \geqq 4$ $V_{jkl} = (j+1)\,[n-(j+k+l+1)] \times V_j V_k V_l$ $V_i = \frac{(2i)!}{(i+1)!\,i!};\ i = j, k, l$ $k = 1/2 \sum_{a=1}^{n-3} (a+1)(a+2)$	–	–	8	42	173	668	2537	9620	36580

von Kolonnensystemen auftretende Strukturvielfalt. Für die Auswahl der optimalen Struktur besitzen deshalb heuristische Regeln auch für die Stofftrennung große Bedeutung. Folgende heuristische Regeln für die Strukturierung (für Hauptkolonnensysteme und ideale bzw. schwach nichtideale Gemische) sind signifikant:

1. Trenne nacheinander jeweils eine Komponente über Kopf ab. (Sog. direkte Reihenfolge.)
2. Lege den Trennschnitt jeweils derart, daß die Kopf- und Sumpffraktion molmengenmäßig möglichst gleich groß sind. (Sog. „50-50-Trennung" oder äquimolare Trennung.)
3. Falls alle anderen Eigenschaften gleich sind, trenne möglichst jeweils in gleich große Teile.
4. Führe schwierige Trennoperationen mit möglichst kleinen Mengen aus, d. h. trenne vorher leicht abtrennbare Fraktionen ab.
5. Trenne in der Reihenfolge fallender α-Werte (α-relative Flüchtigkeit) zwischen den jeweils benachbarten Komponenten.
6. Trenne die Komponente, die im Überschuß vorliegt, zuerst ab.
7. Sind sowohl die Mengen als auch die anderen Eigenschaften nicht gleich, so verwende die Regel:

   Trenne zunächst die im Überschuß vorliegende Komponente ab.
8. Trenne zunächst thermisch instabile Komponenten ab (d. h. solche, die bei höheren Temperaturen zur Zersetzung, Oligomerisierung, Polymerisation oder anderen chemischen Umsetzungen neigen).
9. Trenne zunächst korrosiv wirkende Komponenten ab (d. h. solche, die erhöhte Festkosten auf Grund aufwendiger Werkstoffe für die Ausrüstungen erfordern).
10. Trenne Komponenten/Fraktionen, die
    - nicht zu dicht zwischen zwei Komponenten/Fraktionen sieden,
    - relativ kleine Mengen darstellen und
    - keine hohen Reinheitsforderungen besitzen

    im Seitenstrom, möglichst in der Obersäule, ab. Verwende ggf. eine zusätzliche Stripp- bzw. Verstärkungssäule.

Zur Wahl des Apparatetyps bzw. der Betriebsparameter werden folgende Regeln vorgeschlagen:

1. Das Verhältnis Kolonnendurchmesser zu Füllkörpergröße (Pallringe, Raschig-Ringe) soll im Bereich

   20 : 1 bis 40 : 1

   liegen.

2. Bevorzuge für Normaldruck- und Druckkolonnen Ventil- und Performkontaktböden bzw. Pallringe.
3. Vermeide bei der Wahl der Betriebsparameter Temperatur- und Druckabweichungen von den Umgebungsbedingungen; wähle eher Abweichungen nach oben als nach unten. *Voraussetzung:* alle anderen Bedingungen bleiben gleich.
4. Das Verhältnis Kopfproduktmenge/Einlaufmenge sollte gleich der Summe der Konzentration der leichten Komponenten im Einlauf sein:

$$\varepsilon = \sum_{i=1}^{K} Z_i$$

Z_i — Konzentration im Einlauf
$1 \ldots K$ — leichte Komponente

5. Das kostengünstigste Rücklaufverhältnis liegt meist nahe $R_{\min}$. Aus Gründen einer hinreichenden Stabilität sollte gewählt werden:

$$\left(\frac{R}{R_{\min}}\right) = 1{,}2 \ldots 1{,}25$$

$$\left(\frac{R}{R_{\min}}\right) = 1{,}25$$

6. Wähle dasjenige Rücklaufverhältnis, bei der das Produkt $(R + 1) \cdot n$ minimal wird.
7. Wähle R so, daß die maximal in einem Kolonnenapparat realisierbare Bodenzahl benötigt wird.
8. Wähle bei temperaturempfindlichen Produkten den Kolonnendruck so, daß

$$t_{\text{Sumpf}} \leqq t_{\max} .$$

Druckverlust in der Kolonne beachten!

9. Wähle den Kolonnendruck so hoch, daß die Kühlung mit dem verfügbaren Kühlwasser bzw. mit Luft möglich ist. Prüfe, ob die Sumpftemperatur folgende Bedingungen erfüllt:

   1. $t_s + \Delta t_{\text{Verdampfer}} \leqq t_{\text{Heizdampf}}$
   2. $t_s \leqq$ maximal zulässige Temperatur (z. B. wegen Produktzersetzung, Polymerisation)

10. Steigere den Organisiertheitsgrad (dieser entspricht der Trennschärfe) einer Kolonne bzw. eines Kolonnensystems zunächst durch Variation intensiver Parameter (optimaler Einlaufboden, Verhältnis Kopfproduktmenge — Sumpfproduktmenge, Druck usw.), erst dann durch Variation extensiver Parameter (Rücklaufverhältnis, Bodenzahl usw.).

Die genannten strukturierenden Regeln haben sich in vielen Fällen als nicht konsistent und unscharf erwiesen. Es wurden umfangreiche Untersuchungen zur Präzisierung dieser Regeln durchgeführt [36]. Die nachfolgend beschriebenen neuen heuristischen Regeln gelten für die Zerlegung idealer bzw. schwach nichtidealer Gemische in Hauptkolonnensystemen. Ihre Formulierung entspricht der Zerlegung von 3-Komponentengemischen in 2-Kolonnensystemen. Eine Erweiterung auf Gemische mit mehr als drei Komponenten wird weiter unten beschrieben.

4.4.2. Beschreibung verbesserter heuristischer Regeln

Heuristische Regel 1 (HR 1)

Trenne ein in 3 Komponenten zu zerlegendes Gemisch derart, daß in der ersten Trennstufe die folgende Gleichung erfüllt ist:

$$\left| \sum_{i=1}^{LK} x_i - MK \right| = \text{Min.} \qquad LK = 1{,}2 \tag{4.31}$$

$$MK = 0{,}707 - 0{,}177 \cdot \alpha \quad \text{und} \tag{4.32}$$

$$\alpha = 0{,}5\,(\alpha_{1,2} + \alpha_{2,3}) \tag{4.33}$$

x_i — Molkonzentration der Komponente i im Einlaufgemisch der jeweiligen Kolonne

MK — α-abhängige Funktion

α — relative Flüchtigkeit

LK — Nummer der leichten Schlüsselkomponente

Gültigkeitsbereiche der Regel HR 1:

Bereich A:

1. $\alpha_{1,2} \geqq 1{,}5$; $\alpha_{2,3} \geqq 1{,}5$ (4.34)
   (d. h. keine schwierige Trennung)
2. Flüssiges Ausgangsgemisch.
3. Gleiche bzw. gleichwertige Werkstoffe.
4. Vollkondensation.
5. Gleiche Heiz- und Kühlmittel für Kolonnen mit jeweils gleicher Schnittlage (d. h. gleichen Schlüsselkomponenten).

Bereich B:

1. $\alpha_{1,2} < 1{,}5$; $\alpha_{2,3} < 1{,}5$ (4.35)
   (d. h. 2 schwierige Trennungen)

2. ... 5. gemäß 2.—5. bei Gültigkeitsbereich A

Bereich C:

1. $\alpha_{1,2} < 1{,}5$; $\alpha_{2,3} \geqq 1{,}5$ (4.36)
2. ... 5. gemäß 2.—5. bei Gültigkeitsbereich A

Bereich D:

1. $\alpha_{1,2} \geqq 1{,}5$; $\alpha_{2,3} < 1{,}5$ (4.37)
2. ... 5. gemäß 2.—5. bei Gültigkeitsbereich A
6. $\frac{x_2}{x_3} \geqq \frac{0{,}8 - 1{,}2\,MK}{0{,}6 - 0{,}4\,MK}$ oder näherungsweise (4.38a)

$$\frac{x_2}{x_3} \geqq 1 \tag{4.38b}$$

Für das quantitative Arbeiten mit der Regel HR 1 werden die Abb. 4.16 und 4.17 empfohlen.

Heuristische Regel 2 (HR 2)

Trenne ein in 3 Komponenten zu zerlegendes Gemisch, das eine schwierige Trennung (B/C) neben einer weniger schwierigen Trennung (A/B) besitzt, derart, daß die schwierigere Trennung bei möglichst äquimolaren Kopf- und

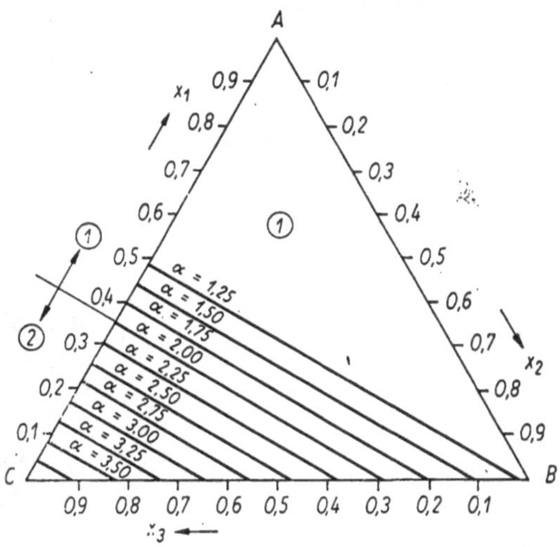

Abb. 4.16. Optimalitätsbereiche gemäß Regel HR 1 (Gültigkeitsbereiche A, B und C)

A, B, C — Komponenten des zu zerlegenden Gemisches, nach steigenden Siedepunkten geordnet
① — Optimalitätsbereich der Struktur 1 (direkte Reihenfolge)
② — Optimalitätsbereich der Struktur 2 (indirekte Reihenfolge)
x_i — Molanteil der Komponente i im Ausgangsgemisch
α — mittlere relative Flüchtigkeit der zu trennenden Komponenten

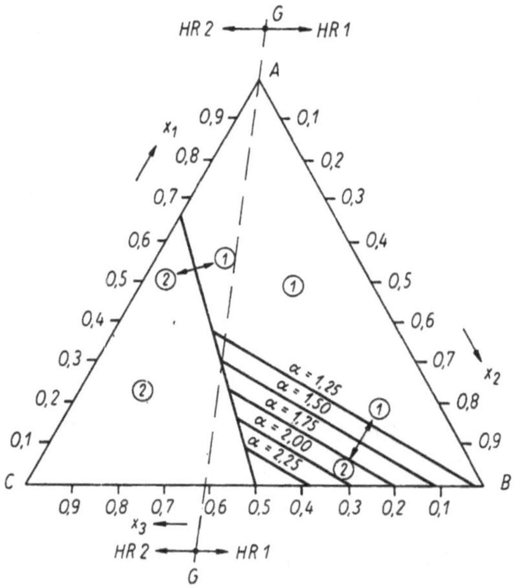

Abb. 4.17. Optimalitätsbereiche gemäß Regel HR 1 (Gültigkeitsbereich D) und HR 2

A, B, C – Komponenten des zu zerlegenden Gemisches, nach steigenden Siedepunkten geordnet
① – Optimalitätsbereich der Struktur 1 (direkte Reihenfolge)
② – Optimalitätsbereich der Struktur 2 (indirekte Reihenfolge)
x_i – Molanteil der Komponente i im Ausgangsgemisch
α – mittlere relative Flüchtigkeit der zu trennenden Komponenten
G-G – Gültigkeitsgrenze zwischen den Regeln HR 1 und HR 2 für $\alpha = 1{,}5$

Sumpfmengen durchgeführt werden kann, d. h.

$$\text{falls } |x_2 - x_3| < |x_1 + x_2 - x_3| \tag{4.39a}$$

wähle Struktur 1 gemäß Abb. 4.18

$$\text{falls } |x_2 - x_3) \geqq |x_1 + x_2 - x_3| \tag{4.39b}$$

wähle Struktur 2 gemäß Abb. 4.18

Gültigkeitsbereich der Regel HR 2

1. $\alpha_{1,2} \geqq 1{,}5;\ \alpha_{2,3} < 1{,}5$ (4.40)
2. ... 5. gemäß 2.–5. bei Regel HR 1, Gültigkeitsbereich A

6. $\frac{x_2}{x_3} < \frac{0{,}8 - 1{,}2\,MK}{0{,}6 - 0{,}4\,MK}$ bzw. näherungsweise (4.41 a)

$\frac{x_2}{x_3} < 1$; MK gemäß Gl. (4.32) (4.41 b)

Für das quantitative Arbeiten mit der Regel HR 2 wird Abb. 4.17 empfohlen.

Heuristische Regel 3 (HR 3)

Erfordert die Trennung zweier Komponenten, falls sie in Anwesenheit sonstiger leichter- oder schwerersiedender Komponenten erfolgt, den Einsatz teurerer Heiz- und/oder Kühlmittel, so verschieben sich die Strukturgrenzen, die für einheitliche Energieträger abgeleitet wurden, zugunsten derjenigen Struktur, die diese Trennung in Abwesenheit sonstiger Komponenten durchführt.

Da eine generelle Quantifizierung des Maßes der Verschiebung der Basisgrenzlinien nur schwer möglich ist, sollte, falls

— die Struktur, die sich gemäß der Basisgrenzlinien ergibt, insbesondere bei schwierigen Trennungen zum Einsatz teurerer Energien führt und
— die Konzentration des zu zerlegenden Ausgangsgemisches in der Nähe der Basisgrenzlinie liegt,

zusätzlich diejenige Struktur analysiert werden, die den Einsatz der teureren Energien vermeidet oder zumindestens reduziert.

Heuristische Regel 4 (HR 4)

Wird in dem zu entwerfenden Kolonnensystem eine Teilkondensation des Kopfproduktes der 1. Trennstufe verbunden mit einer dampfförmigen Einspeisung dieses Kopfproduktes in die zweite Trennstufe prinzipiell zugelassen, so kann die optimale Struktur wie folgt ermittelt werden:

1. Verwende die Regeln HR 1 und HR 2 entsprechend der angegebenen Gültigkeitsbereiche. Wird hierbei die indirekte Reihenfolge (Struktur 2) vorgeschlagen, so wähle die indirekte Reihenfolge mit Teilkondensation (Struktur 3 gemäß Abb. 4.18). Wird Struktur 1 vorgeschlagen, so

   wähle Struktur 1 falls $x_2/x_3 \geqq 1$ bzw.

   prüfe Struktur 1 und 3 falls $x_2/x_3 < 1$
2. Prüfe bei hohen Genauigkeitsanforderungen im Bereich $x_1 < 0{,}1$ zusätzlich die Struktur 2, falls nach 1. die Struktur 3 vorgeschlagen wird.
3. Sind beide α-Werte > 4, wähle grundsätzlich die Struktur 1.

Gültigkeitsbereich der Regel HR 4:

1. $\alpha_{1,2} \gtreqless \alpha_{2,3}$ (4.42)
2. Flüssiges Ausgangsgemisch.

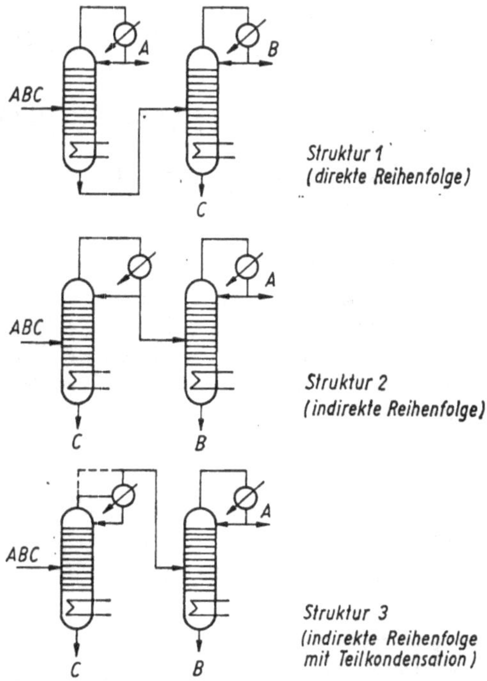

Abb. 4.18. Alternative Strukturen für 2-Kolonnensysteme (Hauptkolonnensysteme)

ABC – Ausgangsgemisch, A, B, C – zu trennende Produkte (Komponenten, Fraktionen)

Anmerkung: Struktur 3 ist eine Modifikation der Struktur 2 und umfaßt eine dampfförmige Einspeisung des Einlaufes in die 2. Trennstufe

3. Gleiche bzw. gleichwertige Werkstoffe.
4. Teilkondensation der Kopfprodukte und dampfförmige Einspeisung in die nächste Kolonne zugelassen.
5. Gleiche Heiz- und Kühlmittel für Kolonnen mit gleicher Schnittlage.

Heuristische Regel 5 (HR 5)

Liegen in einem Gemisch seitens der zu trennenden Komponenten unterschiedliche Werkstoffanforderungen vor und resultieren hieraus bei den alternativen Strukturen für jeweils gleiche Trennschnitte unterschiedliche spezifische Ausrüstungskosten, so verschieben sich die für gleiche Werkstoffe gültigen Strukturgrenzen, nachfolgend als Basisgrenzlinien bezeichnet, zugunsten der Struktur mit den niedrigeren Anforderungen an die Werkstoffe.

Für die technisch interessanten alternativen Werkstoffe unlegierter Stahl und legierter Stahl beträgt die Verschiebung der Basisgrenzlinien, α-Werte im Bereich $0,5 < \alpha_{1,2}/\alpha_{2,3} < 2$ sowie eine durchschnittliche Kostenstruktur[1], vorausgesetzt, ca. 0,1 Einheiten im Konzentrationsdreieck.

Beim Einsatz von verschiedenen unlegierten oder auch niedriglegierten Stählen ist eine Korrektur der Basisgrenzlinien nicht erforderlich.

Heuristische Regel 6 (HR 6)

Für dampfförmige Ausgangsgemische gelten in Abhängigkeit von der Größe der relativen Flüchtigkeit die folgenden Regeln:

HR 6/1: Liegt ein engsiedendes Gemisch ($\alpha_{i,i+1} < 1,5$) vor, so wähle

Struktur 1, falls $x_1 > x_3$ bzw.

Struktur 2, falls $x_1 \leqq x_3$

HR 6/2: Liegt ein Gemisch mit mittleren Siedeunterschieden ($1,5 \leqq \alpha_{i,i+1} \leqq 3,0$) vor, so wähle

Struktur 1, falls $x_1 \geqq x_1{}^1)$ bzw.

Struktur 2, falls $x_1 \leqq x_1{}^1)$

mit $x_1{}^1) = 0,5 - 0,1\,\alpha$ und

$\alpha = 0,5\,(\alpha_{1,2} + \alpha_{2,3})$

HR 6/3: Liegt ein Gemisch mit großen Siedeunterschieden ($\alpha_{i,i+1} > 3$) vor, so wähle

Struktur 1, falls $x_1 \geqq x_2$ bzw.

Struktur 2, falls $x_1 \leqq x_2$

Gültigkeitsbereich der Regel HR 6:

1. Relative Flüchtigkeiten beliebig.
2. Dampfförmiges Ausgangsgemisch.
3. ... 5. Gemäß 3.—5. bei Regel HR 1, Gültigkeitsbereich A

Heuristische Regel 7 (HR 7)

Ist das zu trennende Gemisch dampfförmig und eine Teilkondensation des Kopfproduktes der 1. Trennstufe verbunden mit einer dampfförmigen Einspeisung dieses Kopfproduktes in die 2. Trennstufe ist prinzipiell zugelassen, gelten in Abhängigkeit von der Größe der relativen Flüchtigkeiten die folgenden Regeln:

HR 7/1: Liegt ein engsiedendes Gemisch ($\alpha_{i,i+1} < 1,5$) vor, so wähle

Struktur 1, falls $x_1 \geqq (0,55 - 0,42 \cdot x_2)$

Struktur 2, falls $x_1 \leqq 0,08$

Struktur 3, falls $0,08 \leqq x_1 \leqq (0,55 - 0,42 \cdot x_2)$

[1] Anteil der Festkosten an der jährlichen Aufwandssumme 20 bis 40%.

Da die Aufwandsummen der Strukturen 2 und 3 im Bereich $x_1 < 0{,}4$ nahezu gleich sind (Differenz $< 5\%$), kann die Entscheidung zwischen den beiden Strukturen in diesem Konzentrationsbereich auch an Hand zusätzlicher Kriterien, z. B. technischer und/oder betrieblicher, gefällt werden.

HR 7/2: Liegt ein Gemisch mit mittleren Siedeunterschieden ($1{,}5 \leqq \alpha_{i,i+1} \leqq 3$) vor, so wähle

Struktur 1, falls $x_1 \geqq 0{,}45$
Struktur 2, falls $x_1 \leqq 0{,}05$
Struktur 3, falls $0{,}05 \leqq x_1 \leqq 0{,}45$.

Analog zur Regel HR 7/1 kann auch hier die Entscheidung zwischen den Strukturen 2 und 3 im Bereich $x_1 < 0{,}2$ an Hand zusätzlicher Kriterien, z. B. technischer und/oder betrieblicher, gefällt werden.

HR 7/3: Liegt ein Gemisch mit großen Siedeunterschieden ($\alpha_{i,i+1} > 3$) vor, so wähle

Struktur 1, falls $\frac{x_1}{x_2} \geqq \frac{\text{ASB}}{\text{ASF}}$ bzw.

Struktur 3, falls $\frac{x_1}{x_2} \leqq \frac{\text{ASB}}{\text{ASF}}$.

ASB — jährliche Betriebskosten
ASF — jährliche Festkosten

Gültigkeitsbereich der Regel HR 7

1. Relative Flüchtigkeiten:
   $\alpha_{i,i+1} < 1{,}5$ (HR 7/1)
   $1{,}5 \leqq \alpha_{i,i+1} \leqq 3{,}0$ (HR 7/2)
   $\alpha_{i,i+1} > 3{,}0$ (HR 7/3)
2. Dampfförmiges Ausgangsgemisch.
3. Gleiche bzw. gleichwertige Werkstoffe.
4. Teilkondensation des Kopfproduktes und dampfförmige Einspeisung in die nächste Kolonne zugelassen.
5. Gleiche Heiz- und Kühlmittel für Kolonnen mit gleicher Schnittlage.

Auswahl der jeweils zutreffenden heuristischen Regel

Da die beschriebenen heuristischen Regeln, wie dargelegt, nur unter bestimmten thermoökonomischen Bedingungen gültig sind, muß bei der Bearbeitung einer konkreten Aufgabenstellung zunächst die jeweils zutreffende Regel ausgewählt werden. Hierfür können die in den Abb. 4.19 und 4.20 dargestellten Leitschemata verwendet werden.

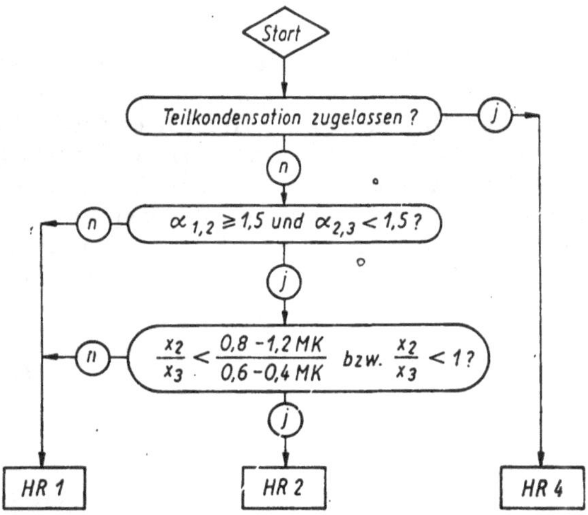

Abb. 4.19. Leitschema zur Wahl der jeweils zutreffenden heuristischen Regel für die Zerlegung flüssiger Ausgangsgemische

Anmerkungen: (1) Liegen unterschiedliche Heiz- und/oder Kühlmittel vor, siehe zusätzlich HR 3

(2) Liegen unterschiedliche Werkstoffanforderungen vor, siehe zusätzlich HR 5

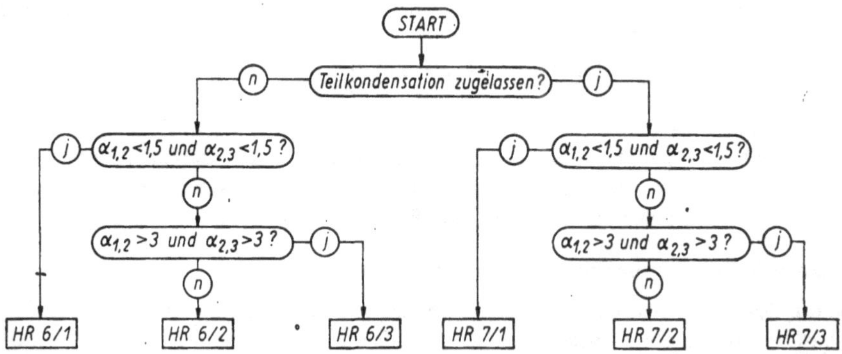

Abb. 4.20. Leitschema zur Wahl der zutreffenden heuristischen Regeln für dampfförmige Ausgangsgemische

Anmerkungen: (1) Liegen unterschiedliche Heiz- und/oder Kühlmittel vor, siehe zusätzlich HR 3

(2) Liegen unterschiedliche Werkstoffanforderungen vor, siehe zusätzlich HR 5

Einführung von. Pseudokomponenten

Bei der Formulierung der beschriebenen heuristischen Regeln wurde zunächst postuliert, daß diese Ausgangsgemische in 3 jeweils eine Komponente beinhaltende Produkte zerlegt werden sollen. Enthalten die zu trennenden Produkte mehr als eine Komponente, so sind diese vor Anwendung der heuristischen Regeln zu sog. Pseudokomponenten zusammenzufassen. Die für die Anwendung der heuristischen Regeln von diesen Pseudokomponenten erforderlichen Daten, speziell die Konzentration im Ausgangsgemisch sowie die relative Flüchtigkeit, können hierbei gemäß der folgenden Gleichungen berechnet werden:

$$x_f = \sum_{i=i_{L,f}}^{i_{H,f}} x_i \tag{4.43}$$

$$\alpha_f = \frac{\sum_{i=i_{L,f}}^{i_{H,f}} \alpha_i \cdot x_i}{\sum_{i=i_{L,f}}^{i_{H,f}} x_i} \tag{4.44}$$

$$\alpha_{f,f+1} = \frac{\alpha_f}{\alpha_{f+1}} \tag{4.45}$$

x_f — Molanteil einer Pseudokomponente im Ausgangsgemisch
x_i — Molanteil der Komponente i im Ausgangsgemisch
α_f — relative Flüchtigkeit der Pseudokomponente f, bezogen auf die schwerstsiedende Komponente des Ausgangsgemisches
α_i — relative Flüchtigkeit der Komponente i, bezogen auf die schwerstsiedende Komponente des Ausgangsgemisches
f — Index der Pseudokomponenten nach steigenden Siedepunkten geordnet, $f = 1, 2, 3$
i — Index der Komponenten, nach steigenden Siedepunkten geordnet, $i = 1, 2, \ldots, n$
$i_{L,f}$ — Index der leichtestsiedenden Komponente der Pseudokomponente f
$i_{H,f}$ — Index der schwerstsiedenden Komponente der Pseudokomponente f
$\alpha_{f,f+1}$ — relative Flüchtigkeit zwischen den Pseudokomponenten f und $f+1$

Grenzbereiche bei heuristischen Regeln

Die mit den heuristischen Regeln zwischen den einzelnen Optimalitätsbereichen fixierten Grenzlinien stellen auf Grund des komplexen Zusammenhanges naturgemäß nur eine Approximation der realen Grenzlinien dar. In der Nähe dieser Grenzlinien, wo sich die Effektivität der jeweiligen alternativen Strukturen nur geringfügig unterscheidet, sind deshalb Fehlaussagen der Regeln nicht auszuschließen. Diesem Sachverhalt kann Rechnung getragen werden, indem die Grenzlinien durch Grenzbereiche (s. Abb. 4.21) ersetzt werden, in denen beide alternative Strukturen optimal sein können. Grenzbereiche dieser Art lassen sich unterschiedlich interpretieren, einmal, wie bereits ausgeführt, als Unschärfe der Regeln, zum andern aber auch als Konzentrationsbereiche, in denen neben der optimalen Struktur zusätzlich eine suboptimale existiert. Durch die Verwendung derartiger Grenzbereiche bzw. Toleranzen werden einerseits die möglichen Fehler der heuristischen Regeln abgebaut und zusätzlich suboptimale Strukturen erkannt, andererseits

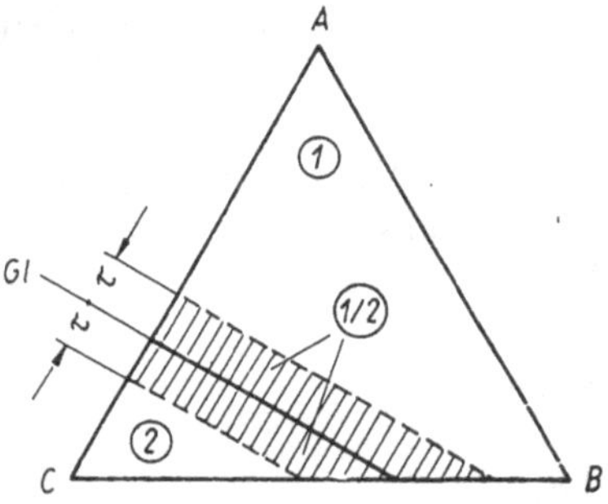

Abb. 4.21. Grenzbereiche bei heuristischen Regeln (Beispiel HR 1)

GL – Grenzlinie gem. einer heuristischen Regel
τ – Toleranz
① – Optimalitätsbereich der Struktur 1
② – Optimalitätsbereich der Struktur 2
①② – Grenzbereich

verlieren die Regeln innerhalb dieser Grenzbereiche ihre Eindeutigkeit und die beiden alternativen Strukturen müssen einer separaten Bewertung unterworfen werden. Die Verwendung von Grenzbereichen bzw. Toleranzen in den heuristischen Regeln hat sich insbesondere bei Stoffsystemen mit breitsiedenden Fraktionen, stark unterschiedlichen relativen Flüchtigkeiten sowie bei Systemen mit mehr als 2 Kolonnen bewährt. In diesen Fällen wird eine Toleranz von $\pm 0{,}1$ kmol/kmol empfohlen (s. Abb. 4.21).

4.4.3. Struktursynthese von Kolonnensystemen zur Trennung von n-Komponentengemischen

Die genannten heuristischen Regeln können mit etwas geringerer Treffsicherheit auch auf die Trennung von n-Komponentensystemen angewendet werden. Dazu sind zwei Vorgehensweisen geeignet:

a) Algorithmus „Schnittselektion“

Das Problem des Entwurfes von Kolonnensystemen zur destillativen Stofftrennung kann auf die Frage zurückgeführt werden, an welcher Stelle ein zu zerlegendes Gemisch jeweils zuerst geschnitten werden soll, d. h. es gilt, nacheinander für jede Trennstufe die alternativen Schnittstellen zu bewerten und diejenige auszuwählen, die die Zielfunktion des Gesamtsystems optimiert. Betrachtet man unter diesem Aspekt die für 2-Kolonnensysteme abgeleiteten heuristischen Regeln, so erkennt man, daß sie leicht in die Form „Der Schnitt A/BC ist dem Schnitt AB/C überlegen, falls die Bedingung 1 erfüllt ist“ bzw. „Der Schnitt AB/C ist dem Schnitt A/BC überlegen, falls die Bedingung 2 erfüllt ist“ gebracht werden können und damit zumindest formal zum Vergleich von 2 alternativen Schnitten (A/BC und AB/C) in einer Trennstufe eingesetzt werden können. Sind nun nicht nur 2 sondern, wie dies beim Entwurf von n-Kolonnensystemen der Fall ist, für jede Trennstufe bis zu n alternative Schnitte zu bewerten, so kann dies durch einen $(n-1)$mal wiederholten Vergleich von jeweils 2 Schnitten und Eliminierung der unterlegenen Schnitte erfolgen. Hierbei sind die nicht geschnittenen Komponenten bzw. Produkte analog zu der beschriebenen Vorgehensweise jeweils zu Pseudokomponenten bzw. Fraktionen zusammenzufassen. Für die Auswahl und Reihenfolge der zu vergleichenden Schnittpaare gibt es verschiedene Möglichkeiten, als günstig hat sich die folgende erwiesen:

Beginne den Vergleich mit den 2 Schnitten zwischen den 3 leichtest siedenden Komponenten bzw. Fraktionen und vergleiche anschließend jeden der folgenden Schnitte mit dem bisher besten, d. h.

1. Schritt: Vergleiche Schnitt 1 und Schnitt 2

2. Schritt: Vergleiche Schnitt OPT (1) und Schnitt 3

⋮

i. Schritt: Vergleiche Schnitt OPT $(i-1)$ und Schnitt $(i+1)$

⋮

$(n-1)$. Schritt: Vergleiche Schnitt OPT $(n-2)$ und Schnitt n

Schnitt OPT(i) = optimaler Schnitt beim i-ten Schritt.

Da der dargelegte Algorithmus auf dem Vergleich und der Auswahl der für eine Trennstufe alternativen Schnittstellen beruht, wird er nachfolgend als „Schnittselektion“ oder auch als Algorithmus 1 bezeichnet.

Beispiel: 4-Kolonnensystem

Die detaillierte Vorgehensweise bei der Schnittselektion ist in den Tab. 4.18 und 4.19 an Hand eines Beispiels zum Entwurf eines 4-Kolonnesystems demonstriert. Die hierbei zur Auswahl stehenden alternativen Strukturen sind in Abb. 4.22 dargestellt. Entsprechend den in der Aufgabenstellung vorgegebenen Bedingungen erfolgt die Bewertung der alternativen Schnitte mit der Regel HR 1.

Für die Ermittlung der optimalen Schnittstelle in der 1. Trennstufe werden nacheinander die Schnitte

$A/B/CDE$	Ergebnis: Schnitt $A/BCDE$ wird verworfen
$AB/C/DE$	Ergebnis: Schnitt ABC/DE wird verworfen
$AB/CD/E$	Ergebnis: Schnitt $ABCD/E$ wird verworfen

verglichen und die unterlegenen jeweils ausgeschieden. Nach 3 Vergleichen ergibt sich der Schnitt AB/CDE als optimal für die 1. Trennstufe.

Die nach dem Schnitt in der 1. Trennstufe verbleibenden Fraktionen (AB und CDE) werden prinzipiell analog behandelt. Im vorliegenden Fall verbleibt nur noch die Entscheidung, wie die Fraktion CDE weiter zu zerlegen ist. Da es

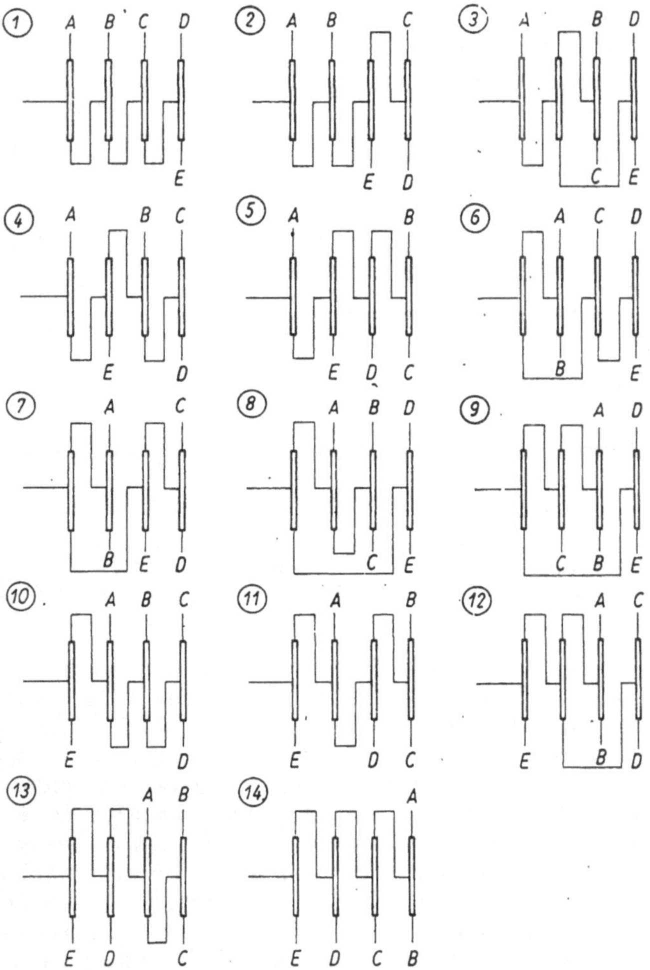

Abb. 4.22. Strukturvarianten bei der destillativen Trennung eines 5-Komponentengemisches (Hauptkolonnensystem), s. a. Tab. 4.17

sich hier um ein 3-Komponentengemisch handelt, bereitet dies keine Schwierigkeiten. Die Regel HR 1 zeigt, daß zunächst die Komponente C abzutrennen ist. Damit ergibt sich als optimal die Struktur 6 gemäß Abb. 4.22.

b) Algorithmus „Strukturselektion“

Unter den alternativen Strukturen, die es für die Zerlegung eines Gemisches in mehr als 3 Produkte gibt, existieren stets Gruppen von Strukturen, die sich nur bezüglich eines 2-Kolonnenteilsystems unterscheiden.

Tabelle 4.18
Aufgabenstellung für den Entwurf eines 4-Kolonnensystems

(1) Konzentrationen und relative Flüchtigkeiten des Ausgangsgemisches:

Komponente	x_1	$\alpha_{i,i+1}$
A	0,1	1,5
B	0,3	1,5
C	0,1	1,5
D	0,3	1,5
E	0,2	1,0

(2) geforderte Produkte: Komponenten A, B, C, D und E
(3) flüssiges Ausgangsgemisch
(4) Werkstoff: Stahl
(5) Teilkondensation die Kopfprodukte verbunden mit einer dampfförmigen Einspeisung in die nachgeschaltete Kolonne nicht zugelassen
(6) einheitliche Heiz- und Kühlmittel

x_i – Molenbruch der Komponente i im Ausgangsgemisch
$\alpha_{i,i+1}$ – relative Flüchtigkeit der Komponente i bezogen auf die Komponente $i + 1$
i – Index für die nach steigenden Siedepunkten geordneten Komponenten des Ausgangsgemisches

Unter der Voraussetzung, daß ausschließlich Hauptkolonnensysteme betrachtet werden, bestehen diese Gruppen jeweils aus 2 Strukturen. In Abb. 4.23 ist dieser Sachverhalt dargestellt. Auf die Aufgabenstellung für ein solches 2-Kolonnenteilsystem, die Zerlegung einer Fraktion in 3 Teilfraktionen, können nun die für 2-Kolonnensysteme gültigen Regeln angewendet werden, d. h. es kann ermittelt werden, ob unter den vorliegenden Bedingungen die direkte oder die indirekte Reihenfolge effektiver ist. Da sich die beiden betrachteten Strukturen nur bezüglich dieses Teilsystems unterscheiden, ist die Struktur mit dem effektiveren 2-Kolonnenteilsystem zwangsläufig die bessere Struktur. Die unterlegene Struktur kann damit von den weiteren Betrachtungen ausgeschlossen werden. Wird diese Prozedur auf alle Strukturpaarungen, die sich nur bezüglich eines 2-Kolonnenteilsystems unterscheiden, (s. Tab. 4.20 und 4.21) angewendet, so kann der Kreis der favorisierten Strukturen erheblich eingeschränkt werden.

Da der dargelegte Algorithmus auf dem Vergleich ausgewählter Strukturen beruht, wird er nachfolgend als „Strukturselektion" oder auch als Algorithmus 2 bezeichnet.

Beispiel: Entwurf eines 3-Kolonnensystems

Die dem Entwurf zugrunde liegende Aufgabenstellung geht aus Tab. 4.22 hervor. Für die Realisierung dieser Aufgabenstellung stehen 5 alternative Strukturen (s. Abb. 4.24) zur Verfügung. Vergleichbar im erläuterten Sinn

Tabelle 4.19

Schnittselektion für die 1. Trennstufe der Aufgabenstellung gemäß Tab. 4.18

(1) Analyse der Schnitte 1 und 2 (A/B/CDE)

i	f	x_i	$\alpha_{i,5}$	$\alpha_{f,5}$	$\alpha_{f,f+1}$	α_m	MK	Σx_f	Σx_f-MK
1	1	0,1	5,06	5,06	1,50	1,91	0,37	0,1	0,27
2	2	0,3	3,38	3,38	2,31			0,4	0,03
3	3	0,1	2,25						
4		0,3	1,50	1,46					
5		0,2	1,00						

Ergebnis: Schnitt 2 ist besser als Schnitt 1, Schnitt 1 wird verworfen, Schnitt 2 wird zum weiteren Vergleich verwendet.

(2) Analyse der Schnitte 2 und 3 (AB/C/DE)

i	f	x_i	$\alpha_{i,5}$	$\alpha_{f,5}$	$\alpha_{f,f+1}$	α_m	MK	Σx_f	Σx_f-MK
1	1	0,1	5,06	3,80	1,69	1,71	0,40	0,4	0,00
2		0,3	3,38						
3	2	0,1	2,25	2,25	1,73			0,5	0,10
4	3	0,3	1,50	1,30					
5		0,2	1,00						

Ergebnis: Schnitt 2 ist besser als Schnitt 3, Schnitt 3 wird verworfen, Schnitt 2 wird zum weiteren Vergleich verwendet.

(3) Analyse der Schnitte 2 und 4 (AB/CD/E)

i	f	x_i	$\alpha_{i,5}$	$\alpha_{f,5}$	$\alpha_{f,f+1}$	α_m	MK	Σx_f	Σx_f-MK
1	1	0,1	5,06	3,8	2,75	2,22	0,32	0,4	0,08
2		0,3	3,38						
3	2	0,1	2,25	1,69	1,69			0,8	0,48
4		0,3	1,50						
5	3	0,2	1,00						

Ergebnis: Schnitt 2 ist besser als Schnitt 4, Schnitt 4 wird verworfen, damit ist Schnitt 2 der optimale für die 1. Trennstufe.

x_i – Molenbruch der Komponente i, $\alpha_{i,5}$ – relative Flüchtigkeit der Komponente i bezogen auf die schwerstsiedende Komponente des Gemisches, $\alpha_{f,5}$ – mittlere relative Flüchtigkeit der Fraktion f bezogen auf die schwerstsiedende Komponente des Gemisches, $\alpha_{f,f+1}$ – relative Flüchtigkeit der Fraktion f bezogen auf die Fraktion $(f+1)$, α_m – arithmetischer Mittelwert der relativen Flüchtigkeiten $\alpha_{f,f+1}$ MK – Koeffizient der Regel HR 1, Σx_f – Summe der Molenbrüche der Fraktionen gem. Regel HR 1, Σx_f-MK – Bewertungskennzahl gemäß Regel HR 1, i – Index für die nach steigenden Siedepunkten geordneten Komponenten, $i = 1, \ldots, 5$, f – Index für Fraktionen, $f = 1, 2, 3$

Tabelle 4.20
Vergleichbare Strukturen bei 3-Kolonnensystemen (s. hierzu Abb. 4.22, 4.23 und 4.24)

lfd. Nr.	Schnitte im Teilsystem 1	Schnitte im Teilsystem 2 (2-Kolonnen-teilsystem)	Schnitte im Teilsystem 3	vergleichbare Strukturen
1	–	A/B/CD	C/D	1, 3*
2	–	A/BC/D	B/C	2, 4*
3	–	AB/C/D	A/B	3, 5*
4	A/BCD	B/C/D	–	1*, 2
5	ABC/D	A/B/C	–	4, 5*

* bezeichnet die unterlegene Struktur

Tabelle 4.21
Vergleichbare Strukturen bei 4-Kolonnensystemen
(siehe hierzu Abb. 4.22 und 4.23)

lfd. Nr.	Schnitte im Teilsystem 1	Schnitte im Teilsystem 2 (2-Kolonnen-teilsystem)	Schnitte im Teilsystem 3	vergleichbare Strukturen
1	–	A/B/CDE	C/D/E	1 und 6
				2 und 7
2	–	A/BC/DE	B/C; D/E	3 und 8
3	–	A/BCD/E	B/C/D	4 und 10
				5 und 11
4	–	AB/C/DE	A/B; D/E	6 und 9
5	–	AB/CD/E	A/B; C/D	7 und 12
6	–	ABC/D/E	A/B/C	8 und 13
				9 und 14
7	A/BCDE	B/C/DE	D/E	1 und 3
8	A/BCDE	B/CD/E	C/D	2 und 4
9	A/BCDE	BC/D/E	B/C	3 und 5
10	A/B/CDE	C/D/E	–	1 und 2
				6 und 7
11	ABCD/E	A/B/CD	C/D	10 und 12
12	ABCD/E	A/BC/D	B/C	11 und 13
13	ABCD/E	AB/C/D	A/B	12 und 14
14	ABC/D/E	A/B/C	–	8 und 9
				13 und 14
15	A/BCD/E	B/C/D	–	4 und 5

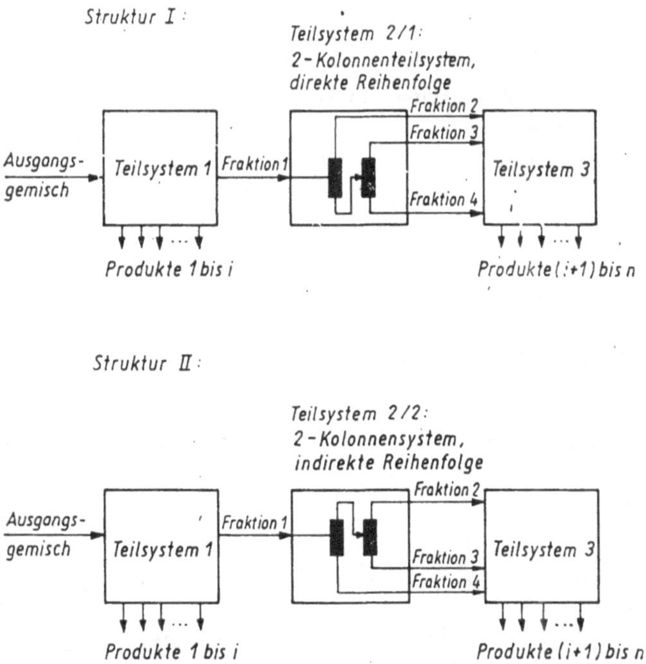

Abb. 4.23. Vergleich von Strukturen mit einem unterschiedlichen Teilsystem (2-Kolonnensystem)

AS_i – Aufwandsumme des Teilsystems i
I – Index der Struktur I
II – Index der Struktur II
TS 2/1 – Index für 2-Kolonnenteilsysteme mit direkter Reihenfolge
TS 2/2 – Index für 2-Kolonnenteilsysteme mit indirekter Reihenfolge
Falls $AS_{TS2/1} < AS_{TS2/2}$ gilt $AS_I < AS_{II}$, d. h. Struktur I ist Struktur II überlegen.
Falls $AS_{TS2/1} > AS_{TS2/2}$ gilt $AS_I > AS_{II}$, d. h. Struktur II ist Struktur I überlegen.

sind hierbei jeweils die in Tab. 4.20 in der letzten Spalte angegebenen 2 Strukturen.

Auf jeder der in Spalte 3 der genannten Tabelle für die 2-Kolonnenteilsysteme angegebenen Aufgabenstellung wird nun entsprechend den vorliegenden Bedingungen die Regel HR 1 bzw. HR 2 angewendet und geprüft, ob die direkte oder die indirekte Reihenfolge besser ist. Die Strukturen mit dem unterlegenen 2-Kolonnenteilsystem sind in Tab. 4.20 in Spalte 5 mit einem Stern versehen. Werden diese unterlegenen Strukturen in einer Liste, die die 5 alternativen Strukturen nur einmal enthält, gestrichen, verbleibt am Ende der Strukturselektion im vorliegenden Fall nur die Struktur 2. Sie ist die einzige Struktur, die nicht in irgend einem der Vergleiche einer anderen Struktur unterlegen war, und damit optimal.

Tabelle 4.22

Aufgabenstellung für den Entwurf eines 3-Kolonnensystems

(1) Konzentrationen und relative Flüchtigkeiten des Ausgangsgemisches:

Komponente	x_i	$\alpha_{i,i+1}$
A	0,576	1,47
B	0,055	1,72
C	0,177	1,42
D	0,192	1,00

(2) geforderte Produkte: Komponenten A, B, C und D
(3) flüssiges Ausgangsgemisch
(4) Werkstoff: Stahl
(5) Teilkondensation der Kopfprodukte verbunden mit einer dampfförmigen Einspeisung in die nachgeschaltete Kolonne nicht zugelassen
(6) einheitliche Heiz- und Kühlmittel

x_i – Molenbruch der Komponente i im Ausgangsgemisch
$\alpha_{i,i+1}$ – relative Flüchtigkeit der Komponente i bezogen auf die Komponente $i + 1$
– Index für die nach steigenden Siedepunkten geordneten Komponenten des Ausgangsgemisches

Die schrittweise Strukturselektion liefert außerdem folgende Aussage zur Rangfolge der einzelnen Strukturen (*Str.*).

– Str. 2 > Str. 1 > Str. 3 > Str. 5 sowie
– Str. 2 > Str. 4

Das Symbol > ist hierbei im Sinn von „besser als" zu verstehen. Detaillierte verfahrenstechnische Berechnungen und die ökonomische Bewertung aller 5 alternativen Strukturen ergab die Rangfolge

Str. 2 > Str. 1 > Str. 4 > Str. 3 > Str. 5

und bestätigte damit die Ergebnisse der durchgeführten heuristischen Strukturselektion vollinhaltlich. Ein Vergleich dieser Entwurfsmethode mit anderen Methoden ist in [36] enthalten und zeigt die Überlegenheit der beschriebenen Methode.

4.5. Struktursynthese von Wärmeübertragungssystemen

4.5.1. Formulierung der Aufgabenstellung

Die energetischen Aufwendungen in stoffwirtschaftlichen Verfahren sind beträchtlich, sie betragen im Durchschnitt an den Selbstkosten der Produkte 10···20%, bei energieintensiven Verfahren kann dieser Anteil 40% erreichen. Auch die Kosten für die wärmeübertragenden Ausrüstungen betragen durch-

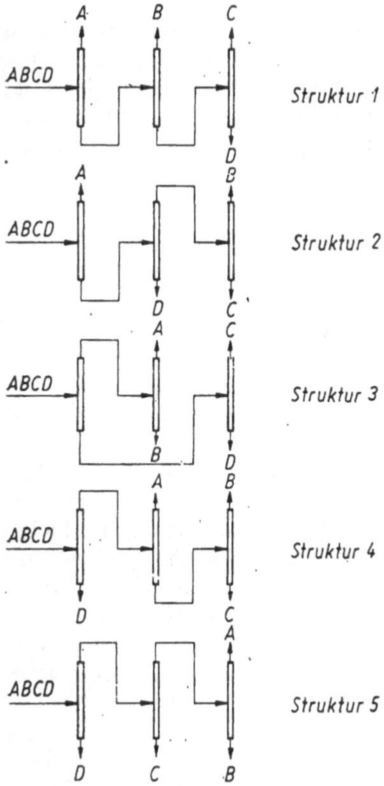

Abb. 4.24. Strukturvarianten zur Trennung eines 4-Komponentengemisches

schnittlich 20% der Gesamtfestkosten, die thermischen und exergetischen Wirkungsgrade der einzelnen energetischen Prozeßstufen unterscheiden sich in Größenordnungen [24, 38]. Da jede stoffliche Veränderung naturgesetzlich mit energetischen Änderungen verbunden ist und die meisten Stoffwandlungsprozesse erst bei einem bestimmten energetischen Potential mit einer großtechnisch bedeutsamen Geschwindigkeit ablaufen, spielt das Teilsystem „Energie" in einem stoffwirtschaftlichen System eine bedeutende Rolle. Die hauptsächlichsten Formen der Triebkraftfelder, die den Ablauf der Stoffwandlungsprozesse in der gewünschten Richtung ermöglichen, können durch folgende Energiearten (bzw. deren Kombinationen) erzeugt werden:

Wärme, Druck, elektrische Energie, ionisierende Strahlung, Licht

und führt zum Aufbau z. B. von Temperatur-, Druck- und Konzentrationsfeldern, zu elektrischen und magnetischen Feldern, zu Energiequanten usw.

Der energetische Aspekt der Struktursynthese eines stoffwirtschaftlichen Systems besteht zum einen darin, durch die optimale Auswahl (vom Standpunkt des Systems) für einen geringen spezifischen Energiebedarf zu sorgen, z. B. durch Auswahl von Wirkprinzipien, die einen günstigen energetischen Wirkungsgrad besitzen, die in der Nähe des Umgebungszustandes ablaufen, mit geringsten thermischen und hydraulischen Verlusten usw. verbunden sind. Solche Maßnahmen sind z. B. die direkte Kopplung endothermer Reaktionen mit exothermen z. B.

$$\left.\begin{array}{l} CaCO_3 \rightarrow CaO + CO_2 \\ C + O_2 \rightarrow CO_2 \end{array}\right\} \begin{array}{l} \text{endotherm} \\ \text{exotherm} \end{array}$$

oder

$$\left.\begin{array}{l} NH_3 + CH_4 \rightarrow HCN + 3\,H_2 \\ 3\,H_2 + 1{,}5\,O_2 \rightarrow 3\,H_2O \end{array}\right\} \begin{array}{l} \text{endotherm} \\ \text{exotherm} \end{array}$$

Die Verringerung der Trennarbeit kann erreicht werden durch die Wahl entsprechender Wirkprinzipien, die Reduzierung der zu verarbeitenden Massenströme (s. allgemeine heuristische Regeln), die Verarbeitung von Gemischen anstelle reiner Komponenten, die Vorgabe wirtschaftlich und technisch vertretbarer Reinheitsanforderungen u. a. sowie durch die Einführung der Mehrstufigkeit. In der Regel werden diese Maßnahmen bereits bei der Synthese des Reaktor- und Stofftrennsystems berücksichtigt und die wesentlichsten Stoff- und Energieströme des Verfahrens liegen, bezüglich ihrer stofflichen Zusammensetzung, des Temperatur- und Druckniveaus in gewissen Grenzen fest, was jedoch nicht ausschließt, daß Veränderungen und Korrekturen auch prinzipieller Natur nicht mehr möglich wären. Damit ergibt sich als eine wesentliche Aufgabe die optimale Nutzung der mit den Stoffströmen verbundenen Wärmen (Enthalpien) und der Reaktions- sowie Phasenumwandlungsenthalpien. Analog steht die Aufgabe in der Vermeidung von Drosselvorgängen bzw. deren Nutzung zur Leistungsgewinnung. Im Vordergrund steht dabei die rekuperative Nutzung der Abwärme. Typische Abwärmen in stoffwirtschaftlichen Anlagen sind Rauchgase, Reaktions- und andere Phasenumwandlungsenthalpien (Kondensationsenthalpien in Destillationskolonnen), Hoch- und Niederdruckdampfkondensate, Abluft (z. B. Trocknerabluft), heiße bzw. kalte Prozeßströme, Brauchwasser.

Je nach Temperaturniveau und Energiemenge sind prinzipiell unterschiedliche Nutzungsvarianten möglich:

1. Gewinnung von Hochdruck/Niederdruckdampf,
2. Gewinnung von Arbeit bzw. elektrischem Strom,
3. Aufheizung/Abkühlung von Prozeßströmen,
4. Gewinnung von Wärme eines höheren Potentials durch Zuführung von Arbeit (z. B. durch Einsatz von Wärmepumpen),
5. Warmwasserbereitung/Raumheizung u. a.

Die Nutzung von „Druckenergie“ bei Entspannungsvorgängen kann z. B. bei der Drosselung von fluiden Strömen in Entspannungsturbinen zur Gewinnung von Arbeit bzw. elektrischem Strom erfolgen. Bei der Drosselung von Heizdampfströmen ist neben der Wärmekraftkopplung anzustreben, Heizdampf stets auf einer möglichst niedrigen Druckstufe einzusetzen. Die Kondensationstemperatur ist dabei so zu wählen, daß gerade noch eine wirtschaftliche Abführung der Kondensationsenthalpie an die Umgebung möglich ist. Ein Idealziel eines stoffwirtschaftlichen Verfahrens ist, unter Beachtung der Wirtschaftlichkeit, Energieautarkie zu erreichen bzw. den spezifischen Energieverbrauch dem theoretisch notwendigen Verbrauch anzunähern. Von den vielen oben bereits prinzipiell genannten Maßnahmen sind solche konkreten Realisierungen wie Dampferzeugung, Einsatz von Wärmepumpen, Einsatz chemischer Wärmepumpen, Brüdenkompression, Verwendung von

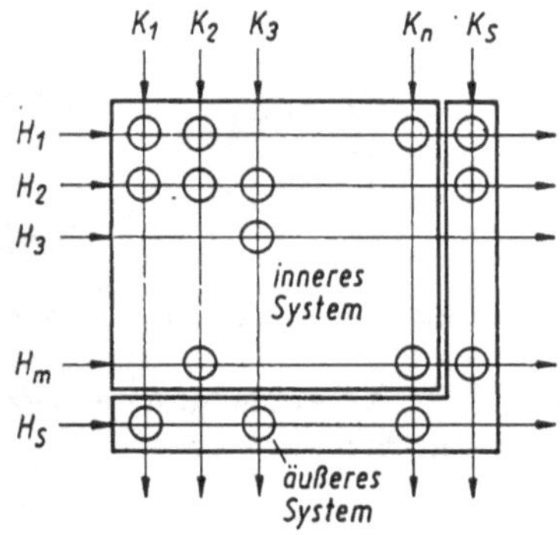

Abb. 4.25. Allgemeine Struktur eines Wärmeübertragungssystems

$K_1 \dots K_n$ – Kühlströme, K_s – Schlußkühlung,
$H_1 \dots H_m$ – Heizströme, H_s – Schlußheizung,
O – Wärmeübertrager anderes Wärmeübertragungselement

Absorptionskälteanlagen u. a. zu nennen. Diese sind meistens jedoch an spezielle Einsatzbedingungen gebunden, für die enge Grenzen vorhanden sind. Einzelne Aspekte werden in der Literatur beschrieben [39, 40]. Von allgemeinerer Bedeutung ist die Abwärmenutzung im System durch Produkt-Produkt-Wärmeübertragung in sogenannten Wärmeübertragungssystemen (*WÜS*). Diese Art der Abwärmenutzung stellt einen effektiven Weg zur Gestaltung energieautarker Systeme dar.

Die Struktursynthese von Wärmeübertragungssystemen kann durch folgende (idealisierte) Aufgabensammlung charakterisiert werden [2, 4, 6–9, 35, 41–60]:

Es sind n heiße Ströme (mit H oder h bezeichnet) abzukühlen und m kalte Ströme (mit K oder c bezeichnet) aufzuheizen, wobei die einzelnen Ströme durch ihre Wärmekapazitäten, Ein- und Ausgangstemperaturen und Stoffwerte charakterisiert sind (Abb. 4.25).

Obwohl diese Aufgabe prinzipiell durch den Einsatz von Heizern und Kühlern gelöst werden kann, ist für eine kostengünstige Lösung in der Regel ein hoher Grad der Wärmerückgewinnung erforderlich. Dies gilt besonders in Anbetracht der gegenwärtigen Energiepreisentwicklung. Als Entwurfsziel sind also WÜS gesucht, die optimal bezüglich einer Zielfunktion, wie z. B. den jährlichen Gesamtkosten K_{Ges} sind

$$K_{Ges} = K_f + K_v = \text{Minimum}.$$

$$K_v = Q_H \cdot P_{HM} + Q_K \cdot P_{KM} \tag{4.46}$$

$$K_f = z \cdot \sum_i F_i^b \cdot P_{Fi}$$

K_f — jährliche Festkosten
K_v — jährliche Betriebskosten
Q_H — Wärmebedarf an Heizmitteln
Q_K — Wärmebedarf an Kühlmitteln
P_{HM} — spezifischer Preis der Heizmittel
P_{KM} — spezifischer Preis der Kühlmittel
z — jährlicher Abschreibungssatz
F_i — Wärmeübertragungsfläche
b — Kostendegressionsexponent
p_{F_i} — spezifischer Preis der Wärmeübertragungsfläche

Nebenbedingungen sind durch das Umgebungssystem und die Gesetze der Thermodynamik gegeben.

Für den Grobentwurf können gewöhnlich einige Vereinfachungen zur „Idealisierung" realer Industrieprobleme angenommen werden.

1. Alle heißen und kalten Ströme können miteinander gekoppelt werden (falls keine Verbote vorliegen).
2. Ein- und Ausgangstemperaturen aller Ströme sind fixiert.
3. Die spezifischen Wärmekapazitäten der Ströme sind konstant.
4. Als Heizmittel werden Rauchgase und Dampf unterschiedlicher Druckstufen benutzt.
5. Kühlmittel sind Luft, Wasser oder Kühlsole mit konstanter Ein- und Ausgangstemperatur.
6. Häufig wird der Wärmedurchgangskoeffizient als gleich für alle möglichen inneren Stromkopplungen angenommen.

Das Wärmeübertragungssystem (Abb. 4.25) besteht aus einem inneren System, in dem die Wärmeübertragung von Produktstrom zu Produktstrom erfolgt, im äußeren System erfolgt durch zusätzliche Heiz- bzw. Kühlmedien die Schlußkühlung bzw. -heizung, um die geforderten Endtemperaturen zu erreichen.

Die Anzahl der theoretisch möglichen Strukturen im inneren System ist außerordentlich groß (Tab. 4.23).

Die Auffindung der Optimallösung mit kombinatorischen Methoden und anderen Methoden ist sehr aufwendig und bei Aufgaben mit hoher Dimension kaum lösbar. Einen Ausweg aus dieser Situation ermöglicht die Benutzung heuristischer Regeln, die sowohl auf der Erfahrung von Entwurfsspezialisten als auch auf thermodynamischen Untersuchungen beruhen können. Für die

Tabelle 4.23
Anzahl von Strukturvarianten des inneren Systems (s. a. Abb. 4.25)

Summe der kalten und heißen Ströme $n + m$	Anzahl theoretisch möglicher Varianten V_{n+m}
4	6
5	720
6	$3{,}6 \cdot 10^5$
7	$4{,}8 \cdot 10^8$

breite Entwicklung und Anwendung heuristischer Entwurfsmethoden für den Entwurf von Wärmeübertragungssystemen spricht eine Reihe von Vorteilen:

1. Kostengünstige Lösungen können mit relativ geringem Aufwand erzielt werden.
2. Mittels heuristischer Regeln kann der Erfahrungsschatz von Entwurfsspezialisten vorteilhaft genutzt werden.
3. Heuristische Regeln stellen größtenteils thermodynamisch oder thermoökonomisch begründete Entscheidungsvorschläge dar.
4. Die Regeln ermöglichen eine schnelle Entscheidungsfindung und begünstigen damit das Dialogverfahren Mensch-Computer.

Als heuristische Regeln können z. B. genutzt werden [11, 35]:

Strukturierende Regeln

1. Kopple den Heizstrom mit der höchsten Eintrittstemperatur mit dem auf die höchste Temperatur aufzuheizenden Kühlstrom.
2. Kopple den Heizstrom mit der höchsten Eintrittstemperatur mit dem auf die zweithöchste Temperatur aufzuheizenden Kühlstrom.
3. Kopple den auf die höchste Temperatur aufzuheizenden Kühlstrom mit dem Heizstrom, mit dem sich für dieses Element der größte Wert für $k \cdot \Delta T / KF$ ergibt
(k — Wärmedurchgangskoeffizient; ΔT — Temperaturdifferenz am warmen Ende; KF — spezifische Flächenkosten).
4. Kopple den auf die höchste Temperatur aufzuheizenden Kühlstrom mit dem Heizstrom, mit dem sich für dieses Element der größte Wert für $k \cdot \Delta TM / KF$ ergibt (TM — mittlere logarithmische Temperaturdifferenz).
5. Kopple die beiden Ströme, die eine maximale Wärmeregeneration mit dieser Kopplung ermöglichen.

6. Kopple die beiden Ströme, bei denen die Summe der nach der Kopplung verbleibenden Restwärmen minimal ist.

Parameterregeln

7. Unterbrich die Kopplung zweier Ströme, wenn die Temperaturdifferenz zwischen beiden Strömen eine untere Grenze ΔT_{min} erreicht.
8. Unterbrich die Kopplung zweier Ströme, wenn die Temperaturdifferenz zwischen beiden Strömen eine obere Grenze ΔT_{max} erreicht.
9. Unterbrich die Kopplung zweier Ströme, wenn eine maximale Wärmeübertragungsfläche F_{max} erreicht wird.
10. Unterbrich die Kopplung zweier Ströme, wenn in dem Element eine maximale Wärmemenge Q_{max} übertragen wurde.

Verbotsregeln

11. Verbiete die Kopplung zweier Ströme, falls deren zufälliger direkter Kontakt (Leckage) zu schwerwiegenden Folgen führen kann.
12. Verbiete die Kopplung zweier Ströme, falls die in diesem Element übertragbare Wärmemenge kleiner als Q_{min} ist.

Die Struktursynthese erfolgt entsprechend dem Prinzip der heuristischen Strukturierung schrittweise, wobei bei jedem Syntheseschritt die zwei folgenden Entscheidungen zu fällen sind:

— Auswahl eines Heiz- und Kühlstromes, die miteinander zu koppeln sind und
— Wahl der Schnittvariablen für die ausgewählten Heiz- und Kühlströme, d. h. der Ein- und Austrittstemperaturen der beiden Ströme, bezogen auf das betrachtete Wärmeübertragungselement.

Um diese Entscheidung möglichst optimal fällen zu können, können beispielsweise die beiden nachfolgend genannten heuristischen Regeln verwendet werden:

- Regel zur Wahl der Ströme

  Kopple jeweils den Heizstrom mit der höchsten Eintrittstemperatur mit dem auf die höchste Temperatur aufzuheizenden Kühlstrom.

- Regel zur Durchführung der Wärmeübertragung

  Kopple die ausgewählten Ströme, beginnend am warmen Ende, bis zur maximal übertragbaren Wärme.

Diese Prozedur wird schrittweise solange fortgesetzt, bis zwischen den verbleibenden Heiz- und Kühlströmen keine Kopplung mehr möglich ist.

In dem betrachteten Beispiel (s. Abb. 4.26) werden hierbei folgende Syntheseschritte durchlaufen:

1. Dekomposition (s. Abb. 4.26a)
   (1) Auswahl der Ströme H 1 und K 1
   (2) Kopplung der Ströme bis $Q = Q$ (K 1)[1]

[1] Entsprechend einer vorgegebenen minimalen Temperaturdifferenz.

2. Dekomposition (s. Abb. 4.26b)
   (1) Auswahl der Ströme H 2 und K 2
   (2) Kopplung der Ströme bis $Q = Q$ (H 2)

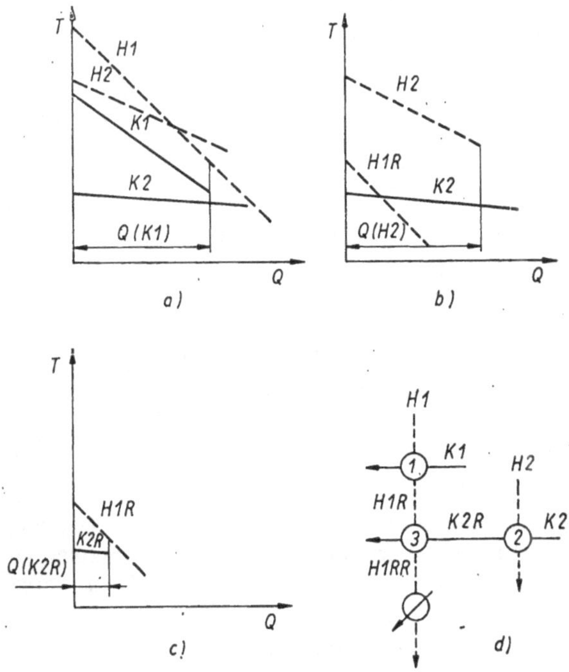

Abb. 4.26. Vorgehensweise bei der heuristischen Strukturierung von Wärmeübertragungssystemen
a) TQ-Diagramm der Aufgabenstellung
b) TQ-Diagramm nach 1. Kopplung
c) TQ-Diagramm nach 2. Kopplung
d) Synthetisiertes Wärmeübertragungssystem
HI – heißer Strom, *KJ* – kalter Strom, *R* – Reststrom, *Q* – ab- bzw. zuzuführende Wärme

3. Dekomposition (s. Abb. 4.26c)
   (1) Auswahl des Restheizstromes H 1R und des Restkühlstromes K 2R
   (2) Kopplung der Ströme bis $Q = Q$ (K 2R)

Der nach der 3. Dekomposition noch verbleibende Reststrom H 1RR wird, da eine Kopplung mit einem internen Kühlstrom nicht mehr möglich ist, mit einem Fremdkühlmittel, z. B. Kühlwasser oder Luft, gekühlt. Das entstandene Wärmeübertragungssystem ist in Abb. 4.26d dargestellt.

Auf Grund der teilweisen Widersprüchlichkeit heuristischer Regeln bzw. ihrer „lokalen“ Gültigkeit sind die zu verwendenden Regeln für jedes konkrete Problem zu präzisieren.
Folgende Möglichkeiten bieten sich zur Präzisierung an:

1. Wahl der Regeln auf Erfahrungsgrundlage,
2. Systematische Variation alternativer Regeln,
3. Verwendung eines Lernprozesses,
4. Ermittlung genauer Gültigkeitsbereiche,
5. Kombination mit unscharfen Methoden.

Die letzte Methode wird weiter unten näher beschrieben.

4.5.2. *Struktursynthesealgorithmus auf der Grundlage heuristischer Regeln und unscharfer Methoden* [60—64]

1. Aufbereitung der Aufgabenstellung

Der vorbereitende Schritt beinhaltet im wesentlichen zwei Arbeitsgänge:

— die Analyse, Präzisierung und Modifizierung der vorgegebenen Aufgabenstellung sowie
— die Vorauswahl der für die eigentliche Struktursynthese zu verwendenden heuristischen Regeln.

Da sich optimale Wärmeübertragungssysteme auf Grund der bestehenden Preisrelationen stets durch einen hohen Wärmeregenerationsgrad auszeichnen, orientieren die vorbereitenden Schritte primär auf dieses Ziel. Sie umfassen u. a.

— die Ermittlung der maximal übertragbaren Wärme,
— die Ergänzung der Liste der Heiz- und Kühlströme durch zusätzliche Ströme in Abhängigkeit von dem Wärmebedarf und dem Wärmeangebot in qualitativer und quantitativer Hinsicht,
— die Ergänzung von Pseudoheiz- und Pseudokühlströmen zur Simulation von Dampferzeugern und Zwischenwärmeträgern.

Folgende Aspekte haben für die Struktursynthese besondere Bedeutung:

2. Einsparung von Energie durch Wärmerückgewinnung

Wenn man von der Annahme ausgeht, daß alle heißen und kalten Ströme eines vorgegebenen Problems mittels Kühl- und Heizmittel gekühlt bzw. geheizt werden, so wird deutlich, daß jede Kopplung zwischen heißen und kalten Prozeßströmen zu einer Einsparung sowohl von Heiz- als auch Kühlmittel führt, in der Kostenzielfunktion (4.46) also doppelt belohnt wird.

Eine Wärmebilanz des gegebenen Problems zeigt zunächst, ob insgesamt Heizung und Kühlung erforderlich ist (sogenannter Nettoheiz- bzw. -kühlmittelbedarf).

Eine von LINNHOFF eingeführte Problemtabelle stellt eine Wärmebilanz aller Ströme der Problemstellung in Abhängigkeit von durch Anfangs- und Zieltemperaturen dieser Ströme gebildeten kleinen Temperaturintervallen dar. Sie kann vorteilhaft verwendet werden, um die durch die konkreten Verhältnisse der Wärmekapazitäten der Ströme sowie deren Temperaturniveau bedingte maximal mögliche Wärmerückgewinnung zu bestimmen. Eine nicht 100%ige Wärmerückgewinnung äußert sich in erhöhtem Hilfsenergiebedarf, dem Bruttoheiz- bzw. -kühlmittelbedarf.

3. Die minimal zulässige Temperaturdifferenz $\Delta T_{\min}$

Die oft übliche Vorgabe einer minimal zulässigen Temperaturdifferenz an den Enden des Wärmeübertragers von 10 K soll als Vorsichtsmaßnahme verhindern, daß die Triebkraft in einem Wärmeübertrager zu weit abgebaut wird.

Außer, daß damit die Erzeugung von Wärmeübertragern mit einer im Syntheseschritt nicht prüfbaren Größenordnung der Übertragungsfläche verhindert wird, kann aber bei Aufgabenstellungen, die sowohl Hilfsheizung als auch -kühlung erfordern, auf diese Weise die maximale Wärmerückgewinnung negativ beeinflußt werden.

Während bei Aufgabenstellungen, wo die Wärmerückgewinnung weitgehend unabhängig von der Wahl der $\Delta T_{\min}$ ist, die Festlegung einer solchen höchstens die Erzeugung einer Reihe funktionserfüllender und eventuell attraktiver Systeme verhindert, ist ein solches Vorgehen in Fällen mit thermodynamisch bedingter unvollständiger Wärmerückgewinnung als Ersatz für die Optimierung Energie — Investitionen nicht gerechtfertigt. Der Systementwurf ist folglich mit möglichst niedrigen $\Delta T_{\min}$-Werten vorzunehmen, wobei Stellen im System, wo solche Engpässe auftreten, anschließend einer Optimierung bezüglich $\Delta T_{\min}$ unterworfen werden können.

4. Die Zahl der Stromkopplungen

Eine möglichst kleine Zahl von Wärmeübertragern im System ist eine praktische Forderung, die auf der Berücksichtigung solcher Positionen wie Investkosten, Rohrleitungen, Stellfläche, Instandhaltung und Dynamik/Regelung basiert.

Das Heranziehen der im voraus festgelegten minimalen Zahl der Stromkopplungen als Nebenbedingungen für das Optimierungsproblem reduziert die Zahl kombinatorisch möglicher Stromkopplungen wesentlich.

Die meisten Methoden enthalten diese Orientierung entweder indirekt in der Form der Zielfunktion — dann ist der Degressionsexponent der Flächenkosten der Wärmeübertrager kleiner als 1, meist 0,6 — oder überhaupt nicht.

5. Stromteilung und Springschaltung

Unter Springschaltung ist die mehrmalige Kopplung zweier Ströme zu verstehen, wobei zwischen diesen Kopplungsstellen noch unterschiedlich viele fremde Ströme mit einem oder beiden Strömen gekoppelt sein können. Stromteilung ist im folgenden der Parallelstromteilung gleichzusetzen. Im Gegensatz dazu steht die Teilung von Strömen in bestimmte Temperaturintervalle (Intervallstromteilung) zur besseren Gestaltung der Triebkraftsituation für das

Gesamtsystem durch eine höhere Zahl von Kopplungsstellen. Der Effekt der Einführung der Springschaltung ist also in einer verbesserten Wärmerückgewinnung zu sehen, die allerdings durch eine größere Zahl von Kopplungen erkauft wird. Die Stromteilung bewirkt bei gleichbleibender Wärmerückgewinnung eine Verringerung der Zahl der Stromkopplungen und kann der einzige Zugang zu Systemen mit der minimalen Kopplungszahl sein. Sie kann darüber hinaus ebenfalls zur Erhöhung der Wärmerückgewinnung ausgenutzt werden oder, falls die maximale Wärmerückgewinnung schon erreicht ist, zur Verbesserung der Triebkraftsituation im System und damit zur Investkostensenkung dienen.

6. Struktursynthese von Wärmeübertragungssystemen unter Verwendung unscharfer Methoden

Es wurde bereits erwähnt, daß die heuristischen Regeln nur ungenaue, unscharfe Anweisungen darstellen, da sie aus ganz konkreten Zusammenhängen

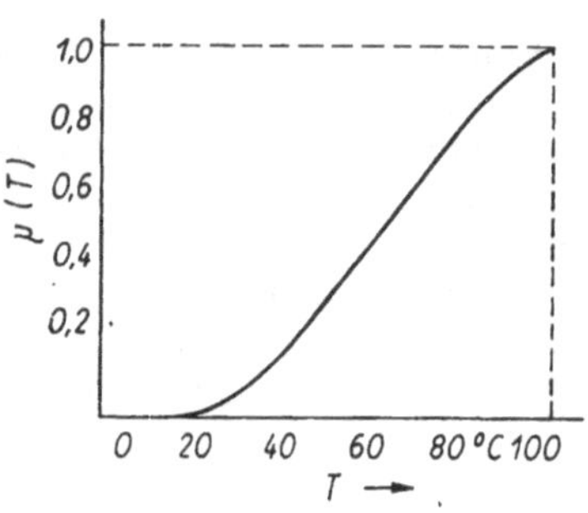

Abb. 4.27. Zugehörigkeitsfunktion für die unscharfe Menge „Das Wasser ist heiß".

$\mu(100) \approx 1{,}0$ $\mu(40) = 0{,}05$
$\mu(80) = 0{,}9$ $\mu(20) = 0$
$\mu(60) = 0{,}2$ $\mu(0) = 0$

gewonnen, für andere nur näherungsweise gültig sein können. Die von Zadeh entwickelte Unschärfe-Theorie [61, 62] gestattet es, diesen abgeschwächten Wahrheitsgehalt einer Aussage zu werten.

In Erweiterung der klassischen Mengentheorie, die nur die Aussagen „0" (falsch) oder „1" (wahr) kennt, wurde von Zadeh eine charakteristische Funktion zur Bewertung der Zuordnung eines Elementes x aus einer Grundmenge X zur Menge A eingeführt, die alle Werte des geschlossenen Intervalles [0, 1] annehmen kann. Die erweiterte charakteristische Funktion $\mu_A(x)$ mit $0 \leqq \mu_A(x) \leqq 1$ wird als Zugehörigkeitsfunktion bezeichnet. Eine Aussage ist nicht mehr entweder wahr oder falsch, sondern $\mu_A(x)$ beschreibt den Wahrheitsgrad dieser Aussage an der aktuellen Bezugsstelle x.

Die Bildung einer Zugehörigkeitsfunktion zur Bewertung der Aussage „Das Wasser ist heiß" soll diese Situation veranschaulichen (Abb. 4.27).

Grundmenge ist der Bereich aller möglichen Temperaturen. Der Wahrheitsgehalt der Aussage ist nur für extreme Werte durch eine binäre Funktion richtig wiederzugeben. Dagegen charakterisiert die kontinuierliche Zugehörigkeitsfunktion $\mu(T)$ auf der Basis einiger subjektiver Schätzwerte die Zugehörigkeit aller Werte T des gesamten Wertevorrats zur Menge „heiß". Mit Hilfe solcher Zugehörigkeitsfunktionen ist es möglich, unsichere, subjektive Daten bzw. Angaben zur Beschreibung von Vorgängen bzw. Situationen, die eine gewisse Unsicherheit in sich tragen, auf wissenschaftlich exakte Weise zu verarbeiten und mit anderen, genauen Daten zu kombinieren.

In Analogie zur klassischen Mengenlehre werden mengentheoretische Verknüpfungen definiert [62], die zur Bildung von Zugehörigkeitsfunktionen für die logische Aussageverbindung „wenn A, dann B", die man als unscharfe Implikationen bezeichnet, genutzt werden können.

Der unscharfe Synthesealgorithmus verwendet folgende heuristische Regeln mit den dazugehörigen Kriterien:

Regel 1

Kopplung vom heißen Ende

Die Kopplung zweier Ströme in einem Wärmeübertrager von deren heißen Enden her ist für die möglichen Verhältnisse der Wärmekapazitäten in Abb. 4.28 dargestellt.

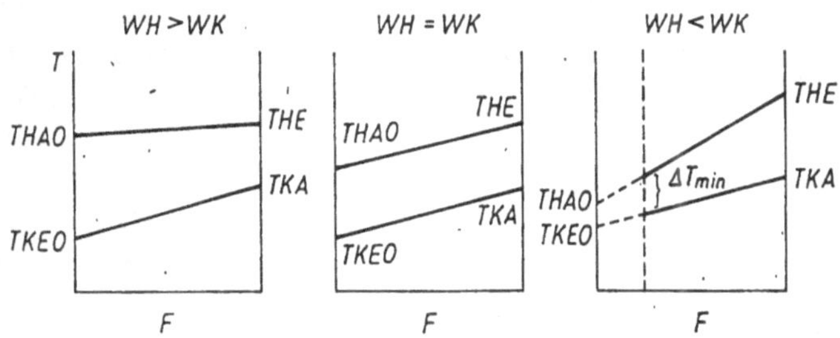

Abb. 4.28. Kopplung der Ströme vom heißen Ende bei verschiedenen Wärmekapazitäten

WH – Wärmekapazität eines heißen Stromes, *WK* – Wärmekapazität eines kalten Stromes, *THAO* – Ausgangstemperatur des heißen Stromes (nach einer Kopplung), *THE* – Eingangstemperatur eines heißen Stromes, *TKEO* – Eingangstemperatur eines kalten Stromes (in die Kopplung), *TKA* – Ausgangstemperatur eines kalten Stromes, *F* – Wärmeübertragungsfläche

Ein Kriterium für die Anwendbarkeit dieser Regel in die Temperaturdifferenz $(THE - TKA)$. Diese soll möglichst groß sein und wird nach unten durch ΔT_{min} beschränkt (Abb. 4.29).

Im Interesse einer kleinen Zahl von Wärmeübertragern sollen beide Ströme ihre Zieltemperaturen in der Kopplung möglichst weit annähern.

Kriterium a) $\Delta HE = THE - TKA$

Kriterium b) $\Delta HT = THAO - THA$

Kriterium c) $\Delta KT = TKEO - TKE$

Unter Benutzung dieser Kriterien läßt sich folgende unscharfe Implikation für Regel 1 formulieren:

1) Kopple den Heizstrom der höchsten Eingangstemperatur mit dem Kaltstrom der höchsten Zieltemperatur, beginnend vom heißen Ende der Ströme, wenn
   a) die Differenz der genannten Temperaturen möglichst groß ist und
   b) beide Ströme ihren geforderten Zieltemperaturen möglichst nahe kommen.

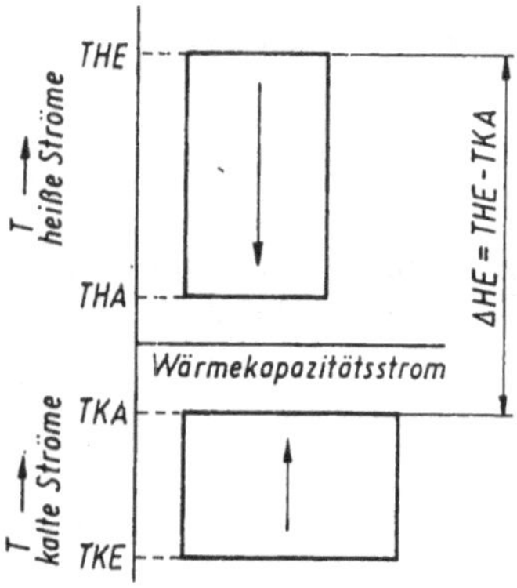

Abb. 4.29. Temperaturdifferenz am heißen Ende der Ströme ΔHE

Regel 2

Kopplung vom kalten Ende

Abbildung 4.30 zeigt die Temperatur-Wärmeübertragungsfläche (T, F) — Schaubilder für die Kopplung zweier Ströme vom kalten Ende für die möglichen Kapazitätsverhältnisse.

Diese Kopplungsart ist analog der Kopplung vom heißen Ende zu behandeln.

Möglichst groß soll die Temperaturdifferenz $(THA - TKE)$ werden, möglichst klein die Abweichungen der Ausgangstemperaturen beider Ströme in der Kopplung von den zu erreichenden.

Kriterium a) $\Delta KE = THA - TKE$

Kriterium b) $\Delta HT = THE - THEO$

Kriterium c) $\Delta KT = TKA - TKAO$

Die unscharfe Implikation lautet dann:

2') Kopple den Kaltstrom der niedrigsten Eingangstemperatur mit dem Heizstrom der tiefsten Zieltemperatur, beginnend vom kalten Ende der Ströme, wenn
   a) die Differenz der genannten Temperaturen möglichst groß ist und
   b) beide Ströme ihren geforderten Zieltemperaturen in der Kopplung möglichst nahe kommen.

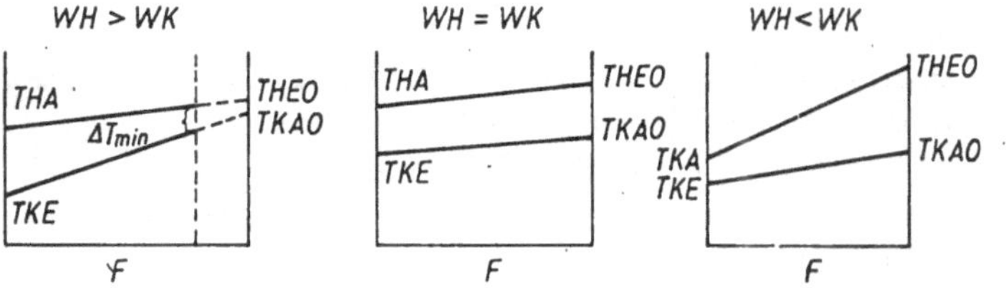

Abb. 4.30. Kopplung der Ströme vom kalten Ende bei verschiedenen Wärmekapazitäten

THEO – Eingangstemperatur eines heißen Stromes (in eine Kopplung), *TKAO* – Ausgangstemperatur eines kalten Stromes (nach einer Kopplung), *TKE* – Eingangstemperatur eines kalten Stromes, *THA* – Ausgangstemperatur eines heißen Stromes
(weitere Abkürzungen s. Abb. 4.28)

Regel 3

Kopplung vom Eingang der Ströme

Die drei möglichen T,F-Schaubilder für diese Kopplungsart sind aus Abb. 4.31 ersichtlich.

Da die Eingangstemperaturen des heißen und kalten Stromes nicht am gleichen Ende des Wärmeübertragers anliegen, steht zwischen diesen Temperaturen im Gegenstrom der Prozeß der Aufheizung/Abkühlung von Strömen unter Einhaltung von $\Delta T_{\min}$ nur im Fall reiner Kondensation/Verdampfung fest.

Aus Abb. 4.31 wird deutlich, daß die Temperaturänderungen des heißen und kalten Stromes sich nicht zu stark unterscheiden sollten, d. h. ihre Wärmekapazitäten sollen möglichst gleich sein. Im Interesse einer günstigen Gestaltung der Triebkraftsituation läßt sich das zweite Kriterium auch dahingehend formulieren, daß die Temperaturänderung des heißen Stromes zur Aufrechterhaltung einer hohen Triebkraft im System möglichst klein sein soll.

Kriterium a) $\Delta E = THE - TKE$

Kriterium b) $\Delta TH = THE - THAO$

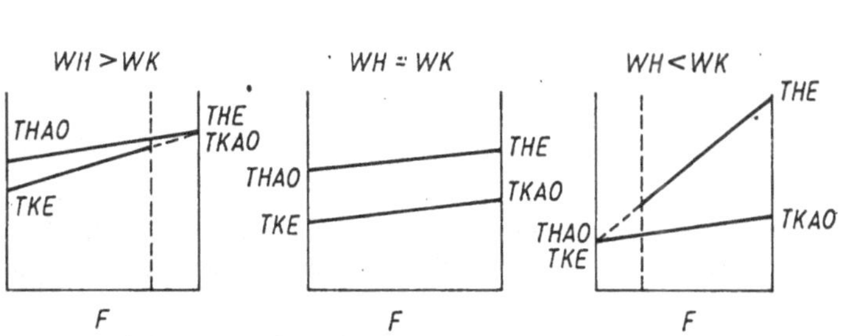

Abb. 4.31. Kopplung der Ströme vom Eingang bei verschiedenen Wärmekapazitäten (Abkürzungen s. Abb. 4.30)

Die unscharfe Implikation für Regel 3 hat dann die Gestalt:

3′) Kopple den Heizstrom und den Kaltstrom mit den höchsten Eingangstemperaturen, beginnend vom Eingang der Ströme, wenn
   a) die Differenz der Eingangstemperaturen so groß wie möglich ist und
   b) die Differenz zwischen Eingangs- und Ausgangstemperatur des heißen Stromes in dieser Kopplung möglichst klein ist.

Regel 4

Die Parallelstromteilung

Wenn die Wärme eines einzelnen Stromes im Vergleich zu den anderen sehr groß ist, wird eine mehrfache Kopplung dieses Stromes erforderlich. In solchen Fällen muß die Reihenschaltung mehrerer Wärmeübertrager nicht die vorteilhafteste Lösung sein und kann unter entsprechenden thermodynamischen Gegebenheiten eine Struktur mit maximaler Wärmerückgewinnung ausschließen.

Parallelstromteilung erlaubt dem Entwerfenden, dann die Triebkraft für das Gesamtsystem zu vergrößern.

Die Stromteilung ist immer dann zu prüfen, wenn in einem bestimmten Temperaturbereich mehrere Ströme aufzuheizen oder abzukühlen sind. Dieser

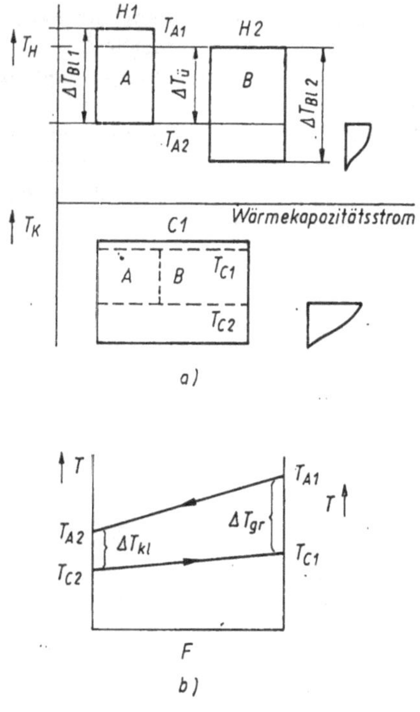

Abb. 4.32. Kriterien für die Stromteilung
a) T,Q-Diagramm der zu koppelnden Ströme mit Stromteilung
b) T,F-Diagramm nach Stromteilung

gemeinsame Temperaturbereich $\Delta T_{ü}$ (Abb. 4.32a) stellt ein Kriterium für die Stromteilung dar.

Das voraussichtliche Verhalten der Investkosten läßt sich über eine Bestimmung der durch Stromteilung erreichbaren Triebkräfte für die parallelgeschalteten Wärmeübertrager abschätzen (Abb. 4.32b).

Kriterium a) $\Delta T_{ü}/\Delta T_{Bl1}$
Kriterium b) $\Delta T_{ü}/\Delta T_{Bl2}$
Kriterium c) $\Delta T_{M_{Bl1}}$
Kriterium d) $\Delta T_{M_{Bl2}}$

Regel 4, formuliert als unscharfe Implikation, lautet:

4′) Teile einen Strom, wenn
   a) die mit diesem zu koppelnden Ströme einen möglichst großen gemeinsamen Temperaturbereich bilden und
   b) die resultierenden Triebkräfte so groß wie möglich sind.

Regel 5

Die Teilung von Strömen in Temperaturintervalle

Diese Intervallregel berücksichtigt die Möglichkeit, daß zur Erreichung der maximalen Wärmerückgewinnung eine gewisse Zahl von Springschaltungen notwendig ist. Im Bearbeitungsprozeß wird diese Situation nach wiederholter rechnergestützter Lösung des Problems ohne eine Erreichung dieser Grenze offenbar. Diese Regel wird dann im Algorithmus durch den Bearbeiter aktiviert, ohne daß zusätzliche Kriterien berechnet werden müssen.

Die Bildung von Temperaturintervallen vollzieht sich dann nach dem Prinzip in Abb. 4.33, indem alle gemäß Aufgabenstellung vorliegenden zu erreichenden Temperaturen zur Unterteilung des Gesamtbereichs in eine endliche Zahl von Temperaturintervallen herangezogen werden. Die Temperaturen der heißen Ströme sind dabei um ΔT_{min} verringert.

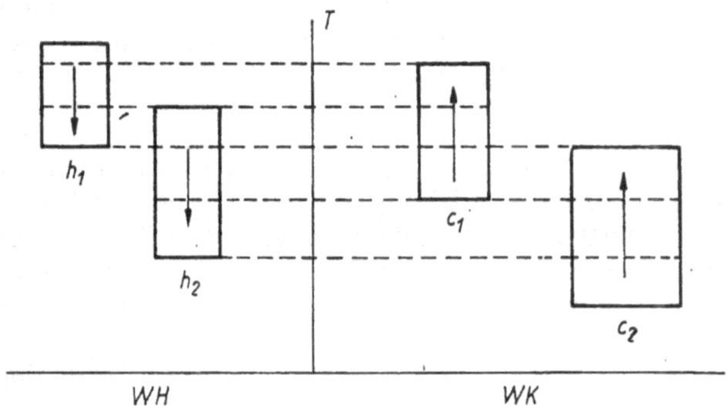

Abb. 4.33. Prinzip der Bildung von Temperaturintervallen

Eine unscharfe Implikation, die die Aktivierung von Regel 5 durch den Entwerfenden zum Ausdruck bringt, läßt sich wie folgt angeben:

5') Führe die Intervallstromteilung aus, wenn

a) möglichst viele Springschaltungen benötigt werden oder

b) eine hinreichende Zahl von Lösungsversuchen Strukturen ergeben, die den Einsatz von sowohl Heizmittel als auch Kühlmittel in möglichst großen Mengen erfordern.

Diese unscharfen Regeln werden durch Zugehörigkeitsfunktionen vom Typ Exponentialfunktionen beschrieben

$$F(x) = \frac{1}{1 + \delta_1 x^{\delta_2}} \tag{4.47}$$

und

$$G(x) = 1 - \frac{1}{1 + \delta_1 x^{\delta_2}} \tag{4.48}$$

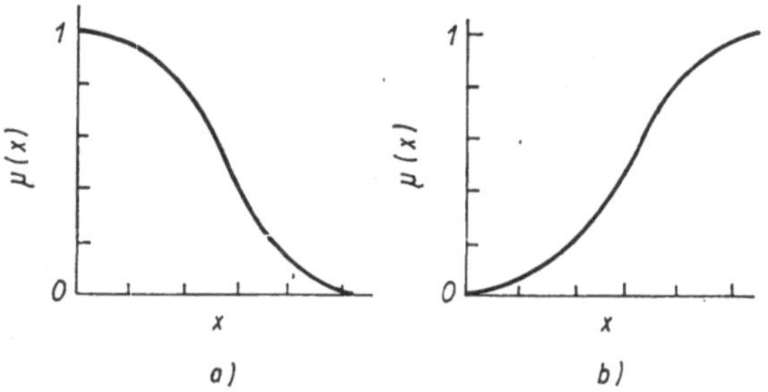

Abb. 4.34. Verschiedene Formen der verwendeten Zugehörigkeitsfunktionen
a) Gl. (4.47)
b) Gl. (4.48)

Die Parameter δ_1 und δ_2 dienen zur Anpassung der Kurve an zwei für die betreffende Zugehörigkeitsfunktion vorgegebenen Wertepaare (A, $R1$) und (B, $R2$). Die verwendeten Wertepaare der Zugehörigkeitsfunktionen sind in Tab. 4.24 zusammengefaßt.

Die Festlegung der Wertepaare (A; $R1$), (B; $R2$) für jede Zugehörigkeitsfunktion erfolgte zunächst nach Beispielrechnungen oder intuitiv und wurde an einigen Aufgabenstellungen umfassend getestet.

7. Der unscharfe Algorithmus

Der unscharfe Algorithmus setzt sich aus zwei Algorithmen zusammen, einem inneren und einem äußeren. Im inneren Algorithmus werden aus den Zugehörigkeitsgraden der Kriterien der heuristischen Regeln die Zugehörigkeitsgrade der Regeln selbst bestimmt, wobei man unter Verwendung des Minimum-Operators für den Wert GM_i der i-ten Regel erhält:

$$GM_i = \min_j \, (GM_{ij})^{W_{ij}}. \tag{4.49}$$

Tabelle 4.24
Wertepaare für die Zugehörigkeitsfunktionen

Regel	Kriterium	A	R1	B	R2	Funktionstyp
1	a	5	0,99	25	0,2	$F(x)$
	b	5	0,8	10	0,6	$F(x)$
	c	5	0,8	10	0,6	$F(x)$
2	a	5	0,99	25	0,2	$G(x)$
	b	5	0,8	10	0,6	$F(x)$
	c	5	0,8	10	0,6	$F(x)$
3	a	70	0,8	100	0,5	$G(x)$
	b	50	0,8	70	0,6	$F(x)$
4	a	0,5	0,5	0,75	0,1	$G(x)$
	b	0,5	0,5	0,75	0,1	$G(x)$
	c	5	0,99	20	0,3	$G(x)$
	d	5	0,99	20	0,3	$G(x)$

Der Grund für die Anwendung des Minimum-Operators liegt darin, daß man von dem Gedanken ausgeht, eine Regel in ihrer Zugehörigkeit nie höher zu bewerten als das schlechteste zu dieser Regel gehörende Kriterium.

Der Zugehörigkeitsgrad des j-ten Kriteriums in der i-ten Regel GM_{ij} wird mittels der entsprechenden Zugehörigkeitsfunktion $\mu(x)$ auf der Basis der Funktion $F(x)$ bestimmt. Da die Regel mit dem höchsten Zugehörigkeitswert die beste Instruktion verkörpert, erfolgt die Auswahl der zu realisierenden Regel k durch den Maximum-Operator:

$$GM_k = \max\,(GM_i)^{W_i} \tag{4.50}$$

Die Auswahl der zu befolgenden Regel durch diese Maximumsuche bildet einen äußeren Rahmenalgorithmus, der in dieser Form prinzipiell für jede heuristische Strukturierung anwendbar ist.

Für die Struktursynthese von WÜS ist ein Ablaufschema des unscharfen Algorithmus in Abb. 4.35 wiedergegeben. Der Schritt „Kopplung der Ströme gemäß Regel k" vollzieht sich z. B. für die Regel 3 in folgenden Etappen:

1. Bestimme $THE_{\max} = \max\,(THE_i)$ und $TKE_{\max} = \max\,(TKE_j)$!
2. Prüfe, ob $THE_{\max} - TKE_{\max} < T_{\min}$; wenn ja eliminiere den kalten Strom und beginne bei 1.
3. Führe die Kopplung aus, wähle die Wärmeübertragungsfläche so, daß entweder die Ausgangstemperaturen des heißen Stromes in der Kopplung $THAO = THA$ oder die des kalten $TKAO = TKA$ oder $(THE_{\max} - TKAO) = \Delta T_{\min}$ oder $(THAO - TKE_{\max}) = \Delta T_{\min}$.

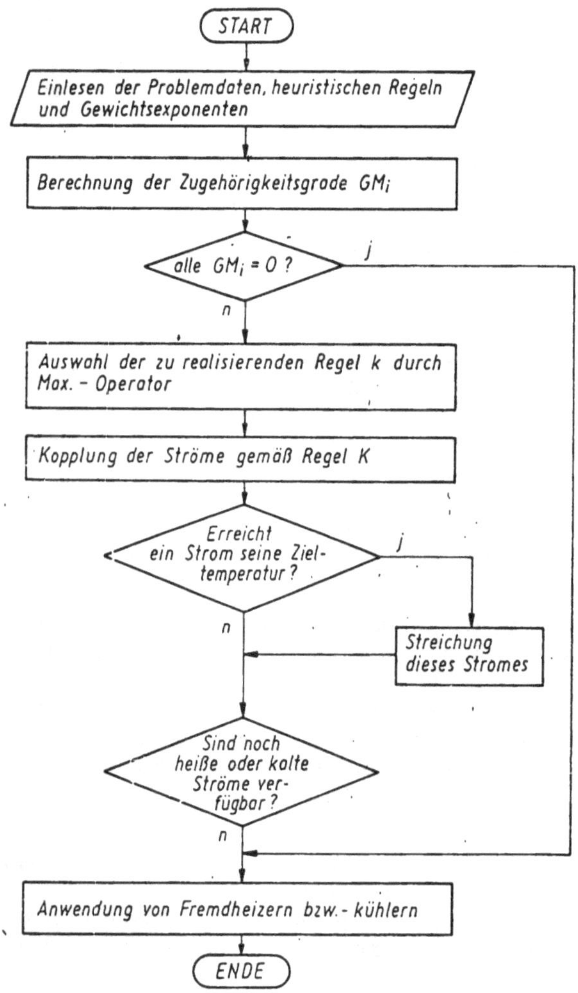

Abb. 4.35. Unscharfer Algorithmus zur Struktursynthese von Wärmeübertragersystemen

4. Ist $THAO = THA$, wird der heiße Strom gestrichen, da er seine Wärme laut Aufgabenstellung vollständig abgegeben hat. TKE wird durch $TKAO$ ersetzt.
5. Ist $TKAO = TKA$, wird der kalte Strom gestrichen. THE wird durch $THAO$ ersetzt.
6. Ist $THAO = TKE_{\max} + \Delta T_{\min}$ oder $TKAO = THE_{\max} - \Delta T_{\min}$, dann ersetze TKE durch $TKAO$ und THE durch $THAO$ und beginne bei 1., wenn keine Regel zur Realisierung vorgeschlagen wird.

Den derart entworfenen Strukturen haftet — auf Grund der sequentiellen Vorgehensweise — der Nachteil einer lokalen Optimalität an. Dieser Mangel kann durch evolutionäre Verbesserung der Anfangsstruktur verringert werden. Diese Evolutionsregeln zielen auf Verringerung der Kopplungszahl, Vergrößerung der Triebkraft, Verringerung der Betriebs- und Festkosten sowie die Entflechtung der Ströme.

8. Regeln zur evolutionären Verbesserung von WÜS

1. Verschiebe Heizer/Kühler in Richtung der Stromenden.
2. Fasse mehrere kleine Heizer/Kühler zu möglichst wenigen größeren zusammen.
   Überprüfe dabei die Möglichkeit, einzelne Ströme nur mit Heiz-/Kühlmittel zu behandeln.
3. Entkopple das System durch Verschieben von Heizern/Kühlern zu Kopplungen mit geringer übertragener Wärme und Ersetzen dieser Kopplungen durch kleine Heizer/Kühler.
4. Suche nach Reihenschaltungen, bei denen nacheinander Ströme im gleichen Temperaturbereich aufgeheizt/abgekühlt werden.
   Ersetze diese durch Parallelschaltung.
5. Verringere Fremdheizung/-kühlung durch Vereinigen auch nicht unmittelbar benachbarter Heizer und Kühler.
6. Fasse Springschaltungen soweit wie möglich zusammen, eventuell unter Einführung der Stromteilung.
7. Reduziere mehrfache Kopplungen durch die Erhöhung der Leistung einzelner Wärmeübertrager.
8. Verschiebe Heizer/Kühler unter Beachtung des Temperaturniveaus auf andere Ströme.
9. Berücksichtige beim Einsatz von Heizern/Kühlern in thermodynamisch ungünstigen Situationen der Wärmerückgewinnung ein Grenztemperaturniveau gemäß Problemtabelle, oberhalb dessen die minimale Heizmittelmenge bzw. unterhalb dessen die minimale Kühlmittelmenge nötig ist.
10. Vertausche hintereinander liegende Kopplungen auch unter Berücksichtigung der Wärmedurchgangskoeffizienten.
11. Überprüfe die Möglichkeit des Vertauschens von Strömen im System.

9. Beispiele

Im folgenden sind für einige Struktursyntheseaufgaben mit 6, 7, 8 und 20 Strömen die mit Hilfe des unscharfen Algorithmus berechneten Strukturen dargestellt (Abb. 4.36—4.39), die dazugehörigen Daten der Ströme, die Wärmedurchgangskoeffizienten und Angaben zu den Heiz- und Kühlmedien sowie den Wärmeübertrager- und Hilfsmedienkosten sind in den Tab. 4.25—4.27 zusammengefaßt. Trotz der Unschärfe sind die erreichten Struk-

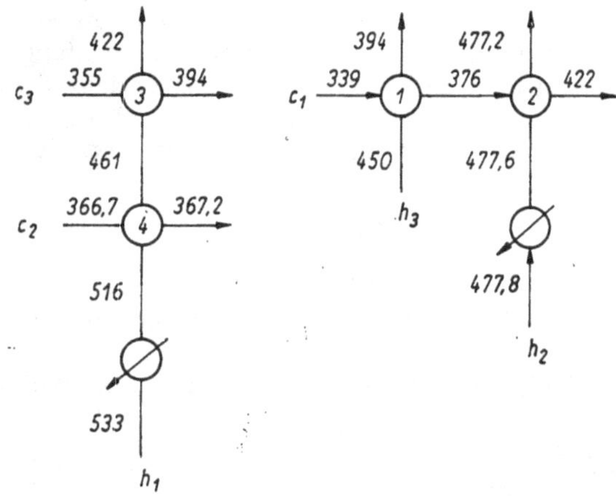

Abb. 4.36. Optimale Struktur des Wärmeübertragungssystems Problem 6 Sp 2 — Verdampfung/Kondensation. Die Zahlen an den Strömen bezeichnen die Temperaturen in K

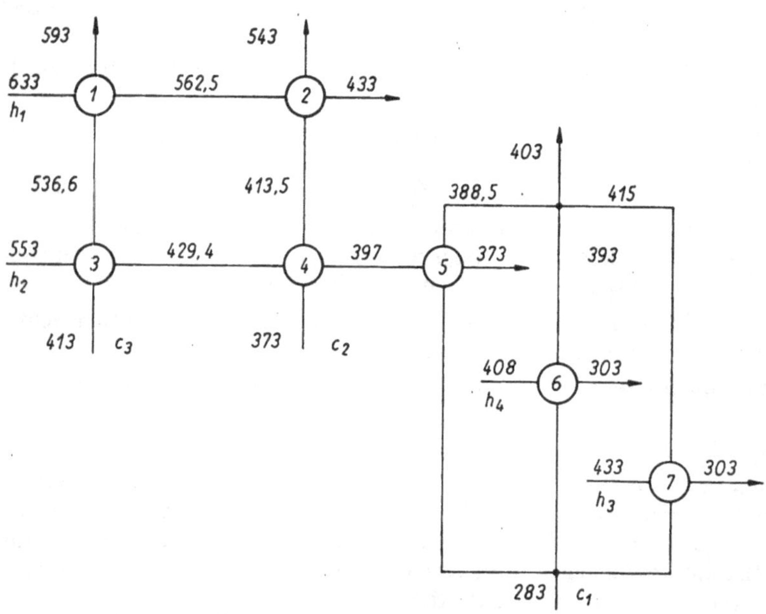

Abb. 4.37. Optimale Struktur des Wärmeübertragungssystems Problem 7 Sp 4

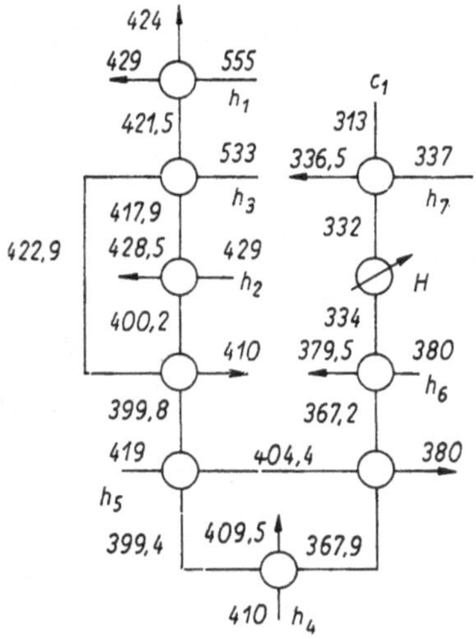

Abb. 4.38. Optimale Struktur des Wärmeübertragungssystems Problem 8 Sp 2 (H-Heizer)

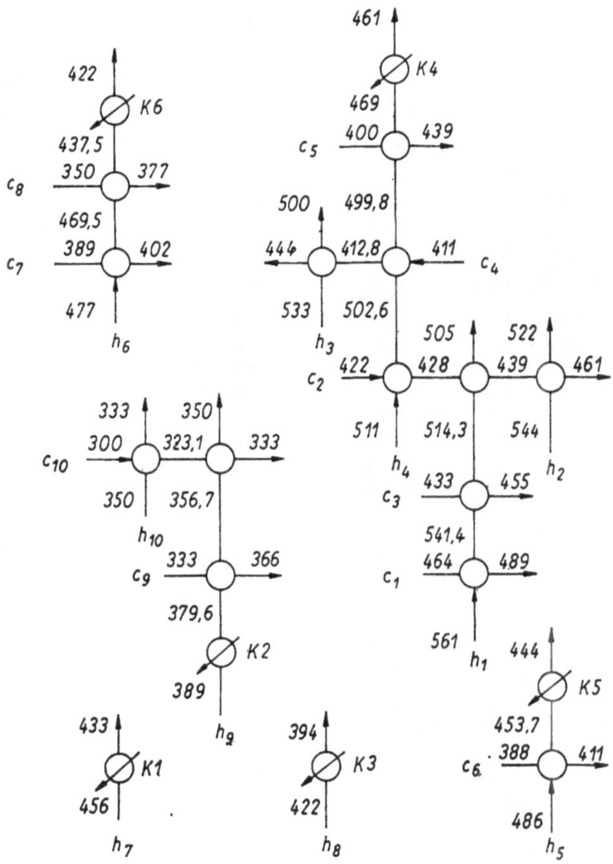

Abb. 4.39. Optimale Struktur des Wärmeübertragungssystems Problem 20 Sp 1 (K-Kühler)

Tabelle 4.25
Daten der Beispielaufgaben

Beispiel	Strom	W (J/s · K)	*TE* (K)	*TA* (K)
6 Sp 2	h 1	102667	533,0	422,0
	h 2	10266667	477,8	477,2
	h 3	51333	450,0	394,0
	c 1	77000	339,0	422,0
	c 2	10266667	366,7	367,2
	c 3	102667	355,0	394,0
7 Sp 4	h 1	200000	633,0	433,0
	h 2	250000	553,0	373,0
	h 3	150000	433,0	303,0
	h 4	100000	408,0	303,0
	c 1	300000	283,0	403,0
	c 2	200000	373,0	543,0
	c 3	250000	413,0	593,0
8 Sp 2	h 1	27932	555	429
	h 2	49396111	429	428,5
	h 3	45305	533	410
	h 4	87710000	410	409,5
	h 5	42659	419	380
	h 6	92794166	380	379,5
	h 7	58544722	337	336,5
	c 1	1396194	313	424
20 Sp 1	h 1	14982,0	561,0	505,0
	h 2	12592,1	544,0	522,0
	h 3	12977,0	533,0	500,0
	h 4	8968,0	511,0	461,0
	h 5	16190,0	486,0	444,0
	h 6	10213,0	477,0	422,0
	h 7	13452,0	456,0	433,0
	h 8	6552,0	422,0	394,0
	h 9	10930,0	389,0	350,0
	h 10	9970,0	350,0	333,0
	c 1	11774,0	464,0	489,0
	c 2	12592,0	422,0	461,0
	c 3	18442,0	433,0	455,0
	c 4	13737,0	411,0	444,0
	c 5	7090,0	400,0	439,0

Tabelle 4.26

Vorgaben für die Beispiele der Tab. 4.25

Beispiele	6 Sp 2 20 Sp 1	6 Sp 4	8 Sp 2	
T_{min} (K)	5	5	5	5
TKOND (K)	510	873	873	500
TKWE (K)	311	293	293	293
TKWA (K)	355	313	313	313
PKM in 10^{-9} WE[1]/J	0,59239	7,5	7,5	5
PHM in 10^{-9} WE/J	1,23490	20,7	20,7	16
PF (WE/m²)	1456,3	300	300	468,8
b	0,6	0,6	1,0	1,0
z in 1/a	0,1	0,2	0,04	0,19
B in 10^8 s/a	0,306	0,252	0,216	0,288
KKM (J/m²K)	853	150	150	1000
KHM (J/m²K)	1137	50	50	1000
KWÜ (J/m²K)	853	150	200	500

[1]) WE-Werteinheit

Tabelle 4.27

Matrix der Wärmedurchgangskoeffizienten für das Beispiel 6 Sp 2.

kalt → heiß ↓	c 1	c 2	c 3
h 1	853	455	910
h 2	682	—	512
h 3	796	341	853

Kopplung h 2—c 2 ist verboten.

turen in der Nähe der bisher mit anderen Methoden gefundenen Bestwerte bzw. unterbieten diese.

Ein ausführlicher Vergleich unterschiedlicher Synthesemethoden an zahlreichen Testbeispielen ist in [65] enthalten.

4.6. Entwurf heterogener verfahrenstechnischer Systeme

Während für den Entwurf homogener verfahrenstechnischer Systeme in der Regel bereits mehrere alternative Entwurfsmethoden bekannt und nutzbar sind, sind für den Entwurf sog. heterogener Systeme, d. h. von Verfahren mit qualitativ verschiedenen Elementen, noch keine allgemein anwendbaren Methoden für großtechnische Aufgaben bekannt. Je nach Größe und Spezifik der Entwurfsaufgabe werden unterschiedliche Methoden verwendet.

Für die Aufklärung von Optimalstrukturen kleinerer typischer Verfahrensbausteine z. B. Reaktor-Stofftrenneinheit bzw. Reaktor-Stofftrenneinheit-Wärmeübertrager haben sich Strukturparametermethoden (*1*) bewährt, die relativ allgemeine Aussagen liefern (s. Abschn. 4.3.). Für größere konkrete Entwurfsaufgaben, für die nur Punktlösungen der Optimalvariante gesucht werden, können mit Erfolg Optimierungsverfahren (*2*) unterschiedlicher Art (globale Suchverfahren 0. Ordnung, Dekompositionsverfahren, Methode der dynamischen Programmierung u. a.) angewendet werden [66, 67]. Der rechentechnische Aufwand ist oft sehr groß. In vielen Fällen haben sich auch heuristische bzw. kombinierte Entwurfsverfahren (*3*) als günstig erwiesen. Im weiteren werden die Vorgehensweisen und ausgewählte Ergebnisse zu diesen drei Entwurfsverfahren vorgestellt.

4.6.1. Anwendung der Strukturparametermethode zum optimalen Entwurf heterogener verfahrenstechnischer Systeme [25, 26]

Als eine weitverbreitete Typenstruktur soll die in Abb. 4.40 dargestellte Reaktionskaskade mit Stofftrenneinheit und stofflicher Rückführung des nichtumgesetzten Rohstoffes optimal strukturiert werden, d. h. es sind folgende Strukturentscheidungen zu fällen:

- Art und Umfang der Rückführung,
- Anzahl der Elemente der Kaskade,
- Dimensionierung der Elemente.

Folgende volumenbeständige isotherme Reaktion 1. Ordnung soll in den Reaktoren ablaufen:

$$A \xrightarrow{k} B \qquad (4.51)$$

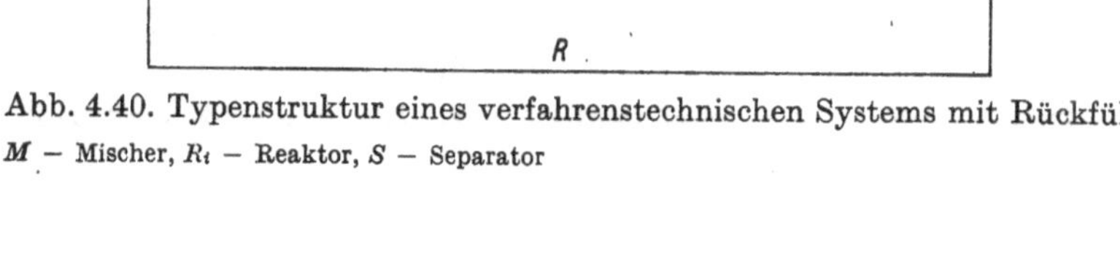

Abb. 4.40. Typenstruktur eines verfahrenstechnischen Systems mit Rückführung
M – Mischer, R_i – Reaktor, *S* – Separator

Als Zielfunktion wird der Gewinn $\dot{G}$ als Differenz zwischen Erlös und Selbstkosten (Rohstoffkosten und Abschreibungen) verwendet.

$$\begin{aligned}\dot{G} = b(P_B \dot{b}_A - P_A \dot{a}_E) - P_A' \dot{a}_A - P_S \dot{a}_R \\ - z(P_{VM} V_M + n P_{VR} \cdot V_R + P_{VS} V_S) \to \max\end{aligned} \tag{4.52}$$

b — Benutzungsdauer
z — Abschreibungssatz
P_{VM}, P_{VR} und P_{VS} — spezifische Volumenkosten für Mischer, Reaktor und Separator
P_B, P_A und P_A' — Erlös, Rohstoffkosten, Verlustkosten

Die Modellgleichungen lauten

$$\dot{a}_{i-1} - \dot{a}_i = k\bar{t}\dot{a}_i \qquad i = 1, \ldots, n \tag{4.53}$$

$$\left.\begin{aligned}\dot{a}_A &= (1 - v)\,\dot{a}_n \\ \dot{b}_A &= \dot{a}_0 - \dot{a}_n \\ \dot{a}_R &= v\dot{a}_n\end{aligned}\right\} \tag{4.54}$$

$$\dot{a}_0 = \dot{a}_E + \dot{a}_R \tag{4.55}$$

$$\dot{a}_0 M = \dot{V}\varrho \tag{4.56}$$

$$\dot{V}\bar{t} = V_R \tag{4.57}$$

$$\dot{a}_E = \text{const} \tag{4.58}$$

a_i, b_i — Molenströme der Stoffe A und B
M — Molmasse der Stoffe A und B ($M_A = M_B = M$)
ϱ — Dichte der Reaktionsmasse
V_R — Reaktorvolumen
$\dot{V}$ — Volumenstrom
$\bar{t}$ — Verweilzeit
k — Reaktionsgeschwindigkeitskonstante
v — Rückführverhältnis

Das Produkt B wird im Separator vollständig abgetrennt, der nichtumgesetzte Rohstoff A nur partiell (Rückführverhältnis v). Durch Einführen folgender dimensionsloser Parameter, Bewertungsfaktoren und Entscheidungsvariablen

$$a = \frac{M\dot{a}_E}{kV_R\varrho} \tag{4.59}$$

$$p_S = P_S/(P_B + P_A') \tag{4.60}$$

$$p_R = \frac{zP_{VR}V_R\dot{a}}{b\dot{a}_E(P_B + P_A')} = \frac{zP_{VR}M}{bk\varrho(P_B + P_A')} \tag{4.61}$$

$$g_0 = a \frac{P_A + P_A'}{P_B + P_A'} + \frac{za}{b\dot{a}_E} \cdot \frac{P_{VM} V_M + P_{VS} \cdot V_S}{P_B + P_A'} \tag{4.62}$$

$$t = k\bar{t} \tag{4.63}$$

$$g = g_0 + \frac{\dot{G}a}{(P_B + P_A')\, b\dot{a}_E} \tag{4.64}$$

a — dimensionsloser Rohstoffeinsatz
p_S, p_R — Separator- bzw. Reaktorkosten
g_0 — konstanter Anteil } der Gewinnfunktion
g — variabler Anteil } der Gewinnfunktion

läßt sich die Entwurfsaufgabe einfacher schreiben:

$$g = ap_S + \frac{1 - p_S}{t} - p_R n - \frac{1}{t(1+t)^n} \to \max \tag{4.65}$$

$$v = (1 - at)(1 + t)^n \tag{4.66}$$

$$0 \leqq v \leqq 1, \quad n \geqq 1 \tag{4.67}$$

Die dimensionslosen Entscheidungsvariablen sind

— die dimensionslose Verweilzeit t,
— die Reaktoranzahl n,
— das Rückführverhältnis v.

Die optimale Lösung läßt sich für dieses Strukturierungsproblem explizit bzw. numerisch erhalten.

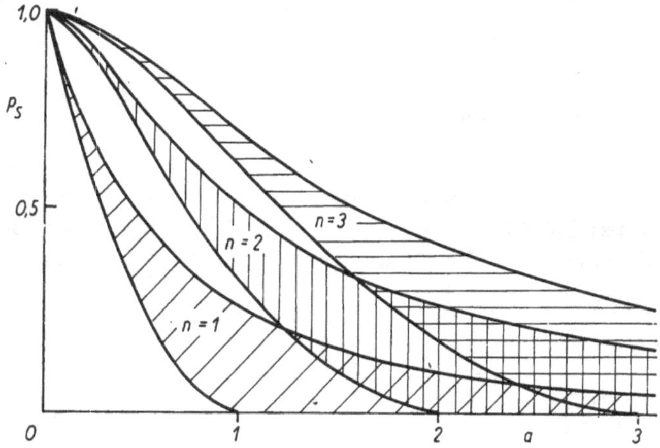

Abb. 4.41. Optimale Rührkesselkaskade mit Rückführung bzw. Teilrückführung für verschiedene n in Abhängigkeit von den normierten Trennkosten p_S

In Abhängigkeit von den Parametern p_S (spezifische Trennkosten) und a (dimensionsloser Durchsatz) kann die Lösung in Form von sog. Charakteristiken dargestellt werden.

Die Charakteristik der Optimalstrukturen (Abb. 4.41) zeigt, daß in Abhängigkeit von p_S, a und n drei unterschiedliche Strukturen optimal sein können:

- vollständige Rückführung des nichtumgesetzten Rohstoffes A,
- partielle Rückführung,
- keine Rückführung.

Diese Strukturen bleiben für unterschiedliche Anzahlen von Reaktoren erhalten, allerdings verschieben sich die Grenzen der Strukturgebiete.

In der Charakteristik (Abb. 4.42) ist der Zusammenhang zwischen den

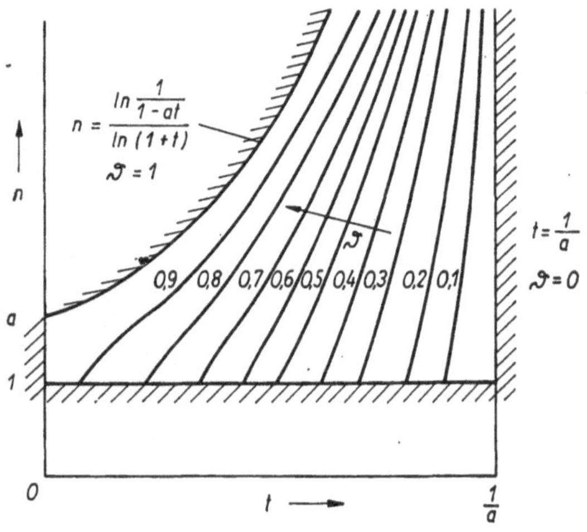

Abb. 4.42. Optimale Rührkesselkaskade mit Rückführung $a = M\dot{a}_E/kV_R\varrho$ (t und n stetig)
v – Rückführungsfaktor

Strukturvariablen (n, v), den Auslegungsvariablen (t) und dem dimensionslosen Durchsatz dargestellt, mit dessen Hilfe kann ein kompletter optimaler Entwurf erfolgen.

4.6.2. Optimale Strukturierung eines Reaktor-Stofftrennsystems zur Durchführung der Reaktion $A_1 \rightleftarrows A_2 \rightleftarrows A_3$ [22]

Analog zur Entwurfsaufgabe in Abschn. 4.6.1. sind alle Optimalstrukturen für ein verfahrenstechnisches System, bestehend aus dem Idealreaktortyp Rührkesselreaktor und entsprechenden Separatoren ($S1$ und $S2$) zur Abtrennung der nichtumgesetzten Rohstoffe und Nebenprodukte für die Durchführung der Reaktion

$$A_1 \underset{2}{\overset{1}{\rightleftarrows}} A_2 \underset{4}{\overset{3}{\rightleftarrows}} A_3 \quad (4.68)$$

zu ermitteln. A_2 ist das zu gewinnende Zielprodukt, es läßt sich die in Abb. 4.43a zusammengestellte Vereinigungsstruktur angeben. In Abb. 4.43b sind die enthaltenen Teilstrukturen zusammengefaßt.

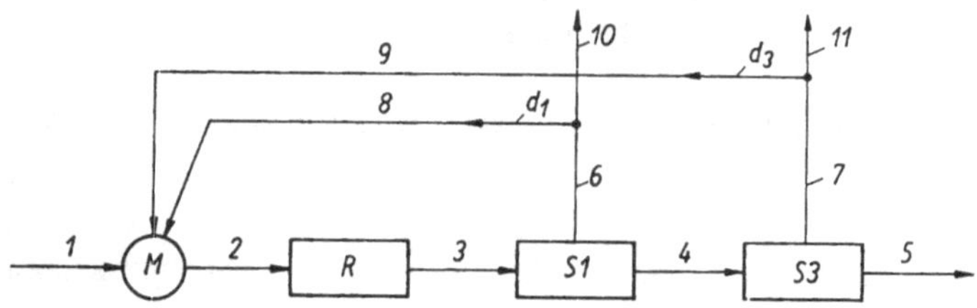

Abb. 4.43a. Vereinigungsstruktur eines allgemeinen Reaktor-Separator-Systems
M – Mischer, *R* – Reaktor, *S*1 – Separator zur Abtrennung von Komp. A_1, *S*3 – Separator zur Abtrennung von Komp. A_3

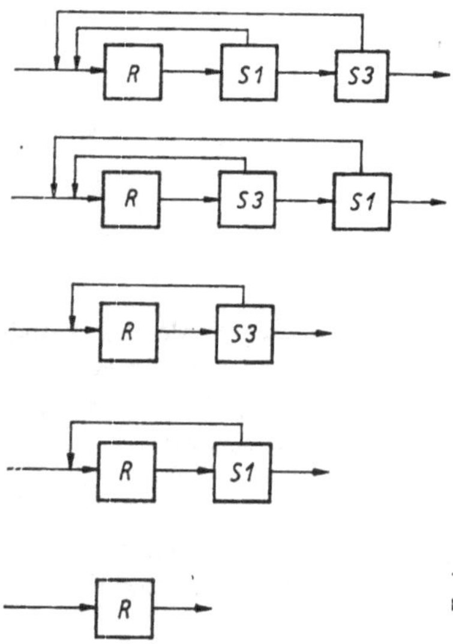

Abb. 4.43b. Teilstrukturen, die in der Vereinigungsstruktur enthalten sind

Es sind die Optimalitätsbereiche dieser Struktur in Abhängigkeit von den die Reaktion und die Elemente charakterisierenden Parametern zu bestimmen.

Folgende Modellansätze werden verwendet (Bezeichnungen nach Abb. 4.43a):

Für den Reaktor: $\dot{n}_j = \dot{n}_{jE} + \sum_i a_{ij} r_i \dot{V} \bar{t}$ (4.69)

a_{ij} – stöchiometrischer Koeffizient
r – Reaktionsgeschwindigkeit
$\bar{t}$ – mittlere Verweilzeit
Index E – Eintritt

Für die Abtrennung der Komponente j aus einem Gemisch von n_k Komponenten gelten die Beziehungen:

Separator:

$$\left.\begin{array}{ll} \dot{n}_{j2} = r^j_{jj}\dot{n}_{j1}; & \dot{n}_{i2} = 0 \\ \dot{n}_{j3} = \left(1 - r^j_{jj}\right)\dot{n}_{j1} & \dot{n}_{i3} = \dot{n}_{i1}, \end{array}\right\} \begin{array}{l} i \neq j \\ i = 1(1)\,n_k \end{array} \tag{4.70}$$

mit

$$r^j_{jj} = 1 - \frac{1}{1 + \dfrac{k_S V_S}{\dot{V}}} \tag{4.71}$$

k_S — Separatorkonstante
V_S — Separatorvolumen
$\dot{V}$ — Volumenstrom

Als Zielfunktion wird der Gewinn verwendet:

$$G' = b(p_2\dot{n}_{25} - p_1\dot{n}_{11}) - z\sum_i p_i' V_i^\alpha \tag{4.72}$$

p_1, p_2 — spezifische Kosten des Rohstoffes A_1 und des Produktes A_2
$\dot{n}_{11}$ — Molenstrom des Rohstoffes A_1
$\dot{n}_{25}$ — Molenstrom des Produktes A_2 am Systemausgang
z — Abschreibungssatz
p_i' — Spezifische Volumenkosten der Ausrüstungen (Reaktor und Separator)
α — Degressionsexponent ($\sim 2/3$).
b — Benutzungsdauer

Für einen vorgegebenen Durchsatz $\dot{n}_{11}$ läßt sich die Zielfunktion einfacher schreiben

$$G = \frac{\dot{n}_{25}}{\dot{n}_{11}} - \sum_i p_i' V_i^\alpha \tag{4.73}$$

$$p_i = p_i' \frac{G'}{b\dot{n}_{11}p_2} \tag{4.74}$$

p_i — für den Reaktor ist p_R
p_i — für die Separatoren (für den Fall gleicher Separatortypen) — p_S

Die Berechnung der Trennkurven zwischen den Optimalstrukturen in der Ebene der Parameter spezifische Reaktorkosten (p_R) und spezifische Separatorkosten (p_S) kann nur noch numerisch erfolgen. Für spezielle Werte für $z = 0{,}1\ \text{a}^{-1}$, $b = 8000$ h/a, $\dot{n}_{11} = 142{,}5$ kmol/h, $p_2 = 0{,}05$ M/kmol, $p_R = 570000$ M und $p_S = 5700$ M (p_R und p_S werden im Parameterraum $0 \leqq p_R \leqq 1{,}0$ und $0 \leqq p_S \leqq 0{,}1$ variiert) wurde die im Bild dargestellte Optimalcharakteristik erhalten (Abb. 4.44). Diese Charakteristik hat folgende Struktur. Im

Bereich I ist das System nicht wirtschaftlich zu gestalten. Im Gebiet II besteht die optimale Struktur nur aus dem einzelnen Reaktor. Im Gebiet III ist allein der nichtumgesetzte Rohstoff A_1 zurückzuführen, im Gebiet IV nur das Neben-

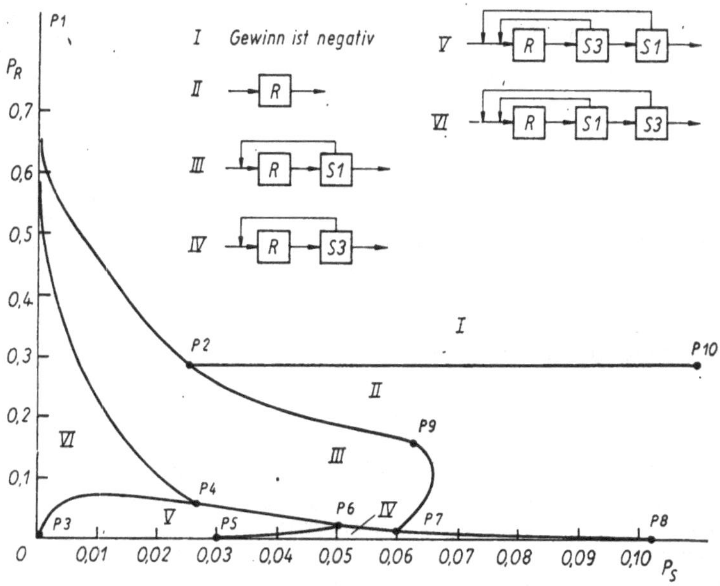

Abb. 4.44. Optimale Charakteristik für die Reaktion $A_1 \rightleftarrows A_2 \rightleftarrows A_3$

A_2 – Zielprodukt, $S1$ – Abtrennung von A_1, $S3$ – Abtrennung öon A_3, P_R – spez. Reaktorpreis, P_S – spez. Separatorpreis

produkt A_3, im Bereich V sind zuerst A_3 und dann A_1 abzutrennen und rückzuführen, im Bereich VI ist die umgekehrte Reihenfolge der Abtrennung optimal. Obwohl einige Strukturen nur einen sehr kleinen Existenzbereich besitzen, treten alle möglichen Strukturen in der Optimalcharakteristik auf.

4.6.3. Optimale Strukturierung eines Methylaminverfahrens [22–24]

Das bereits im Abschn. 4.3. beschriebene Methylamin-Verfahren wird großtechnisch bei 400 °C und 2 MPa Druck durchgeführt.

Dabei fallen die drei Methylamine Monomethylamin (MMA), Dimethylamin (DMA) und Trimethylamin (TMA) im Reaktionsgemisch in den in Tab. 4.28, Spalte 2 dargestellten Verhältnissen an, ihr Bedarf, Spalte 2, weicht jedoch erheblich vom Angebot ab. Alle Versuche, einen selektiver wirkenden Katalysator zu entwickeln, der das gewünschte Mengenverhältnis einstellt, schlugen bisher fehl. Es mußten deshalb systemtechnische Lösungen für ein optimal arbeitendes Methylaminsyntheseverfahren gesucht werden. Die Grobstruktur des zu entwerfenden Verfahrens ist in Abb. 4.45 dargestellt. Zur Lösung des Struktursyntheseproblems wurden heuristische Regeln verwendet.

Die Aufarbeitung des Reaktionsproduktes erfolgt destillativ. Auf Grund der relativ starken Polarität der einzelnen Komponenten ist das Phasenverhalten stark nichtideal, es treten Azeotrope auf, die einen hohen energetischen und apparativen Aufwand bei der Reindarstellung der drei Methylamine erfordern.

Tabelle 4.28

Bedarf und Anfall der 3 Methylamine (C/N = 0,35)

	Anfall im Reaktionsgemisch	Bedarf
MMA	1,3	0,3
DMA	1	1
TMA	1,2	0,3

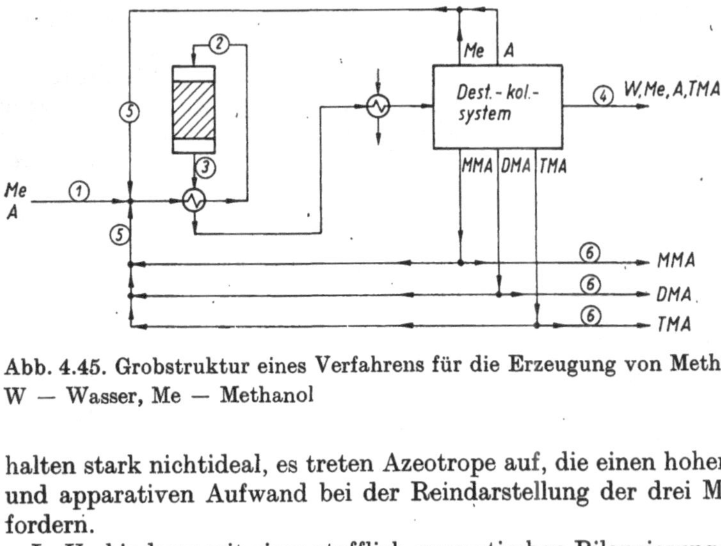

Abb. 4.45. Grobstruktur eines Verfahrens für die Erzeugung von Methylaminen
W — Wasser, Me — Methanol

In Verbindung mit einer stofflich-energetischen Bilanzierung des Verfahrens wurden für den Strukturentwurf folgende heuristische Regeln benutzt:

1. Vermeidung der Reindarstellung nichtbenötigter Komponenten.
2. Minimierung der Mengenströme der notwendigen Rückführungen.
3. Abtrennung relativ großer rückzuführender Stoffströme zu einem möglichen frühen Zeitpunkt.
4. Gewinnung der reinen Komponenten möglichst als Kopfprodukt.

Den Hauptanteil an den Rückführungen bildet mengenmäßig Ammoniak (A). Es sind alle Möglichkeiten zu prüfen, dessen Menge zu verringern.

Die mengenmäßig zweitgrößte Rückführung ist die TMA-Rückführung. Es sind deshalb nur die unbedingt benötigten Mengen rein darzustellen. MMM ist mengenmäßig die geringste Rückführung, die nicht rein benötigten Mengen sollten aber auch möglichst frühzeitig abgetrennt werden.

Auf Grund der Siedetemperaturen der reinen Komponenten und Azeotrope kann unter bestimmten Bedingungen folgende Reihenfolge angegeben werden:

$$\underbrace{(A_3 + \text{TMA})}_{\text{Azeotrop}} - (\text{MMA} - \text{TMA}) - \text{DMM} - \text{W}.$$

Unter Verwendung von Stoffbilanzen und des chemischen Gleichgewichtes im Reaktor wurde der Einfluß des C/N-Verhältnisses (molares Verhältnis von Kohlenstoff zu Stickstoff im Reaktionsgemisch) auf die Mengen der rückzuführenden Ströme berechnet. Die Ergebnisse sind in Abb. 4.46 dargestellt. Sie zeigen, daß ein optimales C/N-Verhältnis existiert, bei dem die Gesamtrückführung ein Minimum hat. Dieses optimale C/N-Verhältnis liegt höher als bei der bisherigen Betriebsweise. Folglich können die rückzuführenden Mengen stark reduziert werden, außer einer Einsparung im Trennsystem wird der Reaktor entlastet, bzw. es kann der Durchsatz erhöht werden. Für die Gestaltung des Trennsystems mußten bei Anwendung der o. g. heuristischen Regeln auch komplizierte Phasengleichgewichtsverhältnisse berücksichtigt werden, die u. a. von der Wasserkonzentration abhängen. Für die Abtrennung der

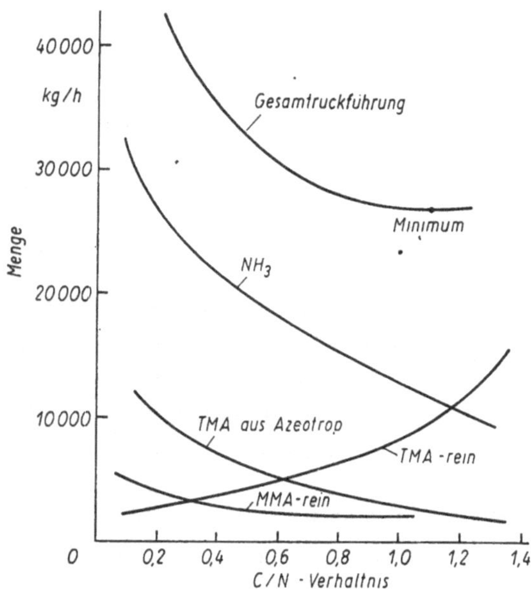

Abb. 4.46. Einfluß des C/N-Verhältnisses auf die rückzuführenden Mengen

6 Komponenten Azeotrope, TMA, MMA, DMA und Wasser sowie Rückstand sind mindestens 5 Kolonnen notwendig.

Die oben durchgeführten Betrachtungen unter Verwendung der heuristischen Regeln und von Gleichgewichtsberechnungen ergeben folgende Trennreihenfolge:

1. Abtrennung des Azeotrops A-TMA über Kopf in der 1. Kolonne. Durch Wassereinspritzung in die 1. Kolonne ist es außerdem möglich, eine beliebig vorgegebene Menge MMA mit dem Azeotrop über Kopf abzutreiben.
2. Um die trotz Abtrennung mit dem Azeotrop der 1. Kolonne immer noch dominierende Komponente TMA abzutrennen, wird durch Wasserzugabe in der 2. Kolonne (Überlagerung einer Extraktivdestillation) eine Umkehrung der Flüchtigkeiten von MMA und TMA erreicht und TMA über Kopf abgetrieben. Die im Verhältnis zum Bedarf überschüssige Menge wird wieder rückgeführt.
3. In der 3. Kolonne wird in der Untersäule Wasser entfernt.
4. In der 4. Kolonne wird MMA über Kopf und
5. in der 5. Kolonne wird über Kopf das Hauptprodukt DMA abgetrennt. Im Sumpf fallen Rückstände an, die verbrannt werden.

Das neue Verfahren ist vereinfacht in Abb. 4.47 dargestellt.

Durch die Maßnahmen

- Erhöhung des C/N-Verhältnisses,
- Veränderung der MMA-Abtrennung und -Rückführung,
- Veränderung der TMA-Abtrennung und -Rückführung,

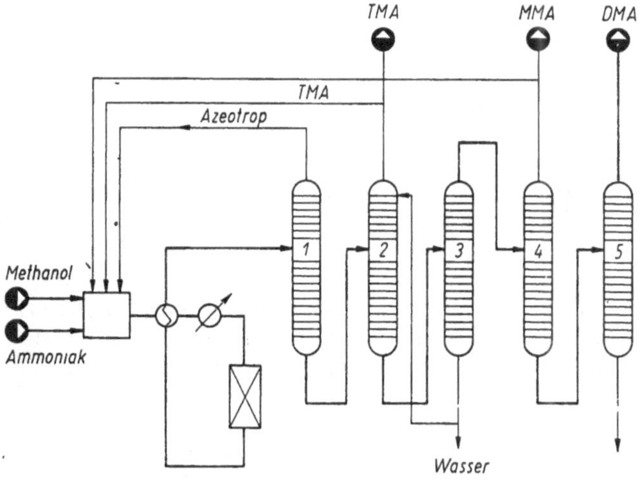

Abb. 4.47. Struktur des entworfenen Verfahrens zur Herstellung von Methylaminen aus Methanol und Ammoniak

konnte eine optimale Erweiterung und Rekonstruktion der Methylamin-Anlage erreicht werden. Die Kapazitätssteigerung betrug 40%, die Reduzierung des spezifischen Dampfverbrauches 50% und die spezifische Materialeinsparung 5%.

4.6.4. Optimale Strukturierung von gekoppelten Stofftrennungs- und Wärmeübertragungssystemen [63, 68]

Im Abschn. 4.1. wurde auf die Bedeutung der Abwärmenutzung von Stoffströmen im System selbst hingewiesen. Dabei ist i. d. R. der Produkt-Rohstoff- bzw. Produkt-Produkt-Wärmeübertragung meist der Vorzug zu geben. Nur in besonderen Fällen ist der Einsatz von Wärmepumpen zweckmäßiger [69, 70], die Erzeugung von Dampf bzw. Heißwasser kann je nach Temperaturniveau ebenfalls eine Alternative darstellen. Die destillative Stofftrennung ist eine der Hauptverbraucher, aber auch Hauptverlustquellen an thermischer Energie in verfahrenstechnischen Systemen. Obwohl beim im Abschn. 4.4. beschriebenen Entwurfsverfahren von Kolonnensystemen beim Entwurf der einzelnen Kolonnen energetische Gesichtspunkte weitgehend berücksichtigt worden sind, ergeben sich bei Kolonnenschaltungen weitere Möglichkeiten der Wärmeintegration. Im weiteren wird an Hand konkreter Beispiele ein systematisches grafisches Entwurfsverfahren beschrieben, das es gestattet, für jedes System die maximal rückgewinnbare Wärme und die dazugehörige optimale Struktur des Systems zu bestimmen. Das für die Trennung eines BTX-Aromaten-Stromes (Tab. 4.29) mit unscharf modellierten heuristischen Regeln (s. Ab-

Tabelle 4.29
Zusammensetzung des BTX-Schnittes

Nr.	Komponente	Molanteil
1	Benzen	0,563
2	Toluen	0,249
3	Xylen	0,169
4	C_8-Fraktion	0,019

schn. 4.4.) entworfene Verfahrensfließbild ist in Abb. 4.48 dargestellt. Die dazugehörigen Wärmeleistungen in den Verdampfern und Kondensatoren sind in Abb. 4.49 in der Reihenfolge fallenden Temperaturniveaus zusammengestellt.

Die in diesem System theoretisch maximale Wärmerückgewinnung wird erreicht durch Kopplung von Sumpf- und Kopfproduktströmen und durch sukzessives Anheben der Temperaturen der einzelnen Ströme (z. B. durch Druckänderung), soweit, bis keine ungekoppelte Kolonne mehr vorhanden ist.

Aus Abb. 4.49 ist ersichtlich, daß auf Grund der vorhandenen Temperatur-

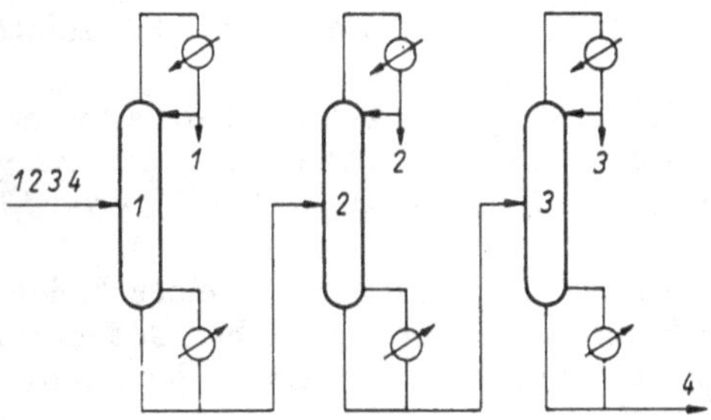

Abb. 4.48. Mit unscharfen Methoden entworfene Struktur des Trennsystems

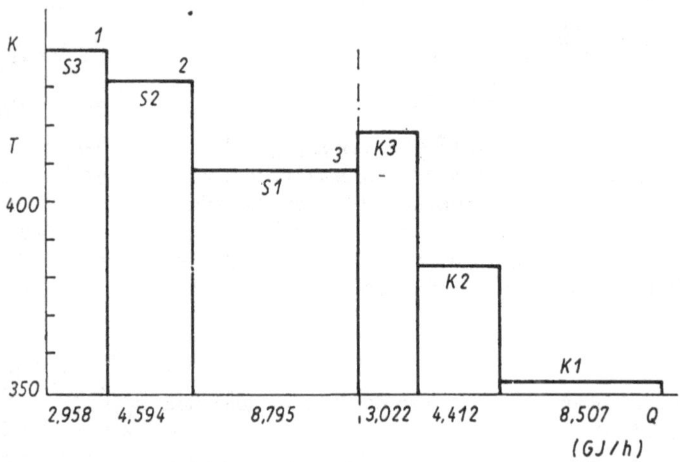

Abb. 4.49. Darstellung der Wärmeleistungen im T,Q-Diagramm

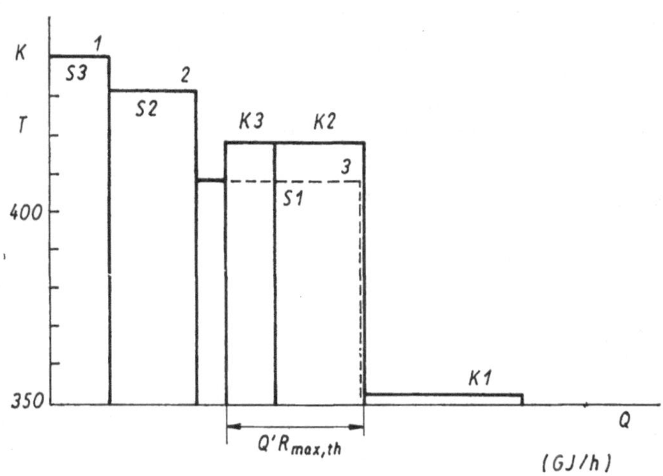

Abb. 4.50. Bestimmung der theoretisch maximalen Wärmerückgewinnung

niveaus die Kopplung K3 ($TK3 = 418$ K) — $S1$ ($TS1 = 408$ K) sofort möglich ist.

Für die eventuelle Kopplung $K2$—$S1$ muß geprüft werden, ob die erforderliche Kopftemperatur $TKL = TS1 + T_{\min}$ mit dem für die Sumpfheizung zur Verfügung stehenden Heizdampf (1,4 MPa, $T_{\text{Kond}} = 468$ K) erreicht werden kann.

Mit Hilfe einer zweiparametrigen Dampfdruckgleichung und einer Kolonnenauslegung nach Kurzmethoden zur Berechnung der theoretischen Bodenzahl n_{th} lassen sich die Drücke p_{K2} und p_{S2} aus Kopf und aus Sumpf der zweiten Kolonne berechnen:

$$p_{K2} = 10^{\left(B_2 - \frac{A_2}{TK2}\right)} = 1644 \text{ Torr} \tag{4.75}$$

$$p_{S2} = p_{K2} + n_{th} \cdot \Delta p_v = 1938 \text{ Torr} \tag{4.76}$$

Die Siedetemperatur des Gemisches 3,4 am Sumpf der Kolonne *2* liegt beim geforderten Druck bei 456 K und die Kopplung ist mit dem verfügbaren Dampf realisierbar. Damit ergibt sich die Situation Abb. 4.50. Die daraus resultierende Struktur des Trennsystems ist in Abb. 4.51 dargestellt. Damit ist eine Reduzierung der Gesamtkosten auf 58,3% der Ausgangsvariante verbunden.

Die optimalen Parameter der Kolonnen sind in der Tab. 4.30 zusammengestellt.

Tabelle 4.30

Optimale Parameter des Kolonnensystems nach der Wärmeintegration für die Trennung des BTX-Schnittes

Kolonne	1	2	3
Rücklaufverhältnis	1,1 $V_{\min}$	1,5 $V_{\min}$	1,3 $V_{\min}$
Druck	0,1 MPa	0,25 MPa	0,1 MPa
Kosten TM/a	42,5	36,6	24,9

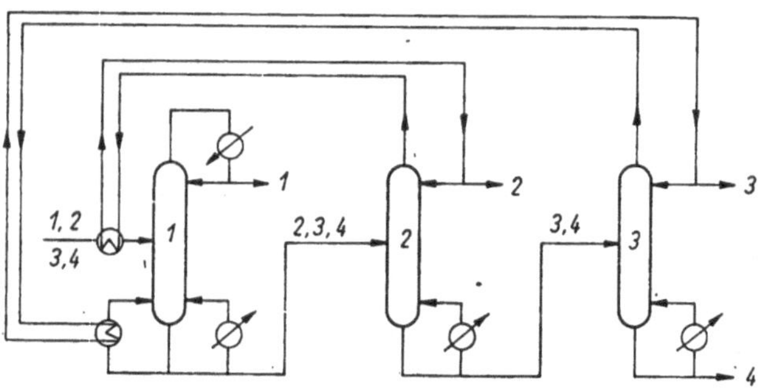

Abb. 4.51. Resultierende Struktur der Wärmekopplung

Die im Grenzfall realisierbare Wärmerückgewinnung beträgt bei einer Temperatursteigerung der Ströme in der Reihenfolge gemäß dem T,Q-Diagramm

$$QR_{\max,th} = \sum_{M+1}^{n} QS_j + \sum_{1}^{M-1} QK_i \tag{4.77}$$

oder bei Vernachlässigung der ursprünglichen Temperaturabstufung der Kolonnen

$$QR_{\max,th} = \sum_{i \neq M} QS_j . \tag{4.78}$$

M — Nr. der Kolonne mit maximaler Wärmeleistung gemäß Reihenfolge im Diagramm
n — Gesamtzahl der Kolonnen im System

Zur Erreichung der Wärmerückgewinnung gemäß Gl. (4.78) müßte die Kolonne mit der maximalen Wärmeleistung auf das höchste Temperaturniveau angehoben werden. Da die im Sumpf einer Kolonne zuzuführende Wärmeleistung nicht wesentlich verschieden von der Kühlleistung am Kopf ist, ein Anheben der Kopftemperatur einer Kolonne mit ursprünglich niedrigerer Temperatur gegenüber einer Kolonne mit höherer Temperatur auf das gleiche Niveau aber mit erhöhtem Aufwand verbunden ist, erscheint Gl. (4.77) als hinreichend aussagekräftig für die durchgeführten Betrachtungen.

Im betrachteten Beispiel nimmt die dritte Kolonne im Diagramm die maximale Heizleistung auf, so daß sich bei $M = 3$ ergibt:

$$QR_{\max,th} = QK1 + QK2 . \tag{4.79}$$

Dies entspricht einer Reduzierung des Energieverbrauches der Destillation um 45,5%.

Tabelle 4.31
Zusammensetzung des Ausgangsgemisches für die Zerlegung einer Fraktion leichter Kohlenwasserstoffe

Nummer	Komponente	Molanteil	Relative Flüchtigkeit $\alpha_{i,i+1}$
1	C_3H_8	0,137	2,53
2	i-C_4H_{10}	0,117	1,26
3	n-C_4H_{10}	0,055	2,39
4	i-C_5H_{12}	0,099	1,30
5	n-C_5H_{12}	0,264	2,16
6	i-C_6H_{14}	0,056	1,31
7	n-C_6H_{14}	0,272	1,00

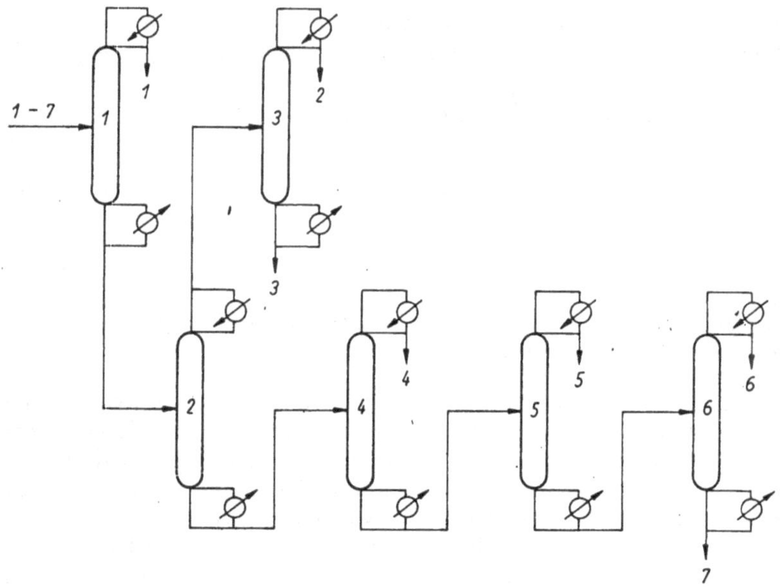

Abb. 4.52. Optimale Struktur des Trennsystems ohne Wärmeintegration
Kolonnendrücke:

$K\,1 = 1{,}72$ MPa, $K\,2 = 0{,}62$ MPa, $K\,3 = 0{,}51$ MPa, $K\,4 = 0{,}20$ MPa, $K\,5 = 0{,}15$ MPa, $K\,6 = 0{,}10$ MPa

$K_{\text{Fest.}} = 142472 \left(\frac{\text{M}}{\text{a}}\right)$ $K_{\text{Betr.}} = 798048 \left(\frac{\text{M}}{\text{a}}\right)$ $K_{\text{Gesamt}} = 940520 \left(\frac{\text{M}}{\text{a}}\right)$

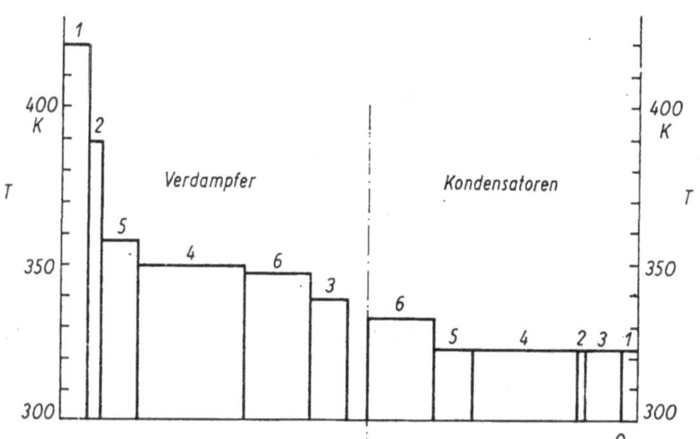

Abb. 4.53. Q/T-Diagramm des Leistungsbedarfs des ungekoppelten Stofftrennsystems

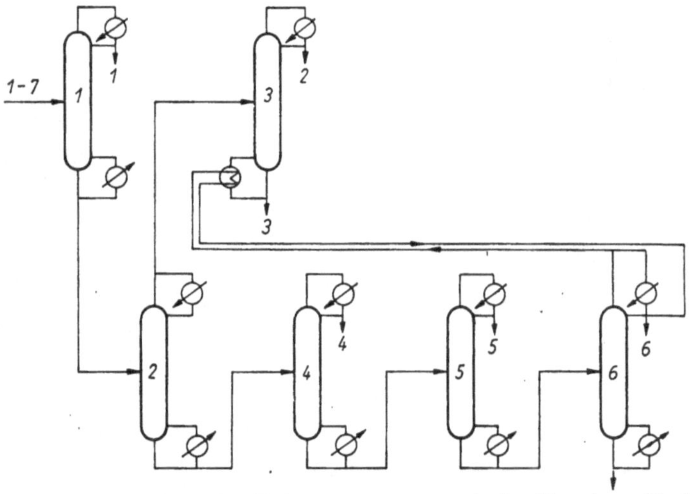

Abb. 4.54. Struktur des Kolonnensystems nach der Kopplung Verdampfer $K3$ – Kondensator $K6$

$K_{\text{Fest.}} = 168312 \left(\frac{\text{M}}{\text{a}}\right)$ $K_{\text{Betr.}} = 686063 \left(\frac{\text{M}}{\text{a}}\right)$ $K_{\text{Gesamt}} = 854375 \left(\frac{\text{M}}{\text{a}}\right)$

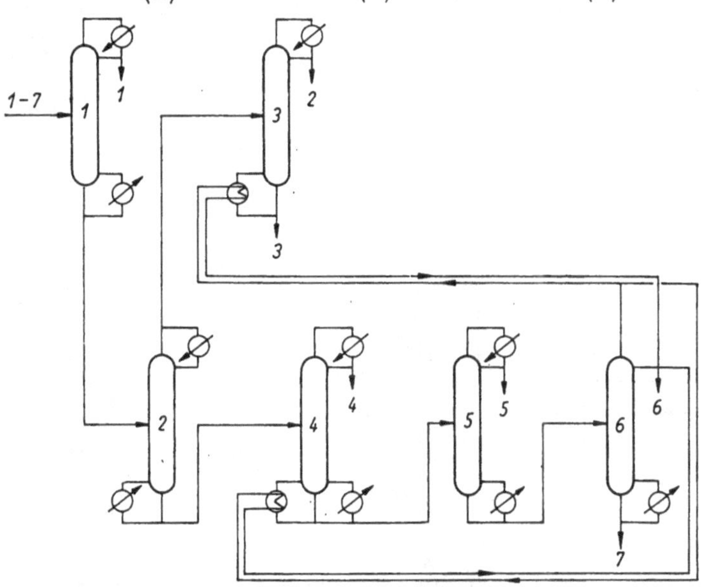

Abb. 4.55. Struktur des Kolonnensystems nach Kopplung Verdampfer $K3$, $K4$ mit Kondensator $K6$

$K_{\text{Fest.}} = 205411 \left(\frac{\text{M}}{\text{a}}\right)$ $K_{\text{Betr.}} = 602500 \left(\frac{\text{M}}{\text{a}}\right)$ $K_{\text{Gesamt}} = 807911 \left(\frac{\text{M}}{\text{a}}\right)$

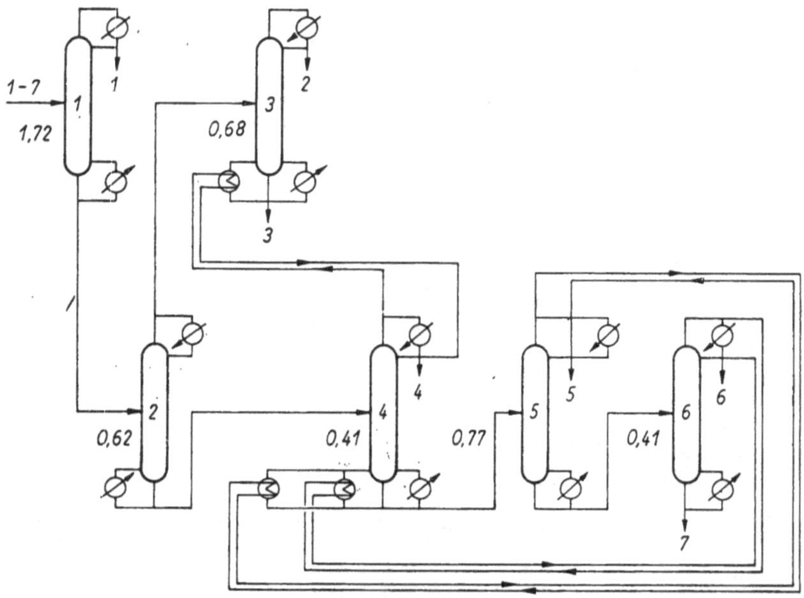

Abb. 4.56. Resultierende Struktur nach Wärmeintegration (Druckangaben in MPa)

$K_{\text{Fest.}} = 230611 \left(\frac{\text{M}}{\text{a}}\right)$ $K_{\text{Betr.}} = 406696 \left(\frac{\text{M}}{\text{a}}\right)$ $K_{\text{Gesamt}} = 637307 \left(\frac{\text{M}}{\text{a}}\right)$. Die Kosteneinsparung beträgt nach der Wärmeintegration 32,2%.

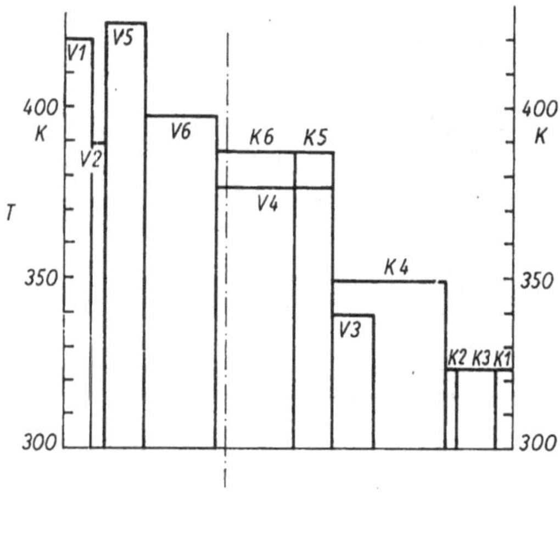

Abb. 4.57. Resultierendes Q, T-Diagramm

K – Kondensator, V – Verdampfer

Allgemein läßt sich auf diese Weise die für eine Wärmekopplung der Kolonnen jeweils minimal erforderliche Heizdampftemperatur festlegen und die Auswahl des Heizmittels bei mehreren zur Verfügung stehenden Druckniveaus im Sinne einer Optimierung des Heizmitteleinsatzes vornehmen.

Analog erfolgt die Wärmeintegration für ein Kolonnensystem zur Gastrennung. Die Aufgabenstellung ist in Tab. 4.31 zusammengefaßt. Das optimale (nicht gekoppelte) Kolonnensystem zeigt Abb. 4.52.

Der dazugehörige Leistungsbedarf der Verdampfer und Kondensatoren ist in Abb. 4.53 nach fallenden Temperaturen dargestellt. Durch sukzessive Überprüfung und Veränderung der Kolonnendrücke können folgende Kopplungen realisiert werden:

1. Verdampfung in Kolonne K3 und Kondensation der Kolonne *K*6 (Abb. 4.54),
2. Verdampfung in Kolonne *K*3, *K*4 und Kondensation in *K*6 (Abb. 4.55),
3. Zusätzliche Kondensation in Kolonne *K*4 und Verdampfung in Kolonne *K*3 (Abb. 4.56).

Damit ergibt sich das in Abb. 4.57 zusammengefaßte Q-T-Diagramm. Die erreichte Kosteneinsparung beträgt 32,8%, bei maximaler theoretischer Wärmerückgewinnung 61,9%, mit den gebräuchlichen Heizdampfstufen von 0,33 MPa, 0,7 MPa und 1,7 MPa ist eine maximale Wärmerückgewinnung von 49,7 % realisierbar.

Die hier beschriebene Methode kann ebenfalls zur Wärmeintegration durch eine Einlaufteilverdampfung verwendet werden.

Literatur

[1] Hartmann, K.: Dissertation B, Technische Hochschule „Carl Schorlemmer" Leuna-Merseburg, 1974

[2] Rudd, D. F., Powers, G. J., Siirola, J. J.: „*Process Synthesis*", Prentice-Hall, Englewood Cliffs New Jersey, 1973

[3] Umeda, T., Shindo, A., Ichikawa, A.: Chem. Eng. Sci. **29** (1974), 2033

[4] Autorenkollektiv: „*Systemverfahrenstechnik II*", VEB Deutscher Verlag für Grundstoffindustrie, Leipzig, 1978

[5] Autorenkollektiv: „*Modellierung und Optimierung verfahrenstechnischer Systeme*", Akademie-Verlag, Berlin, 1978

[6] Kafarow, W. W., Meschalkin, W. P., Perow, W. L.: „*Mathematische Grundlagen der automatisierten Projektierung chemischer Verfahren*" (russ.), Verlag Chimija, Moskau, 1979

[7] Komatsu, S., Umeda, T.: „*Process Systems Design*" (jap.), Kogyo Chosakai Publ. Co., Tokyo 1973

[8] Autorenkollektiv: „*Analyse, Synthese und Steuerung verfahrenstechnischer Systeme*" (russ.), Verlag Chimija, Leningrad, 1984

[9] Masso, A. H., Rudd, D. F.: AIChE J. **15** (1969), 10

[10] Powers, G. J., Rudd, D. F.: Chem. Eng. Prog. **68** (1972), 88

[11] HACKER, I., HARTMANN, K.: „*Heuristische Regeln zum Entwurf verfahrenstechnischer Systeme*“ in: „*Probleme der modernen chemischen Technologie*“, Akademie-Verlag, Berlin, 1980

[12] RUDD, D. F., FATHI-AFSHAR, S., TREVINO, A. A., STADTHERR, M. A.: „*Petrochemical Technology Assesment*“, John Wiley u. Sons, New York, 1981

[13] HARTMANN, K.: „Systemverfahrenstechnik als Bestandteil der modernen chemischen Technologie“, Verfahrenstechnische Jahrestagung Dresden, 20.–22. 11. 1978

[14] STADTHERR, M. A.: „A Systems Study of the Petrochemical Industry“, Ph. D. Thesis, University of Wisconsin 1976

[15] SOPHOS, A., ROTSTEIN, E., STEPHANOPOULOS, G.: Chem. Eng. Sci. **35** (1980), 2415

[16] ZANGEMEISTER, C.: „*Nutzwertanalyse in der Systemtechnik*“, Wittenrannsche Buchhandlung, München, 1970

[17] EISFELDT, W.: Dissertation A, Technische Hochschule „Carl Schorlemmer“ Leuna-Merseburg, 1975

[18] GOVIND, R., POWERS, G. J.: AIChE J. **27** (1981), 429

[19] MARTIN, D.: „*Möglichkeiten und Grenzen der rechnergestützten Syntheseplanung*“ (Sitzungsberichte der AdW der DDR, 1 N), Akademie-Verlag, Berlin, 1971

[20] ZEISING, G.: Diplomarbeit, Technische Hochschule „Carl Schorlemmer“ Leuna-Merseburg, 1980

[21] PREUSS, K.: Diplomarbeit, Technische Hochschule „Carl Schorlemmer“ Leuna-Merseburg, 1982

[22] ANDERS, R.: Dissertation A, Technische Hochschule „Carl Schorlemmer“ Leuna-Merseburg, 1981

[23] Autorenkollektiv: „*Komplexe Prozeßanalyse*“, VEB Deutscher Verlag für Grundstoffindustrie, Leipzig, 1982

[24] HARTMANN, K., HACKER, I.: „Probleme der optimalen Gestaltung von Stofftrennsystemen“ in: „*Probleme der modernen chemischen Technologie*“, Akademie-Verlag, Berlin, 1980

[25] KAUSCHUS, W.: Dissertation B, Technische Hochschule „Carl Schorlemmer“ Leuna-Merseburg, 1979

[26] HARTMANN, K., GRAUER, M., KAUSCHUS, W.: Hung. J. Ind. Chem. 8 (1980), 1

[27] HARBERT, W. D.: Petr. Refiner **36** (1957), 167

[28] ROD, V., MAREK, J.: Coll. Czech. Chem. Comm. **24** (1959), 3240

[29] MÜLLER, W., REDLICH, K.-H.: Chem. Techn. **23** (1971), 2

[30] NISHIMURA, H., HARAIZUMI, Y.: Int. Chem. Eng. **11** (1971), 188

[31] THOMPSON, R. W., KING, C. J.: AIChE J. **18** (1972), 941

[32] HENDRY, J. E., HUGHES, R. R.: Chem. Eng. Progr. **68** (1972), 71

[33] RODRIGO, F. R., SEADER, J. D.: AIChE J. **21** (1975), 885

[34] KING, C. J.: „*Separation processes*“, MacGraw Hill Book Company, New York, 1971

[35] HACKER, I.: Unveröffentlichtes Arbeitsmaterial Technische Hochschule „Carl Schorlemmer“ Leuna-Merseburg, 1980

[36] HACKER, I., HARTMANN, K.: Wiss. Z. TH Leuna-Merseburg **25** (1983), 253, 471

[37] PETLJUK, F. B., SERAFIMOW, L. A.: „*Mehrkomponentenrektifikation*“ (russ.), Verlag Chimija, Moskau, 1983

[38] KANEWEZ, G.: „*Berechnung von Wärmeübertragern*“, Akademie-Verlag, Berlin, 1982

[39] FRATZSCHER, W.: Chem. Techn. **27** (1975), 205
[40] FRATZSCHER, W.: Wiss. u. Fortschritt **32** (1982), 326, 470
[41] KESLER, M. G., PARKER, R. O.: Chem. Eng. Progr. Symp. Ser. **65** (1969), 111
[42] LEE, K. F., MASSO, A. H., RUDD, D. F.: Ind. Eng. Chem. Fund. **9** (1970), 48
[43] KOBAYASHI, S., UMEDA, T., ICHIKAWA, A.: Chem. Eng. Sci. **26** (1971), 1367, 1841
[44] MC GALLIARD, R. L., WESTERBERG, A. W.: Chem. Eng. J. **4** (1972), 127
[45] KING, C. J., GANTZ, D. W., BARNES, F.: Ind. Eng. Chem. Process Design Develop. **11** (1972), 271
[46] MENZIES, M. A., JOHNSON, A. I.: Can. J. Chem. Eng. **50** (1972), 290
[47] PONTON, J. W., DONALDSON, R. A. B.: Chem. Eng. Sci., **29** (1974), 2375
[48] STIEPER, K.: Chem. Techn. **12** (1960), 87
[49] ROCKSTROH, L., HARTMANN, K.: Chem. Techn. **27** (1975), 328, 389, 439
[50] HWANG, F., ELSHOUT, R.: Chem. Eng. Progr. **72** (1976), 68
[51] NISHIDA, N., LIN, J. A., LAPIDUS, L.: AIChE J. **23** (1977), 77
[52] LINNHOFF, B., FLOWER, J. R.: AIChE J. **24** (1978), 633
[53] GROSSMANN, I. E., SARGENT, R. W. H.: Comp. Chem. Eng. **2** (1978), 1
[54] MICHALEK, K.: Dissertation A, Technische Hochschule „Carl Schorlemmer" Leuna-Merseburg, 1978
[55] WEISS, A., WEISS, H.-W.: Dissertation A, Technische Hochschule „Carl Schorlemmer" Leuna-Merseburg, 1978
[56] HARTMANN, K., HACKER, I., ROCKSTROH, L.: „Verfahren zur optimalen Dimensionierung von Wärmeübertragungssystemen" in: *„Modellierung und Optimierung verfahrenstechnischer Systeme"*, Akademie-Verlag, Berlin, 1978
[57] ROCKSTROH, L.: Dissertation A, Technische Hochschule „Carl Schorlemmer" Leuna-Merseburg, 1978
[58] ROCKSTROH, L., HARTMANN, K.: Wiss. Z. TH Leuna-Merseburg **23** (1981), 502, 509
[59] WALDE, R.: Dissertation A, Ingenieurhochschule Köthen, 1980
[60] WAGENKNECHT, M., HARTMANN, K.: Fuzzy Sets and Systems **12** (1984), 103
[61] ZADEH, L. A.: Inf. and Control **8** (1965), 338
[62] HARTMANN, K., WAGENKNECHT, M., ZEISING, G., KAUSCHUS, W., DOHNAL, M.: „Fuzzy Algorithm for Synthesis of Heat Exchanger Networks" pap. K 4.26, 7th Int. Congress CHISA '81. Praha (Czechoslovakia), (1981)
[63] ZEISING, G.: Dissertation A, Technische Hochschule „Carl Schorlemmer" Leuna-Merseburg, 1982
[64] ZEISING, G., HARTMANN, K.: Wiss. Z. TH Leuna-Merseburg **25** (1983), 360
[65] WAGENKNECHT, M., SHELJEW, T., HARTMANN, K., KAUSCHUS, W.: Wiss. Z. TH Leuna-Merseburg **27** (1985), 70
[66] GRAUER, M., HARTMANN, K.: „Optimierung verfahrenstechnischer Systeme" in: *„Einsatzvorbereitung von Prozeßrechnern"*, Akademie-Verlag, Berlin, 1979
[67] GRAUER, M.: Dissertation B, Technische Hochschule „Carl Schorlemmer" Leuna-Merseburg, 1979
[68] HARTMANN, K., ZEISING, G.: Wiss. Z. TH Leuna-Merseburg **25** (1983), 105
[69] WEISS, S.: Chem. Techn. **32** (1980), 448
[70] SCHLÜTER, L., SCHMIDT, R.: Chem. Ing. Techn. **54** (1982), 143
[71] WAGENKNECHT. M., HARTMANN, K.: Fuzzy Sets and Systems, im Druck

5. Sachwortverzeichnis

FSC
www.fsc.org
MIX
Papier | Fördert gute Waldnutzung
FSC® C083411

Zeitfracht Medien GmbH
Ferdinand-Jühlke-Straße 7
99095 Erfurt, Deutschland
produktsicherheit@kolibri360.de